José Abrantes
André Antônio de Souza

Geometria Descritiva II

Métodos descritivos: rotação e rebatimento.
Verdadeira grandeza de retas e figuras planas.
Planificações de superfícies e poliedros.
Prismas, pirâmides, cilindros, cones e esferas.
Seções cônicas: circunferência, elipse, parábola
e hipérbole. Superfícies quádricas.

EDITORA CIÊNCIA MODERNA

Geometria Descritiva II (Métodos descritivos: rotação e rebatimento. Verdadeira grandeza de retas e figuras planas. Planificações de superfícies e poliedros. Prismas, pirâmides, cilindros, cones e esferas. Seções cônicas: circunferência, elipse, parábola e hipérbole. Superfícies quadráticas)

Editor: Paulo André P. Marques
Produção Editorial: Dilene Sandes Pessanha
Capa: Daniel Jara
Diagramação: Daniel Jara
Copidesque: Equipe Ciência Moderna

FICHA CATALOGRAFICA

ABRANTES, José; SOUZA, André Antônio de.

Geometria Descritiva II

Rio de Janeiro: Editora Ciência Moderna Ltda., 2024.

1. Geometria Descritiva
I — Título

ISBN: 978-65-5842-328-7
CDD 516.6

Editora Ciência Moderna Ltda.
R. Alice Figueiredo, 46 – Riachuelo
Rio de Janeiro, RJ – Brasil CEP: 20.950-150
Tel: (21) 2201-6662/ Fax: (21) 2201-6896
E-MAIL: LCM@LCM.COM.BR
WWW.LCM.COM.BR **01/24**

Sobre os autores

José Abrantes nasceu no Rio de Janeiro, em 07/02/1951. Técnico de Máquinas e Motores (ETFCSF), Engenheiro Mecânico (Uerj), licenciado em Desenho (UCAM), licenciado em Matemática (UCAM), Especialista em docência do Ensino Fundamental e Médio (UCAM), Especialista em Docência do Ensino Superior (FABES/ISEP), Mestre em Tecnologia (CEFET/RJ), Doutor em Engenharia de Produção (COPPE/UFRJ). Pós-Doutorado, na área de educação (FEAGRI/UNICAMP) e Pós-Doutorado, estudando a Pedagogia Empresarial (UFF). Trabalhou sete anos (1970 a 1976) como desenhista e projetista e 22 anos como engenheiro (1977 a 1998), sendo 17 anos como calculista de equipamentos e cinco em fábricas, como gerente de engenharia e manutenção. Entre 1999 e 2002 foi professor de Desenho Técnico da FAETEC. Entre 1998 e 2015 atuou como professor do ensino superior em diversas instituições privadas. É professor associado aposentado do Instituto de Aplicação Fernando Rodrigues da Silveira - CAp/UERJ, onde atuou no Departamento de Matemática e Desenho - DMD (entre 2002 e 2015). Entre janeiro de 2000 e fevereiro de 2023, foi professor do Departamento de Geometria e Representação Gráfica, do Instituto de Matemática e Estatística, da Universidade do Estado do Rio de Janeiro – IME/UERJ. Em março de 2023, aos 72 anos de idade, aposentou-se como professor titular.

André Antônio de Souza nasceu no Rio de Janeiro, em 21/07/1977. *Designer* (UGF), licenciado em Desenho (ISERJ), Especialista em Técnicas de Representação Gráfica (UFRJ), Mestre em *Design* (UFRJ), Doutorando em *Design* (UERJ). Atuou como Professor Substituto na área de Expressão Gráfica nas seguintes instituições: Universidade Federal Rural do Rio de Janeiro – UFRRJ, no Instituto de Tecnologia, Departamento de Arquitetura e Urbanismo (2010-2011), Universidade Federal do Rio de Janeiro – UFRJ, na Escola Politécnica, Departamento de Expressão Gráfica (2014) e Escola de Belas Artes, Departamento de Técnicas de Representação (2017-2018)/(2021-2023); Universidade do Estado do Rio de Janeiro – UERJ, no Instituto de Matemática e Estatística, Departamento de Geometria e Representação Gráfica (2013-2015)/(2022-2023). Entre 2010 e 2015 foi professor de Desenho em AutoCAD da FAETEC. Atuou ainda no Centro Universitário Carioca – UNICARIOCA, no Instituto INFNET e na Fundação CECIERJ. É professor assistente do Departamento de Matemática e Desenho – DMD, do Instituto de Aplicação Fernando Rodrigues da Silveira (CAp-UERJ).

Apresentação do livro

A Geometria Descritiva, também chamada de Geometria mongeana ou método de Monge, é um ramo da Geometria que tem como propósito representar objetos do espaço tridimensional ou R^3 no espaço ou plano bidimensional R^2. Também é conhecida como geometria espacial.

Em 1795, o matemático francês Gaspard Monge (1746-1818) criou um método baseado na dupla projeção ortogonal de uma reta. Estas duas projeções, posteriormente, chamadas de vista de cima ou superior ou planta e a vista de frente ou frontal ou anterior, representadas em dois planos ortogonais ou perpendiculares (π e π'), passaram a ser representadas em um único plano, através de um rebatimento, gerando o que se chama em Geometria Descritiva de épura, sendo a base conceitual do Desenho Técnico Projetivo.

Mesmo os mais modernos programas de representação gráfica, especialmente os de Geometria Dinâmica, inclusive com imagens tridimensionais que se movimentam, usam os conceitos básicos da Geometria Descritiva criados por Monge há mais de 220 anos.

Este livro foi planejado como livro texto da disciplina "Geometria Descritiva II", aplicada ao Ensino Médio, com duas aulas semanais, ao longo de dois semestres ou quatro bimestres, perfazendo um total anual entre 66 e 70 horas aula, incluindo testes, provas e avaliações . Os capítulos seguem uma lógica típica e consagrada de ementas de boas Escolas públicas e privadas que mantém o Ensino da Geometria Descritiva. Observa-se que, para uma boa performance no ensino/aprendizado da Geometria Descritiva é fundamental que o aluno tenha boas noções de Desenho Geométrico, principalmente quanto às habilidades de manuseio do par de esquadros e uso do compasso e régua, preferencialmente da escala triangular (escalímetro).

Ao longo de todo o livro, além dos conceitos teóricos, são apresentados exercícios resolvidos e propostos (com respostas no Apêndice A), bem como exemplos de aplicações práticas reais, quando possível. O livro é pródigo em imagens tridimensionais, reforçando a máxima de que: "Uma imagem vale mais do que mil palavras".

Para além dos conceitos típicos da Geometria Descritiva, sempre que aplicável, o livro interage com as Geometrias Plana, Espacial e Analítica, bem como com a Trigonometria nos triângulos retângulos. Ou seja, o livro pratica a interdisciplinaridade, facilitando em muito o aprendizado da Matemática, em especial das Geometrias Plana, Espacial e Analítica.

Este livro atende à ementa da disciplina "Geometria Descritiva II", praticada no Ensino Médio, também podendo ser utilizado como base conceitual ao ensino/aprendizado da disciplina Desenho Técnico Projetivo, normalmente constante na grade curricular dos seguintes cursos: Academias Militares, Arquitetura, Belas Artes, Desenho Industrial, Engenharias, Licenciatura em Desenho e Licenciatura em Matemática.

José Abrantes (D.Sc.). Professor associado aposentado, lotado no Departamento de Matemática e Desenho – DMD, do Instituto de Aplicação Fernando Rodrigues da Silveira, da Universidade do Estado do Rio de Janeiro – CAp/UERJ e professor titular aposentado, lotado no Departamento de Geometria e Representação Gráfica, do Instituto de Matemática e Estatística da Universidade do Estado do Rio de Janeiro – IME/UERJ.

André Antônio de Souza (M.Sc.). Professor assistente ativo, lotado no Departamento de Matemática e Desenho – DMD, do Instituto de Aplicação Fernando Rodrigues da Silveira, da Universidade do Estado do Rio de Janeiro – CAp/UERJ.

Sumário

Como deve ser a prática da geometria descritiva: desenhos na prancheta com esquadros e compasso ou na forma digital?

Existem duas formas de se praticar a geometria descritiva: 1 – desenhos usando folhas de papel, realizados sobre mesas ou pranchetas, desenhando com lápis e ou lapiseiras e utilizando os materiais clássicos como: esquadros, compasso, escalímetro e transferidorr e 2 – desenhando em tela com programas de geometria dinâmica ou outros, como por exemplo, o AutoCad, e em alguns casos até com o Word.

Material básico "clássico" (ou analógico) usado nos desenhos de geometria descritiva

Embora na prática atual, e cada vez mais, os desenhos geométricos, técnicos e de geometria descritiva sejam executados usando programas de computador ou *softwares*, é importante citar os seguintes principais instrumentos que podem ser utilizados: par de esquadros, compasso, escalímetro (escala triangular), transferidor, borracha plástica, lápis ou lapiseiras e folhas de papel. Especialmente para desenhos de curvas, por exemplo, em perspectivas, faz-se necessário o uso de "curvas francesas" e gabaritos de circunferências e elipses, como a seguir mostrados:

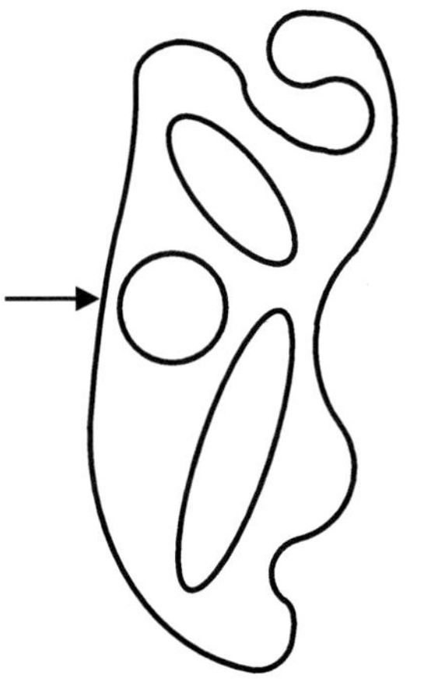

Este é um exemplo de uma curva francesa, também feita em plástico. Assim como os gabaritos de circunferências, e até de elipses, existem vários tipos, com as mais variadas curvas. As partes internas são vazadas.

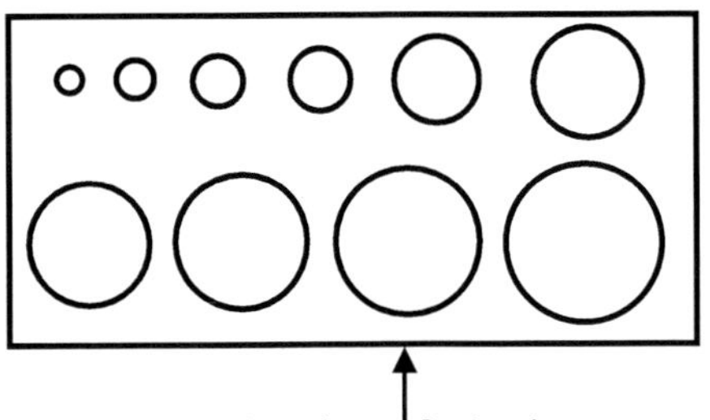

Os gabaritos de circunferências com vários valores de diâmetros, são retângulos de plásticos, com vários furos circulares. Esses gabaritos são particularmente úteis quando se deve desenhar circunferências e arcos circulares de pequenos valores, por exemplo, com raio menor que 5 mm.

Com relação ao papel, a Associação Brasileira de Normas Técnicas – ABNT, através da Norma NBR 10068, define os seguintes formatos (dimensões): A0, A1, A2, A3 e A4. A norma brasileira foi inspirada na norma internacional ISO 216 de 1975, que define os tamanhos de papel utilizados em quase todos os países, com exceção dos EUA e Canadá.

Os formatos padronizados e detalhes das folhas de papel para desenho

Os tamanhos de papel definidos pela norma ABNT 10068 têm a particularidade de a razão entre sua altura e sua largura ser exatamente igual à raiz quadrada de dois ($\sqrt{2}$), o que significa que quando, por exemplo, se unem duas folhas A4 obtém-se uma folha A3, com exatamente o dobro da área e com as mesmas proporções. Da mesma forma, cortando-se uma folha A4 ao meio obtêm-se duas folhas de tamanho A5.
O tamanho A4 tem essa designação porque é a quarta divisão consecutiva do tamanho A0, que se caracteriza por ter exatamente um metro quadrado (1 m^2) de área com lados na razão de um para raiz quadrada de dois.

Formato	Largura x Altura (mm)
A0	841 x 1.189
A1	594 x 841
A2	420 x 594
A3	297 x 420
A4	210 x 297

Tabela 1: dimensões dos formatos
(*Fonte*: NBR 10068, tabela 1)

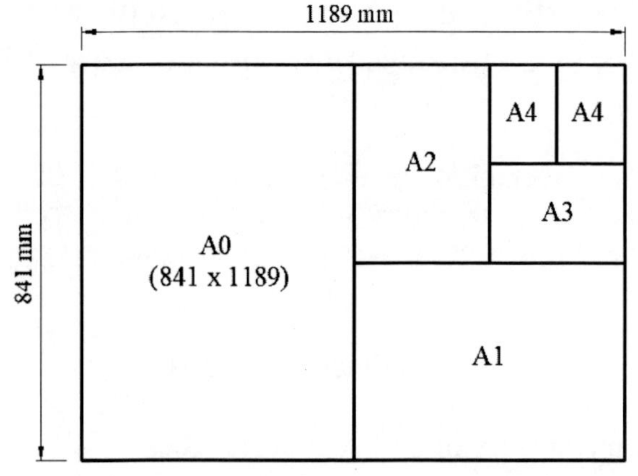

Figura 1.1: proporções dos formatos (*Fonte*: NBR 10068, figura 4)

O tamanho da folha a ser utilizada, depende do tipo de desenho, escala utilizada e quantos detalhes existam. Na prática da geometria descritiva é muito comum o uso dos formatos A3 e A4. Em geral usa-se o formato A3, quando se quer desenhar, por exemplo, tanto a imagem tridimensional, quanto as projeções e épuras, ou seja, imagens bidimensionais.

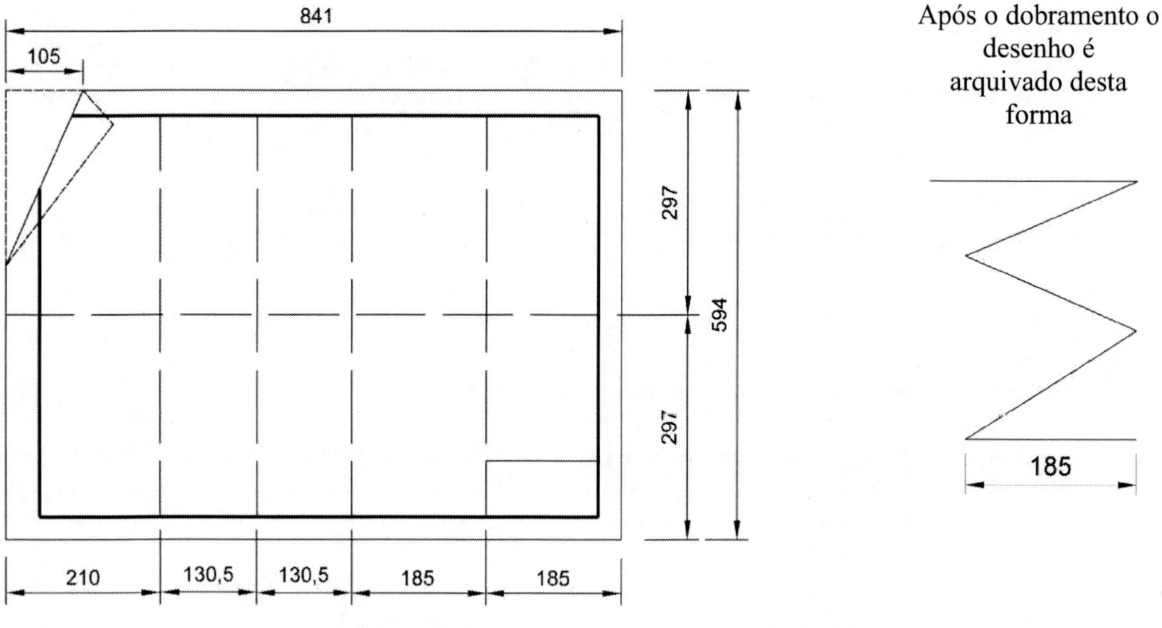

Figura 2: detalhes do dobramento da folha, formato A3 (folha na horizontal).

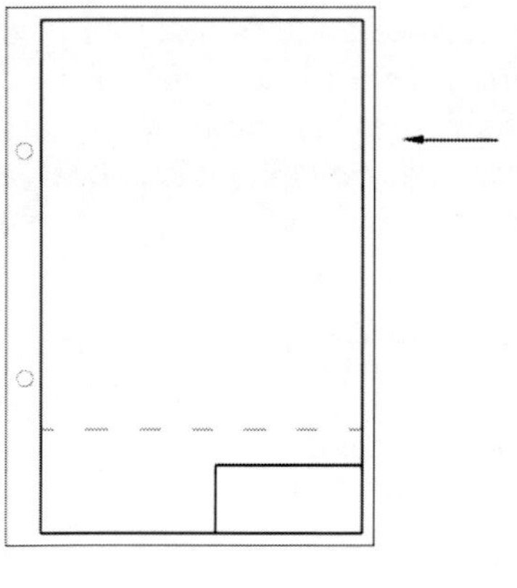

Figura 3: detalhes das folhas A4

Formato	Margem Equerda	Margem Direita	Espessura da linha
A0	25	10	1,4
A1	25	10	1,0
A2	25	7	0,7
A3	25	7	0,5
A4	25	7	0,5

Tabela 1.2: detalhes das margens (mm)
(*Fonte*: NBR 10068, tabela 2)

Os tipos de grafites usados em desenhos de geometria descritiva

Para desenhos feitos à mão com os instrumentos clássicos, são usadas lapiseiras ou lápis, ou seja, grafite. Além de diversas espessuras, existem diferentes tipos ou tons de grafite, indo do mais claro, que é o 9H, até o mais escuro, que é o 9B. Observa-se que, quanto mais claro (série H) mais duro e quanto mais escuro (série B), mais macio. Já o grafite usado nos lápis de madeira só apresenta as seguintes quatro classificações: B, H, F e HB. Estas letras vêm dos seguintes termos em inglês:

B é *blackness* ou negritude; H é *hardness* ou dureza; F é *fine* ou ponta fina e HB é um tipo de grafite de dureza média, que está entre o H e o B. Considerando uma escala do mais rígido para o mais macio, os grafites apresentam a seguinte classificação:

9H - 8H - 7H - 6H - 5H - 4H - 3H - 2H - H - F - HB - B - 2B - 3B - 4B - 5B - 6B - 7B - 8B - 9B.

Quanto maior o número, mais acentuada é a característica, representada pela letra, ou seja: 9H é mais duro que o 3H, enquanto um 9B é mais macio que o 2B.
Uma dúvida que surge, especialmente entre estudantes é quanto a qual tipo de grafite usar. Embora a escolha seja pessoal, já que depende inclusive se a pessoa tem a mão mais "pesada" ou mais "leve", podem ser feitas as seguintes recomendações:

- Em projetos, estudos (inclusive artísticos), áreas escuras e grandes, funcionam bem grafites macios, entre os 9B a 4B.
- Desenhos à mão livre ou *croquis* são bem executados com os macios entre 3B a B.
- No traçado de linhas e escritas, costuma-se usar a dureza média: HB ou F.

De modo geral, utilizam-se os grafites mais duros (série H) para obter traçados claros e os mais suaves (série B) para obter sombras e preencher áreas mais escuras. Deve ser dito que, os mais duros são mais difíceis de serem apagados (usando a borracha tipo plástica), enquanto os mais suaves podem ser totalmente apagados, sem deixar sulcos no papel. Ainda, de forma geral, na prática, do desenho à mão e com instrumentos, usando o papel tipo Canson, trabalha-se normalmente na faixa entre o F, HB e B.

Desenhos da geometria descritiva usando programas de geometria dinâmica e outros

O termo geometria dinâmica é utilizado para definir programas interativos que possibilitam a criação e manipulação de figuras geométricas a partir de suas propriedades. Esses programas também são utilizados nas geometrias analítica e descritiva, bem como em pesquisas.
Na geometria dinâmica há diversos recursos disponíveis como, por exemplo, uso de cores nos desenhos, sistemas de coordenadas cartesianas e polares, calculadora interna, medição de ângulos, distâncias e áreas. Com programas de geometria dinâmica é possível clicar em um ponto do desenho construído e arrastá-lo pela tela, com o *mouse*, mudando sua configuração. É dessa possibilidade de movimentação que vem o termo geometria dinâmica.
A principal característica da geometria dinâmica é que as imagens podem ser arrastadas na tela do computador, utilizando o *mouse*, possibilitando a transformação de figuras geométricas em tempo real. Com isso, a tela fornece a impressão que o desenho se deforma com o processo de arrastar, enquanto mantém as relações especificadas como essenciais da construção original. Outra característica da geometria dinâmica é permitir rapidez na execução dos desenhos, pois figuras que demorariam muito tempo para serem construídas no papel, com régua e compasso, são criadas no computador em segundos.
Dentre os principais programas de geometria dinâmica os seguintes se destacam: Tabulae, Geogebra, Régua e Compasso, Cabri Géomètre e Cabri 3D. Embora não sejam de geometria dinâmica, os programas AutoCad e Word podem ser utilizados nos desenhos de geometria descritiva, especialmente quanto ao desenho de figuras geométricas.

O Tabulae é um software de Geometria Dinâmica plana que foi desenvolvido no Projeto "Enibam" do Instituto de Matemática da Universidade Federal do Rio de Janeiro - IM/UFRJ. Esse programa é gratuito.
Geogebra: "Geometria + Álgebra", é um programa austríaco gratuito que reúne Geometria, Álgebra e Cálculo. De forma geral, podem ser construídos pontos, segmentos de reta, polígonos, circunferências,

vetores, gráficos de funções, curvas cônicas (circunferências, elipses, parábolas e hipérboles), que podem ser dinamicamente modificados com um simples movimento do *mouse*. Uma vantagem do Geogebra é a de apresentar duas representações diferentes de um mesmo objeto: a representação geométrica e a algébrica. Esse programa pode ser utilizado em vários idiomas, inclusive português.

Régua e Compasso (CaR) é um programa de Geometria Dinâmica que pode ser baixado gratuitamente. Esse programa possibilita construções dinâmicas e interativas. Após algumas construções, os objetos geométricos podem ser deslocados na tela sem modificação das relações geométricas.

O Cabri-Géomètre II é um *software* educativo específico para o aprendizado da geometria. Foi desenvolvido por Jean-Marie Laborde e Franck Bellemain, no Institut D'Informatique et Mathématiques Appliquées de Grenoble, França. O Cabri possui muitos recursos na construção das figuras geométricas possibilitando movê-las e deformá-las, Permite criar e explorar figuras geométricas de forma interativa através da construção de pontos, retas, triângulos, polígonos, círculos e outros objetos.

Cabri 3D é um *software* de matemática dinâmica tridimensional. Ele foi desenvolvido pela empresa francesa Cabrilog, permitindo a construção em três dimensões e, ao mesmo tempo, tem os benefícios da geometria interativa. Ele oferece uma interface lúdica e intuitiva com ferramentas de visualização 3D, que muito facilitam o ensino/aprendizado da geometria.

Observações sobre a educação 100% digital, incluindo o ensino da geometria descritiva

A Suécia em dezembro de 2022 decidiu que voltaria a também utilizar material escolar impresso, em especial livros didáticos. Desde a década de 1990, o país informatizou os materiais didáticos e as aulas. Por que a Suécia, um dos países mais ricos e desenvolvidos do mundo tomou esta decisão?

Antes de dar mais detalhes sobre a decisão da Suécia, é importante citar que, estudos mostram que é perfeitamente possível e produtivo usar concomitantemente as duas estratégias de ensino: aulas na lousa, com materiais impressos, conjugadas com aulas remotas e materiais digitais. Recursos didáticos digitais, quando usados corretamente e no contexto de um projeto político pedagógico,ajudam muito, especialmente por combinarem imagem, texto e som.

A principal razão para a Suécia tomar a decisão foi o resultado do Pirls 2021 (*Progress in International Reading Literacy Study*), um exame internacional que mede habilidades de leitura de alunos do 4º ano do ensino fundamental (de 9 a 10 anos de idade), que mostrou que o desempenho das crianças suecas, ainda que esteja acima da média europeia, piorou entre 2016 e 2022. Autoridades e especialistas em Educação concluíram que há uma ligação direta entre essa queda e o uso intensivo de telas nas salas de aula. A Universidade de Harvard, nos Estados Unidos, já mostrou que exagerar nas telas pode levar a prejuízos na comunicação, problemas no sono e atrasos no desenvolvimento cognitivo. Estudos também mostram que, com a leitura digital, os alunos tendem a "passar os olhos" pelos textos mais rapidamente.

O governo da Suécia admite que a "digitalização da sociedade é necessária", mas reforça que, segundo órgãos de saúde, existe um custo cognitivo para quem passa muitas horas na frente da tela. No Brasil, há uma postura semelhante seguida pela Sociedade Brasileira de Pediatria (SBP), que recomenda o seguinte limite diário de contato com celulares, tablets e computadores: Dos 2 aos 5 anos de idade: até 1 hora por dia; dos 6 aos 10 anos: entre 1 e 2 horas por dia e dos 11 aos 18 anos: entre 2 e 3 horas por dia.

No que se refere ao ensino da geometria descritiva, como proposto neste livro, os autores recomendam que, dentro das possibilidades e disponibilidade das Escolas de Educação Básica, especialmente no Ensino Médio, sejam utilizados tanto o desenho em papel sobre mesas ou pranchetas, quanto o desenho em computador com programas de geometria dinâmica.

Desenhando letras, números e linhas. Uso das escalas

Letras e números

A Norma ABNT NBR 16861: Execução de Caractere para Escrita em Desenho Técnico, fixa característica de escrita (letras, números e símbolos) usada em desenhos técnicos e documentos semelhantes. Aplica-se para escrita à mão livre e por instrumentos, inclusive por computador. A norma tem como objetivo a uniformidade, a legibilidade e a adequação à microfilmagem e a outros processos de reprodução. Cabe observar que a Norma Internacional ISO 3098, apresenta as características da escrita normalizada, com diversos tipos.

No Brasil, as letras usadas em desenhos técnicos são do tipo bastão, maiúsculas e minúsculas, podendo ser, tanto na vertical, quanto inclinadas a 75 graus. Os números e símbolos também seguem estas posições. Os caracteres devem ser claramente distinguíveis entre si, para evitar qualquer troca ou algum desvio mínimo da forma ideal. Para a microfilmagem e outros processos de reprodução é necessário que a distância entre caracteres corresponda, no mínimo a, duas vezes a largura da linha, conforme Figura 1 e Tabela 1. transcritos da NBR 16861.

No caso de larguras ou espessuras de linhas diferentes, a distância deve corresponder à da linha mais larga. Para facilitar a escrita, deve ser aplicada a mesma largura ou espessura de linha para letras maiúsculas e minúsculas. Os caracteres devem ser escritos de forma que as linhas se cruzem ou se toquem, aproximadamente, em ângulo reto. A altura h, que corresponde à altura das letras maiúsculas, possui razão dois (2), correspondente à razão dos formatos de papel para desenho técnico. Ou seja, o tamanho da letra e ou número está diretamente relacionado ao tamanho da folha. Formatos maiores, letras maiores e vice versa.

Condições específicas: a altura h das letras maiúsculas deve ser tomada como base para o dimensionamento (ver Figuras 1 (a)(b)(c) e Tabela 1). As alturas h e c não devem ser menores do que 2,5 mm. Na aplicação simultânea de letras maiúsculas e minúsculas, a altura h não deve ser menor que 3,5 mm.

Características	**Relação**	**Dimensões (mm)**						
Altura das letras maiúsculas = h	(10/10) h	2,5	3,5	5	7	10	14	20
Altura das letras minúsculas = c	(7/10) h	-	2,5	3,5	5	7	10	14
Distância mínima entre caracteres = a *	(2/10) h	0,5	0,7	1	1,4	2	2,8	4
Distância mínima entre linhas de base = b	(14/10) h	3,5	5	7	10	14	20	28
Distância mínima entre palavras = e	(6/10) h	1,5	2,1	3	4,2	6	8,4	12
Largura da linha = d	(1/10) h	0,25	0,35	0,5	0,7	1	1,4	2

* Quando necessário, a distância entre caracteres pode ser alterada.

Tabela 1: proporções e dimensões de símbolos gráficos
(*Fonte*: NBR 16861)

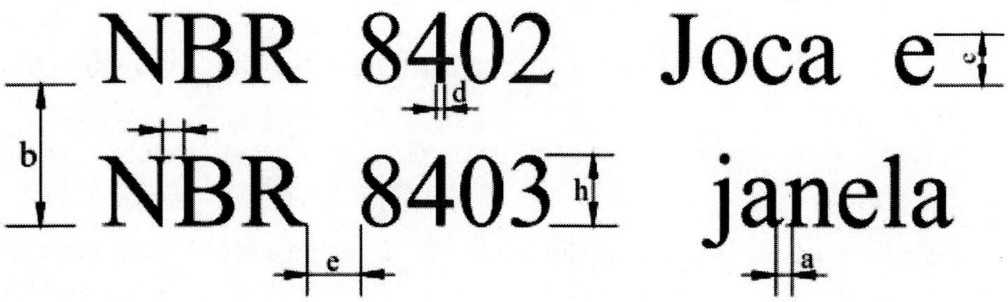

Figura 1 (a): características gerais da escrita

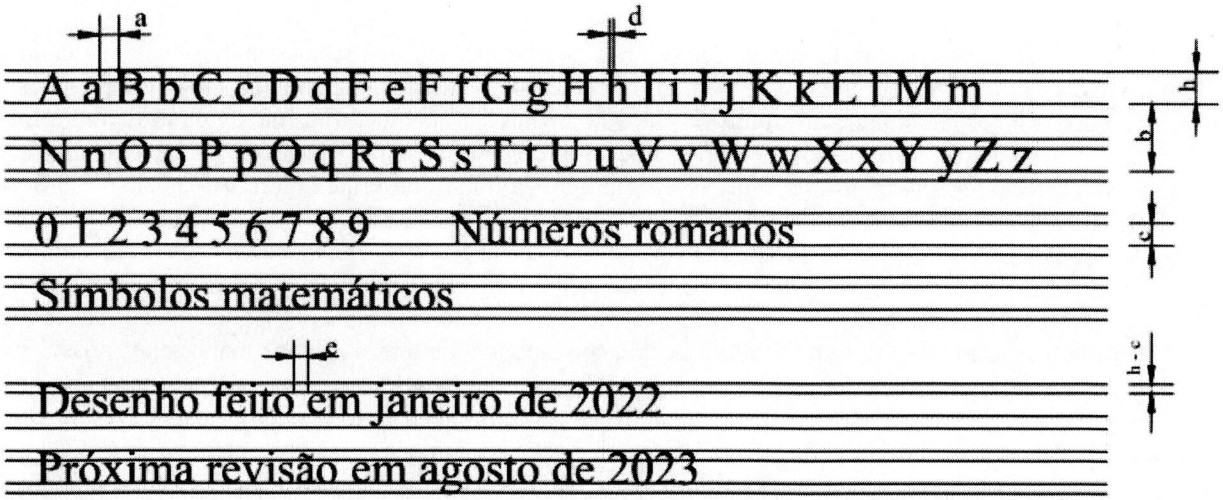

Figura 1 (b): características gerais da escrita vertical

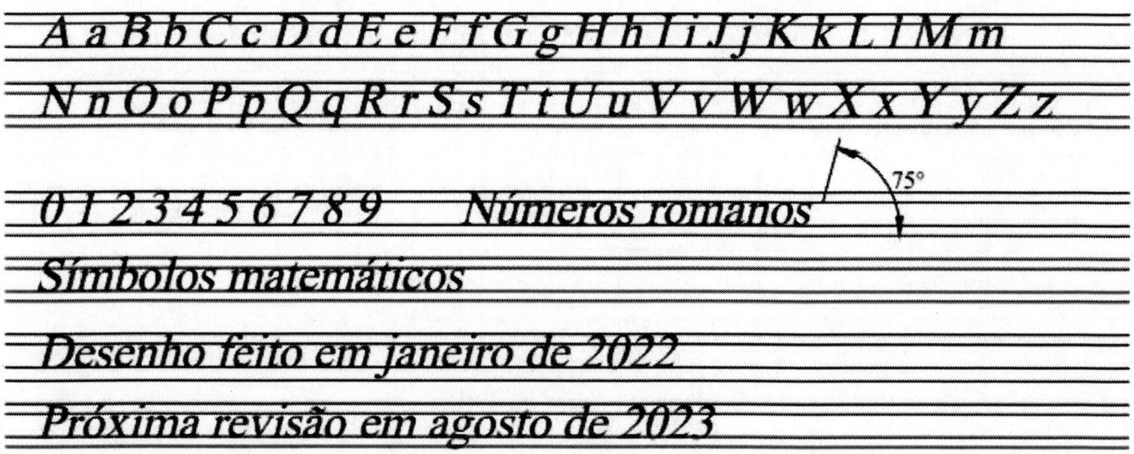

Figura 1 (c): características da escrita inclinada

Espessuras e tipos de linhas utilizadas em geometria descritiva

Estas linhas seguem a norma NBR 16861: Aplicação de Linhas em Desenho. Tipos de Linhas. Larguras de Linhas, sendo adiante citadas os principais tipos de linhas utilizadas em desenhos de geometria descritiva. A largura ou espessura das linhas corresponde ao escalonamento, conforme os formatos de papel A4 e A3. Ou seja, desenhos menores, têm letras de menor espessura e altura.
Deve ser ressaltado que, em um mesmo desenho, segundo a NBR 16861, só existem duas espessuras de linhas: larga (ou grossa) e estreita (ou fina), sendo que a relação entre as larguras de linhas largas e estreitas não deve ser inferior a dois (2). Por exemplo, se em um desenho se utilizar a espessura 1,00 mm como linha larga ou grossa, as linhas estreitas ou finas não devem ser menor do 0,50 mm (1,00 mm/0,5 mm = 2)
Principalmente na prática do desenho com instrumentos manuais (régua, esquadros e compasso), as espessuras mais utilizadas são: 0,50 mm e 0,70 mm.
Em geral, em desenhos de geometria descritiva, usam-se os seguintes tipos de linhas:

———————— Linha contínua: usada para perímetros de figuras, desenhos tridimensionais, tanto de superfícies, quanto dos planos de projeções (π, π' e π''). Em alguns casos, este tipo de linha também é usado como linha auxiliar ou de construção, por exemplo, em desenhos de perspectivas cônicas.

- - - - - - - - - - - - Linha tracejada: usada para representar linhas projetantes, bem como arestas não visíveis, tanto em vistas ortográficas, quanto em imagens tridimensionais.

—·—·—·—·—·— Linha traço e ponto: usada para representar eixos de simetria e linhas de centro.

—··—··—··—··— Linha traço e dois pontos: usada para representar planos, que não os três de projeções (π, π' e π'').

Desenhando em escala

Especialmente em desenhos de perspectivas, bem como em vistas ortográficas, nem sempre será possível representar os objetos em suas verdadeiras grandezas. Portanto, para permitir a execução dos desenhos, os objetos e peças grandes precisam ser representados com suas dimensões reduzidas, enquanto os objetos, ou detalhes, pequenos necessitarão de uma representação ampliada. Por exemplo, o desenho de uma planta de uma casa é feito com uma escala de redução (por exemplo, 1:50), já o desenho de um alfinete, devido aos detalhes mínimos, será feito com uma escala de ampliação (por exemplo, 5:1).
As escalas são utilizadas para ampliar ou reduzir o objeto projetado (ou ainda mantendo as dimensões, como na escala 1:1), de acordo com a precisão desejada e disponibilidade de área de papel para execução de um desenho. Existem dois tipos básicos de escalas: a gráfica e a numérica, sendo a primeira mais utilizada em desenhos cartográficos ou de mapas, enquanto os desenhos técnicos projetivos usam escalas numéricas de redução e ampliação.

Escala gráfica

A escala gráfica é representada sob a forma de um segmento de reta, normalmente subdividido em seções e ao longo do qual são registradas as distâncias reais correspondentes às dimensões do segmento.
A escala gráfica simples é uma reta dividida em unidades na razão da escala. Gradua-se a reta, a partir do ponto zero, com uma unidade básica maior para a esquerda, e para a direita marca-se a mesma unidade básica maior tantas vezes quantas forem suficientes. A unidade da esquerda chama-se talão ou extensão e acha-se subdividida em unidades menores. Vejamos o exemplo abaixo, muito comum em mapas.

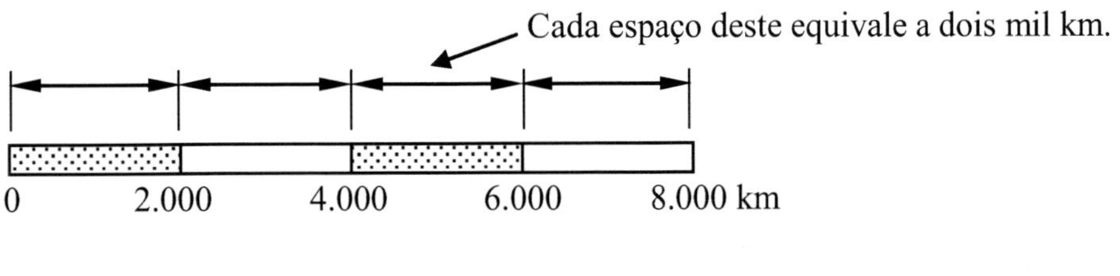

Escalas numéricas: natural ou 1:1, de redução e ampliação. O escalímetro

A escala numérica compreende três tipos: A) a natural ou 1:1, onde as medidas do desenho e do objeto representado são iguais, ou seja, uma unidade do desenho corresponde a uma unidade do objeto; B) a escala de redução, onde as medidas do desenho são menores que as do objeto representado. Exemplos: 1:20, 1:25, 1:50, 1:75, 1:100 e 1:125 e C) a escala de ampliação, onde as medidas do desenho são maiores que a do objeto representado. Exemplos: 2:1 e 5:1. A escala numérica é uma razão de semelhança entre as medidas do desenho e as medidas reais do objeto.

Quando se diz que um desenho está na escala de ampliação de 2:1 (dois para um), significa que duas unidades do desenho correspondem a uma unidade do objeto. Ao usar uma escala de redução de 1:50 (um para cinquenta), significa que uma unidade do desenho corresponde a cinquenta (50) unidades do objeto.

Vamos supor que uma planta de uma casa seja feita na escala 1:25 (ou um para vinte e cinco). Esta escala numérica significa que a unidade de comprimento, no desenho, vale vinte e cinco vezes essa mesma unidade no terreno.

Na prática, existem os instrumentos chamados escalímetros, normalmente no formato prismático triangular, que já tem as réguas graduadas com diversas escalas. Nestes escalímetros são impressas seis escalas, duas em cada face do prisma. Observa-se que, numa mesma face ou escala, por exemplo, 1:50, tanto se pode usar como escala de ampliação, quanto de redução, bastando trabalhar (pensar) com potências de 10. Esta escala de 1:50, também pode ser 1:500, 1:5 ou 1:0,5. Como 1:0,5 = 2, a escala 1:0,5, em verdade, é de ampliação 2:1, onde a medida do desenho está indicada com o dobro do valor real.

Normalmente estes escalímetros vêm com as seguintes réguas: 1:20, 1:25, 1:50, 1:75, 1:100 e 1:125, embora existam outras réguas, com outras escalas, utilizadas em situações especiais.

Na figura a seguir vê-se na parte superior, o início da escala 1:200, onde a primeira marcação equivale a 1 metro. Na parte inferior vê-se o mesmo 1 metro, porém na escala 1:100, ou seja, o mesmo 1 metro representado por uma distância duas vezes maior, pois 1:100 é duas vezes maior do que 1:200.

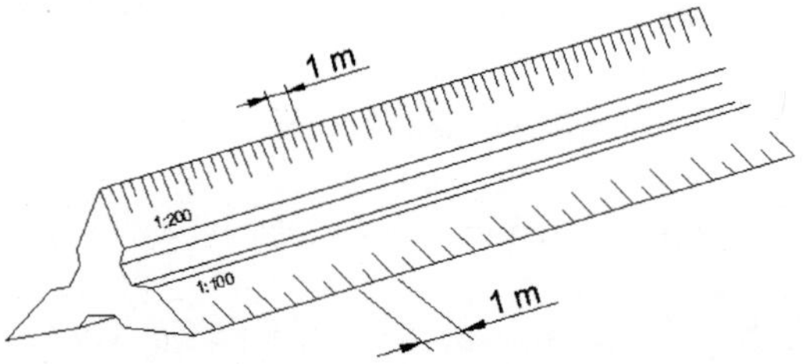

Este é o formato dos escalímetros, normalmente vendidos no comércio de artigos de desenho técnico e usado por desenhistas e outros profissionais da área.

Quando se observa na régua uma escala de 1:200, em verdade isto significa que, aquele pequenino espaço equivale a um metro na realidade, pois está reduzido em 200 vezes. Agora vamos entender isto melhor.

1 metro é igual a 1.000 milímetros. Se dividirmos 1.000 mm por 200, achamos 5 mm (1.000 mm/200 = 5 mm). Agora se pegarmos um outro escalímetro (ou até uma régua de plástico graduada em centímetros) e colocarmos próximo a este 1 metro na escala de 1:200, veremos que tem 5 mm ou 0,5 centímetro.

Outro exemplo. Se observarmos a régua 1:100, veremos que o primeiro número equivalente a 1 metro, tem exatamente 1 centímetro (é só conferir com uma régua de plástico). Como assim? É simples. 1:100 significa 1 metro dividido por 100, ou seja, 1.000 mm/100, que é igual a 10 mm ou 1 cm.

Esta mesma régua 1:100, pode ser usada como 1:10, sendo que neste caso, a primeira marcação não será equivalente a 1 metro, mas sim 10 vezes menos, ou seja, 100 mm ou 10 cm. 1 metro é 10 vezes maior do que 10 cm.

A figura a seguir mostra na parte superior o início da escala 1:50, onde o número 1 equivale a 1 metro. É importante entender isto. 1:50, significa 1 metro dividido por 50 ou 1.000 mm dividido por 50, que é igual a 20 mm ou 2 cm. De novo, se pegarmos um outro escalímetro (ou até uma régua de plástico graduada em centímetros) e colocarmos próximo a este 1 metro na escala de 1:50, veremos que tem 20 mm ou 2 centímetros.

Esta mesma régua 1:50, pode ser usada como 1:5, sendo que neste caso, a primeira marcação não será equivalente a 1 metro, mas sim 10 vezes menos, ou seja, 100 mm ou 10 cm. 1 metro é 10 vezes maior do que 10 cm. Ou seja, dependendo da escala, o mesmo espaço na régua pode ser equivalente a 1 metro ou a 10 cm, ou seja, 10 vezes menos.

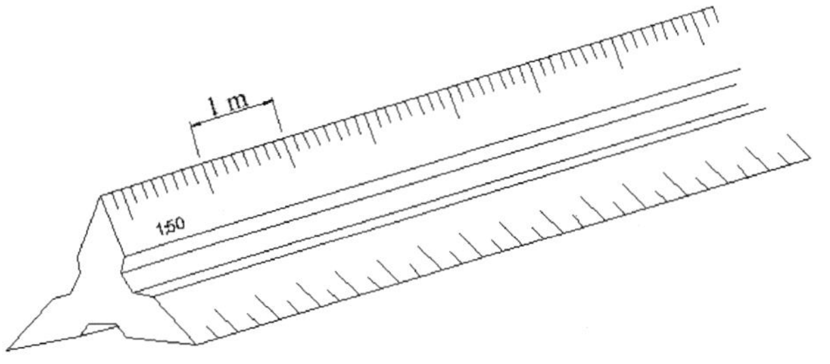

Detalhes da escala 1:50.

Exercício Resolvido 1: Como se define, qual escala utilizar? Como escolher entre 1:1, 1:2, 1:5, 1:25, 1:200, 1:500 ou qualquer outra escala? Primeiro depende da dimensão que se quer representar! Por exemplo, vamos supor que se tenha que desenhar uma peça mecânica, como a mostrada a seguir, com dimensões em milímetros. Qual escala se deve utilizar?

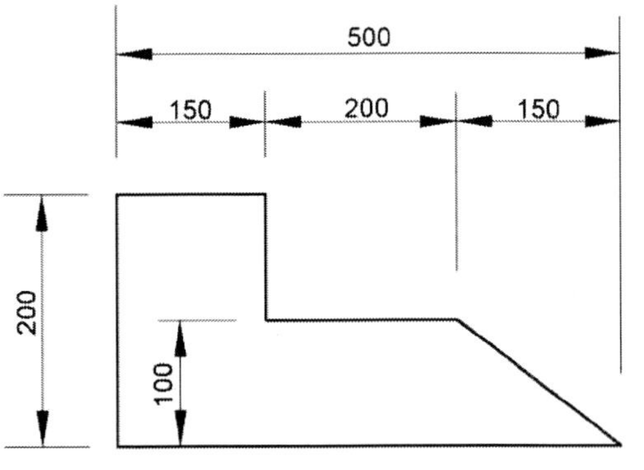

Como 500 mm ou meio metro, não dá para ser desenhado, por exemplo, num formato A4 ou num A3 e até num A2. Num A1 dá, mas vai ficar um desenho grande e feio, sem necessidade. Como a figura é simples, se reduzirmos cinco vezes, ainda assim ficará grande, pois os 500 mm, ocuparão 100 mm ou 10 cm no papel (500 mm / 5 = 100 mm = 10 cm). Porém, se dividirmos por 10, ou seja, se representarmos 10 vezes menor, teremos 500 mm / 10 = 50 mm ou 5 cm no papel. Ou seja, podemos usar a escala de 1:10. Que será na régua 1:100, onde a primeira divisão será igual a 1 cm ou 10 mm, pois 1.000 mm/100 = 10 mm ou 1 cm.

Exercício resolvido 2: Quer se desenhar um ginásio de uma escola, no formato retangular externo com 25 metros de largura por 75 metros de comprimento. Qual escala usar? Vamos à análise, considerando o desenho feito em papel e com instrumentos, já que em tela do computador a análise é outra, muito mais simples e prática.
Como é uma construção civil, que terá muitos detalhes internos, não podemos fazer o desenho muito pequeno, ou seja, no mínimo devemos usar um formato A3, que tem 297 mm x 420 mm (conforme tabela 1.1). Agora vamos imaginar o formato A3, onde ficará este retângulo.

A dimensão A deve ser no mínimo de 5 cm, para o desenho ficar bem posicionado. Consultando um escalímetro, descobre-se que uma boa escala é a 1:250, isso devido à medida de 25 metros.

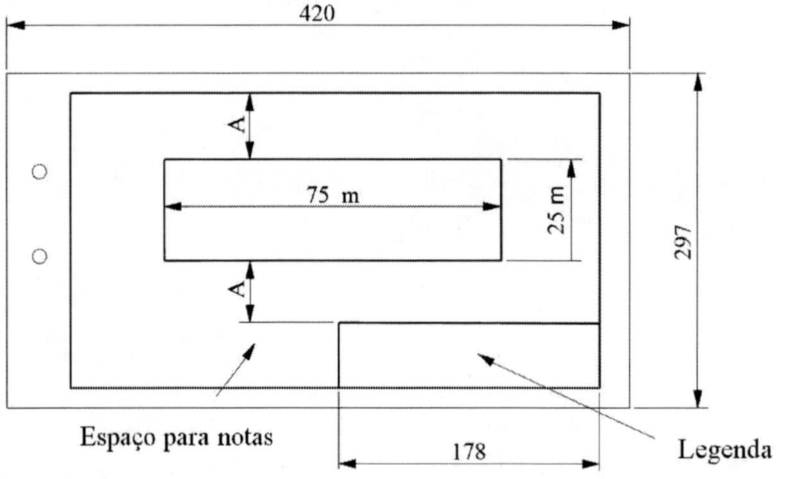

Em resumo, deve-se ter a folha, onde será feito o desenho, disponível na mão, e o escalímetro e, então, por observação descobre-se qual régua é a mais indicada. Na sequência, se analisa se será de ampliação ou redução, trabalhando-se com potência de 10. E quanto às escalas de ampliação, quando são usadas? Vamos a um exemplo.

Imagine um alfinete de roupa, que tem medida de comprimento de 20 mm e uma cabeça muito pequena e com um detalhe em curva. Como ele será fabricado em uma máquina que terá um molde com as mesmas dimensões, e como este molde também terá que ser fabricado, o desenho tem que ser feito de tal forma que sejam vistos todos os mínimos detalhes, isto só é possível usando uma ampliação, que pode ser 10:1.

Em Desenhos Técnicos Projetivos de peças mecânicas é comum o uso da escala de ampliação de 2:1 (ou 1:0,5), bem como a de redução 1:2.

Na prática, cada área profissional e cada tipo de desenho, usam escalas consagradas e que dão uma boa proporcionalidade ao desenho. A tabela 2.2 dá uma ideia de vários tipos de desenhos e as escalas usuais.

O uso da escala na prática da geometria descritiva, tanto para desenhos com instrumentos clássicos, quanto no computador

A norma NBR 8196: Desenho Técnico: emprego de escalas, recomenda as seguintes escalas:

De redução: 1:2, 1:5, 1:10, 1:20, 1:50, 1:100, 1:200, 1:500, 1:1.000, 1:2.000, 1:5.000 e 1:10.000. De ampliação: 2:1, 5:1, 10:1, 20:1 e 50:1.

Em geral, a prática da geometria descritiva utiliza a escala natural ou 1:1, embora algumas vezes, por exemplo em perspectivas e vistas ortográficas, costuma-se usar escalas de redução 1:2 e até 1:5.

Apenas como ilustração, a tabela 2 mostra as escalas, tradicionalmente, utilizadas na prática dos Desenhos Técnicos Projetivos, pelas diversas áreas e especialidades.

Tipo de Desenho	Escala utilizada
Planta de situação	Em áreas urbanas: 1:500 e 1:1.000 Em áreas rurais: 1:1.000, 1:5.000 e até 1:10.000 e 1:50.000
Planta de implantação	1:200, 1:250, 1:500 ou 1:1.000
Planta	1:25 e 1:50
Cortes longitudinais e transversais	1:25 e 1:50
Desenho de fachadas	1:25 e 1:50
Desenho de detalhes arquitetônicos	1:10, 1:20, 1:25
Desenho de ferros (vergalhões)	Sem escala
Plantas de tubulação	1:20, 1:50, 1:100
Isométricos de tubulação	Sem escala (porém proporcional)
Desenhos mecânicos de conjunto	1:2, 1:5, 1:10
Detalhes de peças mecânicas	1:1,1:2, 1:5, 2:1, 5:1, 10:1

Tabela 2: principais escalas usadas em Desenhos Técnicos Projetivos

Embora os escalímetros indiquem escalas numéricas de redução, também podem ser usadas como escalas de ampliação. Por exemplo, na escala 1:50 (de redução) as distâncias marcadas na régua são o dobro daquelas da escala 1:100, ou seja a régua 1:50 pode ser usada como escala de ampliação 2:1 (dois para um).

Tanto no AutoCad, quanto em outros programas de desenho técnico projetivo, existem comandos que permitem que o desenho seja feito em uma determinada escala, de forma a se ter um bom campo de visão na digitação e, posteriormente, se ajuste para uma determinada escala. O mesmo ocorre para a impressão, ou seja, pode-se imprimir em uma escala diferente da qual se originou o desenho. Obviamente, quando se desenha de forma analógica, ou seja, usando régua e compasso, não é possível a mudança de escala.

Capítulo 1
Projeções de poliedros, prismas, cilindros, cones e esferas

A palavra poliedro significa vários planos, pois *poli* significa vários e *edro* significa plano. Vários produtos e peças de máquinas têm o formato poliédrico, por exemplo, as torres dos computadores são prismas de base retangular. Um prédio de apartamentos e uma casa clássica são exemplos de superfícies poliédricas. Os poliedros podem ser: convexos e não convexos, regulares ou irregulares. Um poliedro é convexo quando o segmento que liga dois de seus pontos quaisquer está contido dentro do poliedro. Nos regulares as faces são iguais e formadas por polígonos de lados iguais. Um poliedro é convexo se qualquer reta (não paralela a nenhuma de suas faces) o corta em, no máximo, dois pontos, caso contrário é não convexos.

1.1 Classificações dos poliedros

Exemplos de poliedros convexos e não convexos

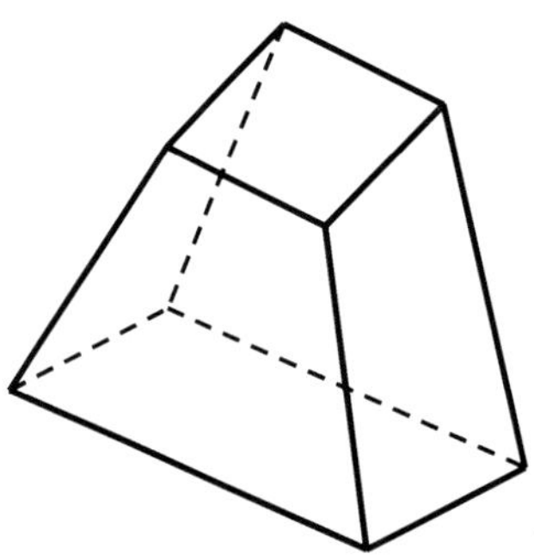

Poliedro convexo

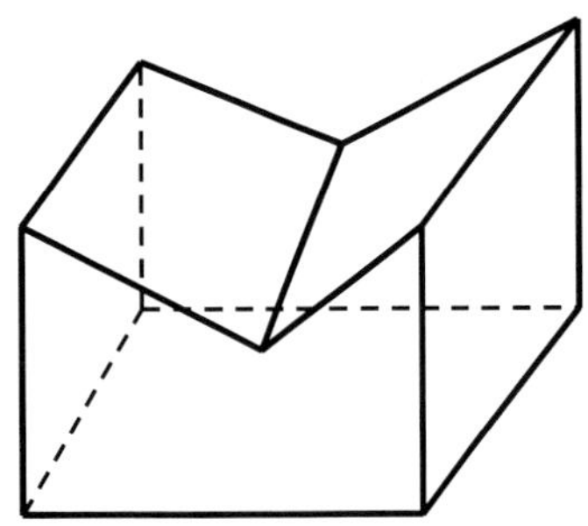

Poliedro não convexo

Poliedros irregulares (faces com geometrias diferentes)

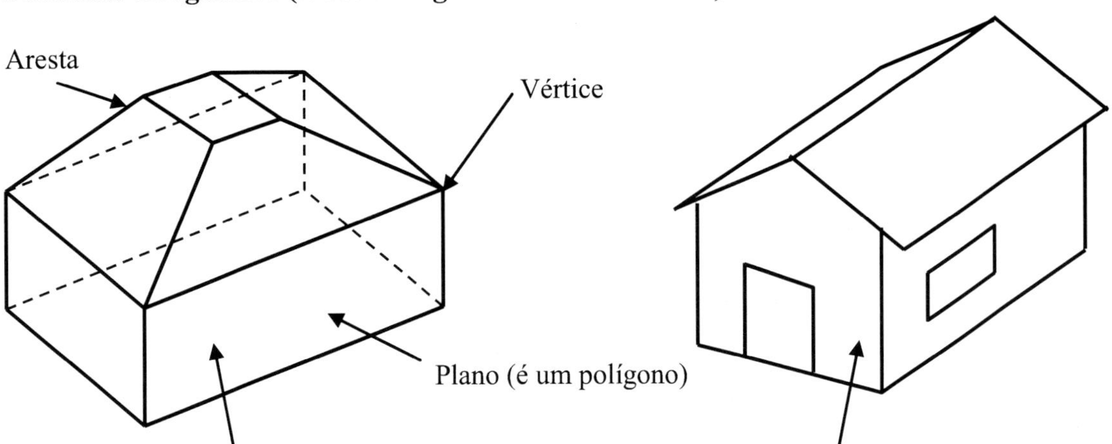

Uma coifa de cozinha é um poliedro irregular, bem como uma casa

Os poliedros podem ser regulares ou irregulares. Um poliedro convexo é chamado de regular se suas faces são polígonos regulares, cada um com o mesmo número de lados e, para todo vértice, converge um mesmo número de arestas. Existem nove (9) poliedros regulares que são os cinco (5) Sólidos de Platão (que são convexos) e os 4 Poliedros de Kepler-Poinsot, que, em verdade são poliedros estrelados. Os cinco poliedros de Platão são: tetraedro, hexaedro (ou cubo), octaedro, dodecaedro e icosaedro. Os quatro (4) poliedros de Kepler-Poinsot são: pequeno dodecaedro estrelado, grande dodecaedro estrelado, grande dodecaedro e icosaedro estrelado. Os poliedros, dos mais diversos tipos, regulares ou não, convexo ou não, são muito utilizados na prática, principalmente nas áreas da Arquitetura, Engenharia e Artes Plásticas.

1.2 Os poliedros regulares de Platão

Platão (427 a.C. - 347 a.C.) foi um filósofo e matemático do período clássico da Grécia antiga, autor de diversos diálogos filosóficos e fundador da Academia em Atenas, a primeira instituição de educação superior do mundo ocidental. Acredita-se que seu nome verdadeiro tenha sido Arístocles. Além de ser regular e convexo, todo poliedro de Platão satisfaz, simultaneamente, às seguintes condições:

- Todas as faces têm o mesmo número de arestas.
- De cada vértice parte o mesmo número de arestas.
- A relação de Euler* é válida. (* Leonhard Paul Euler, matemático suiço:1707-1783).

A relação de Euler é dada por: V + F = A + 2, onde: V = número de vértices; F = número de faces e A = número de arestas.

Os poliedros de Platão têm utilizações práticas específicas, por exemplo, na Arquitetura e nas Artes. Observa-se que hexaedros ou cubos são usados como caixas d'água e tetraedros são pirâmides de base triangulares.

Nome do Poliedro / Dados	Tetraedro	Hexaedro	Octaedro	Dodecaedro	Icosaedro
Nº de faces (F)	Quatro (4)	Seis (6)	Oito (8)	12	20
Formato da face	Triângulo equilátero	Quadrado	Triângulo equilátero	Pentágono	Triângulo equilátero
Nº de vértices (V)	Quatro (4)	Oito (8)	Seis (6)	20	12
Nº de arestas (A)	Seis (6)	12	12	30	30
Relação de Euler (V+F=A+2)	(4+4=6+2) 8 = 8	(8+6=12+2) 14 = 14	(6+8=12+2) 14 = 14	(20+12=30+2) 32 = 32	(12+20=30+2) 32 = 32

Tabela 1.1: características dos poliedros de Platão

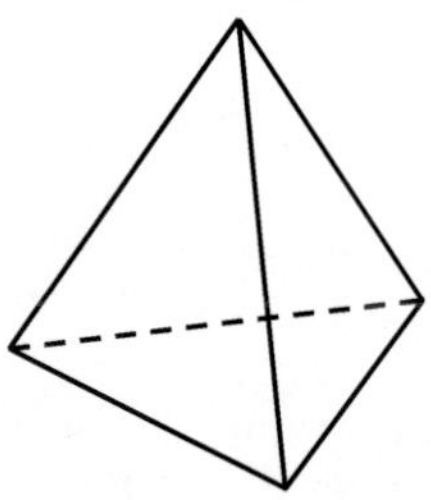

Tetraedro ou uma pirâmide de base triangular

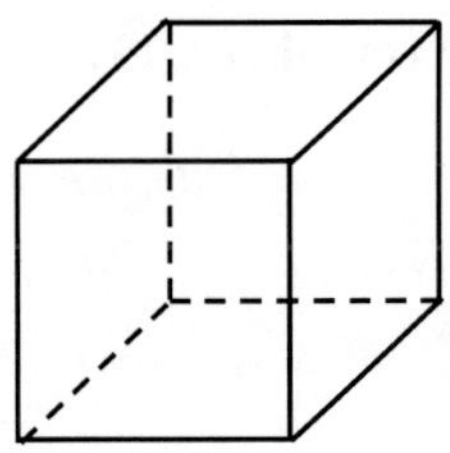

Hexaedro ou cubo

Octaedro

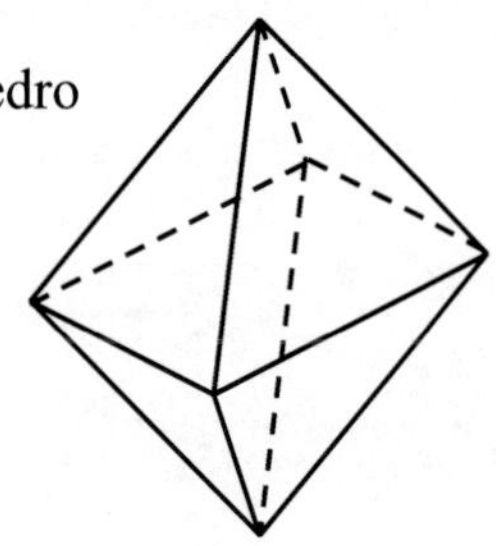

Algumas pedras preciosas são lapidadas nos formatos de dodecaedros ou icosaedros.

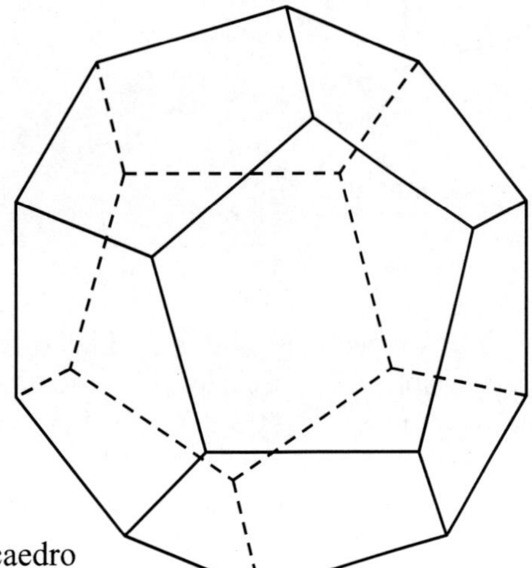

Dodecaedro

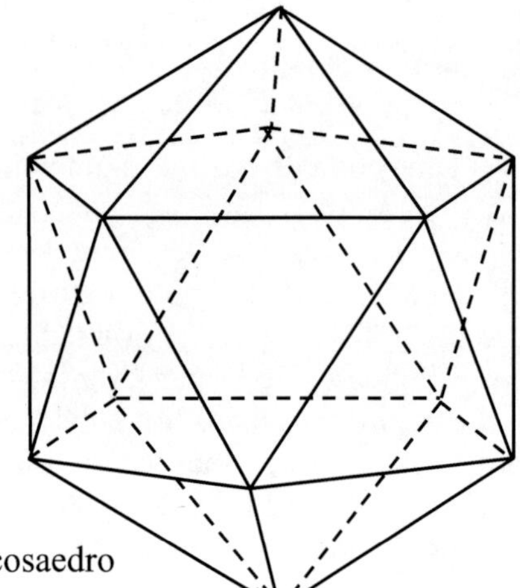

Icosaedro

1.3 Classificação dos poliedros, quanto ao número de faces. Os poliedros irregulares

Tais e quais os polígonos, os poliedros também utilizam prefixos com palavras de origem grega, como mostrados no quadro a seguir.

Nº de faces	Classificação
4	Tetraedro
5	Pentaedro
6	Hexaedro
7	Heptaedro
8	Octaedro
9	Eneaedro
10	Decaedro
11	Undecaedro
12	Dodecaedro
20	Icosaedro

Excetuando-se os cinco poliedros de Platão, que são regulares, os demais são obrigatoriamente irregulares, como mostrados a seguir.

Pentaedro

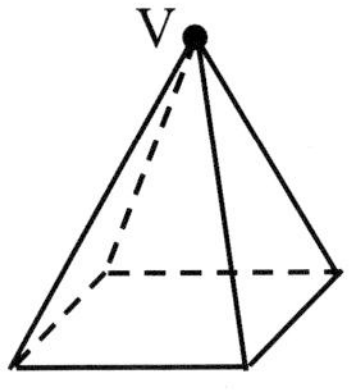

Pirâmide de base quadrada

Heptaedro

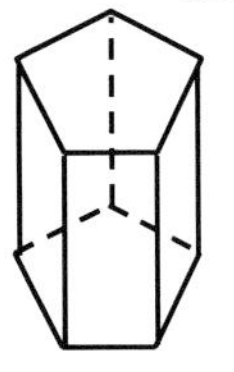

Prisma de base pentagonal

Para uma melhor visualização os: eneaedro, decaedro e undecaedro, serão mostrados em outras posições.

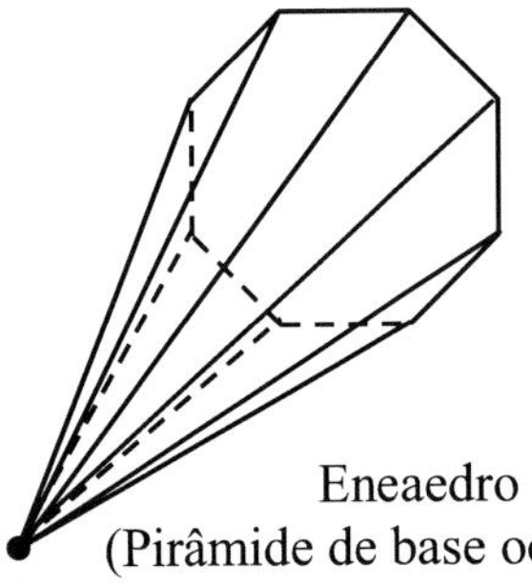

V

Eneaedro
(Pirâmide de base octogonal)

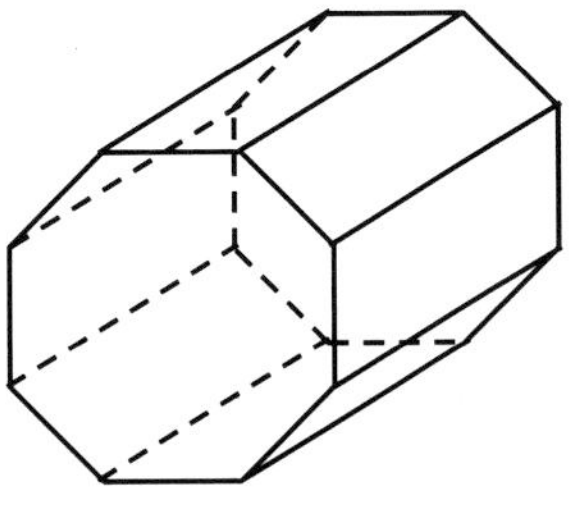

Decaedro
(Prisma de base octogonal)

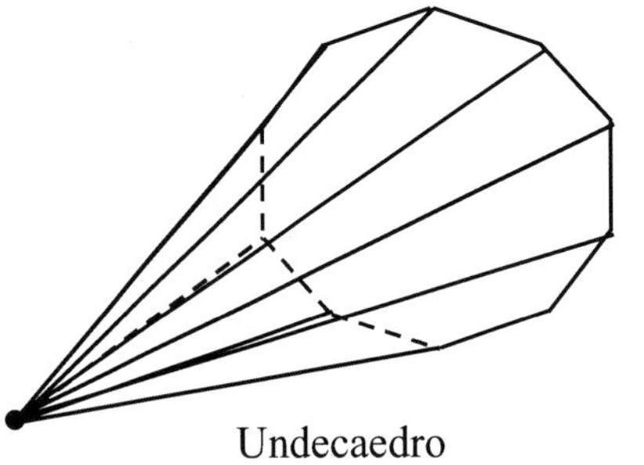

V

Undecaedro
(Pirâmide de base decagonal)

1.4 A antiga bola de futebol, como uma superfície poliédrica

Em 1970, na copa mundial de futebol, na Cidade do México (quando o Brasil foi tricampeão), a FIFA passou a utilizar uma bola feita a partir de um icosaedro truncado, composto por 12 faces pentagonais e 20 faces hexagonais. Este tipo de poliedro é um dos treze poliedros conhecidos como sólidos de Arquimedes.

Visão Espacial

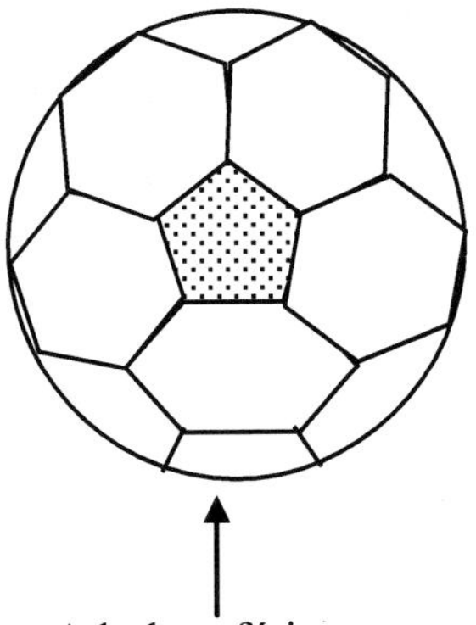

A bola esférica

Planificação, com 12 pentágonos e 20 hexágonos

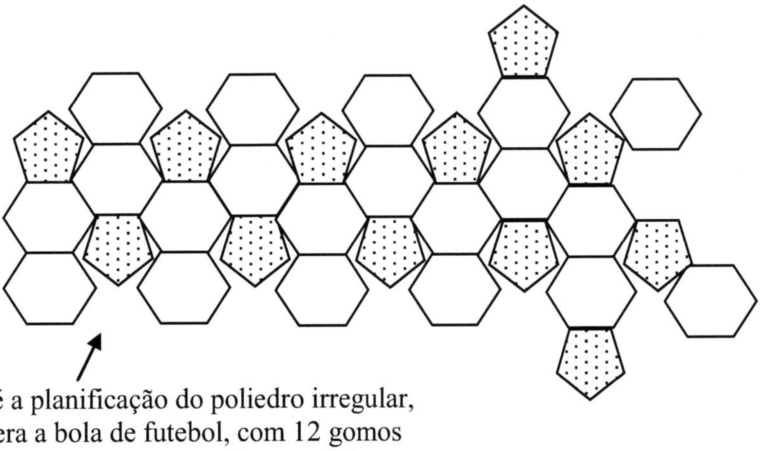

Essa é a planificação do poliedro irregular, que gera a bola de futebol, com 12 gomos pentagonais e 20 gomos hexagonais.

1.5 Exemplo de aplicação prática de um octaedro

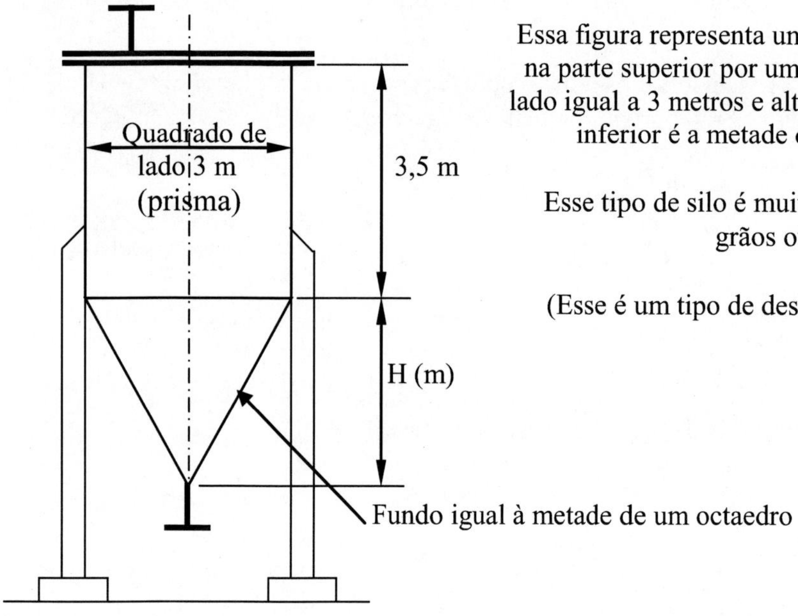

Essa figura representa um silo metálico, composto na parte superior por um prisma reto quadrado de lado igual a 3 metros e altura de 3,5 metros. A parte inferior é a metade de um octaedro.

Esse tipo de silo é muito comum para estocar grãos ou minérios.

(Esse é um tipo de desenho técnico projetivo)

1.6 Exercícios resolvidos: projeções de poliedros e superfícies poliédricas, no 1° diedro

Os exercícios a seguir representam as projeções nos planos π, π' e π'' de poliedros e superfícies poliédricas.

1.6.1)

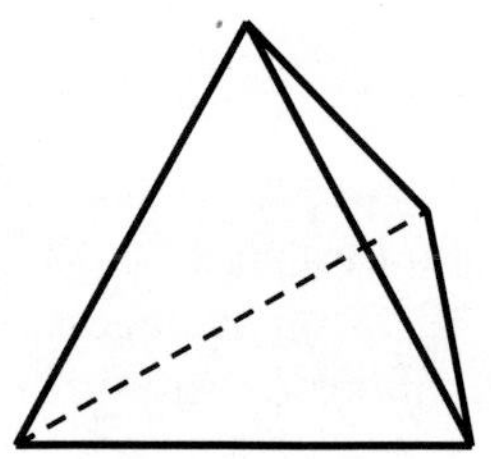

O tetraedro

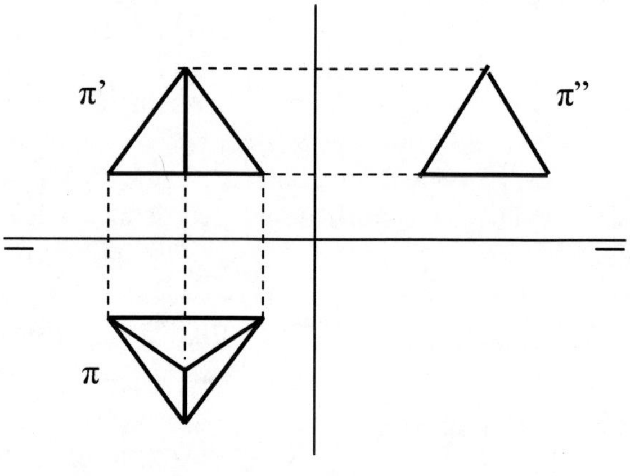

1.6.2)

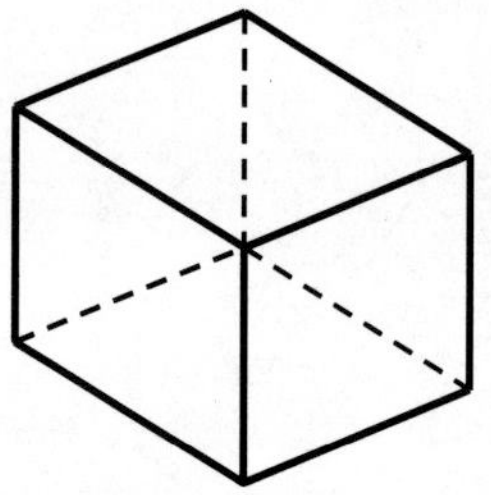

O hexaedro

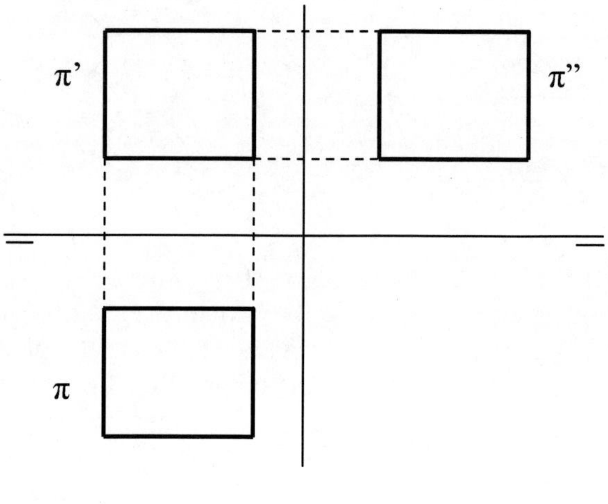

1.6.3)

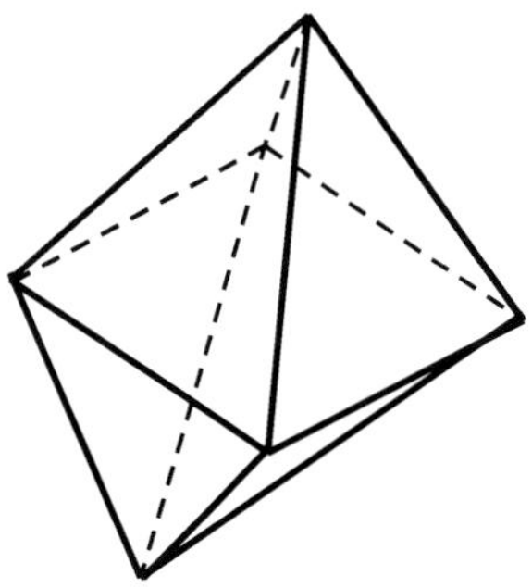

O octaedro

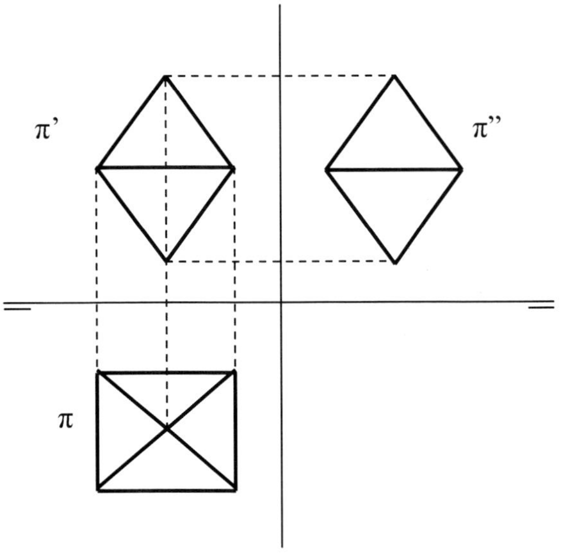

1.6.4)

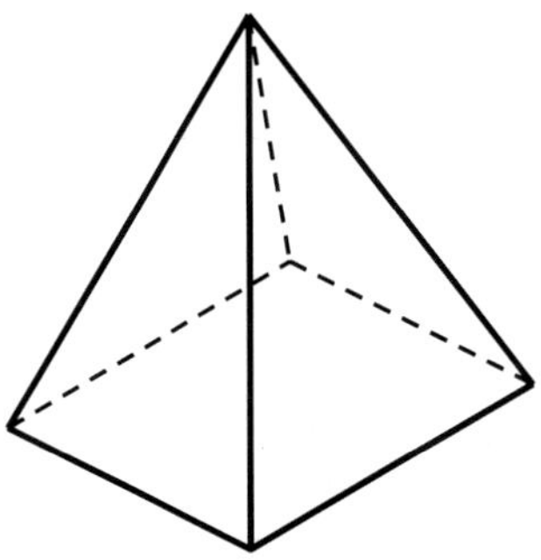

Pirâmide de base quadrada

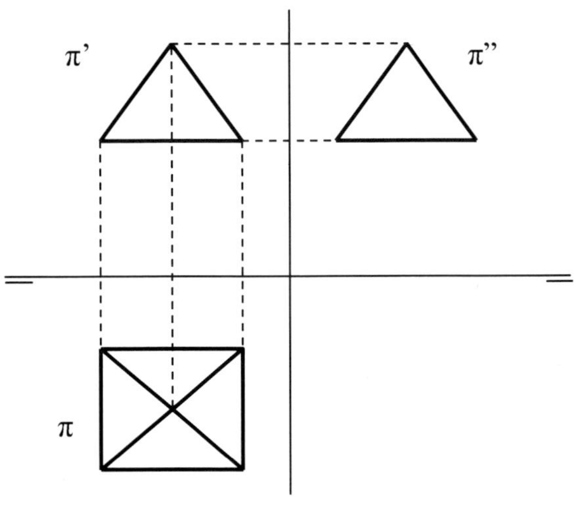

1.6.5)

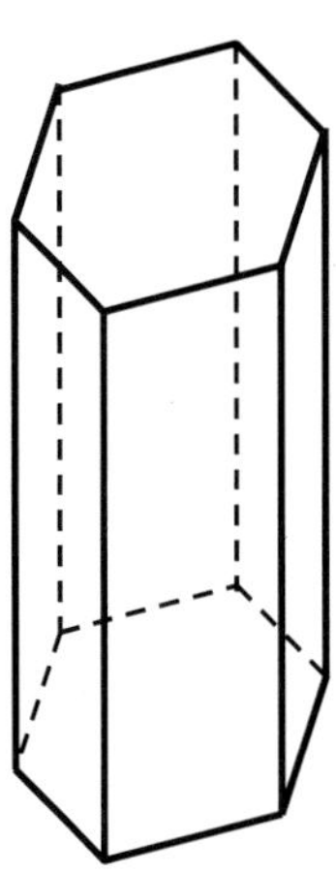

Prisma reto de base hexagonal

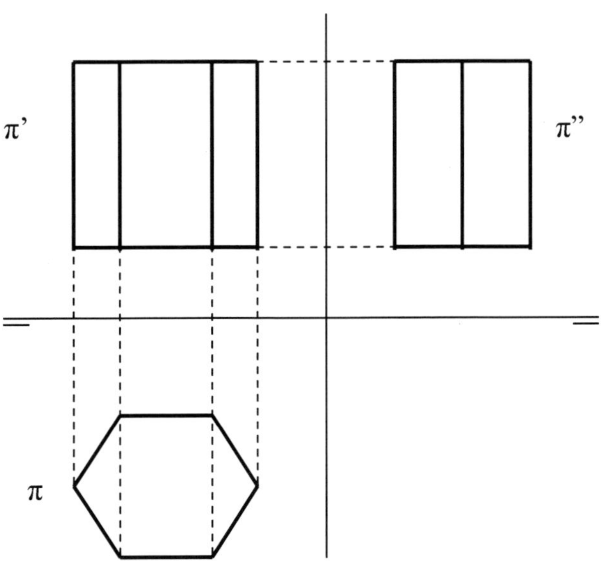

1.6.6)

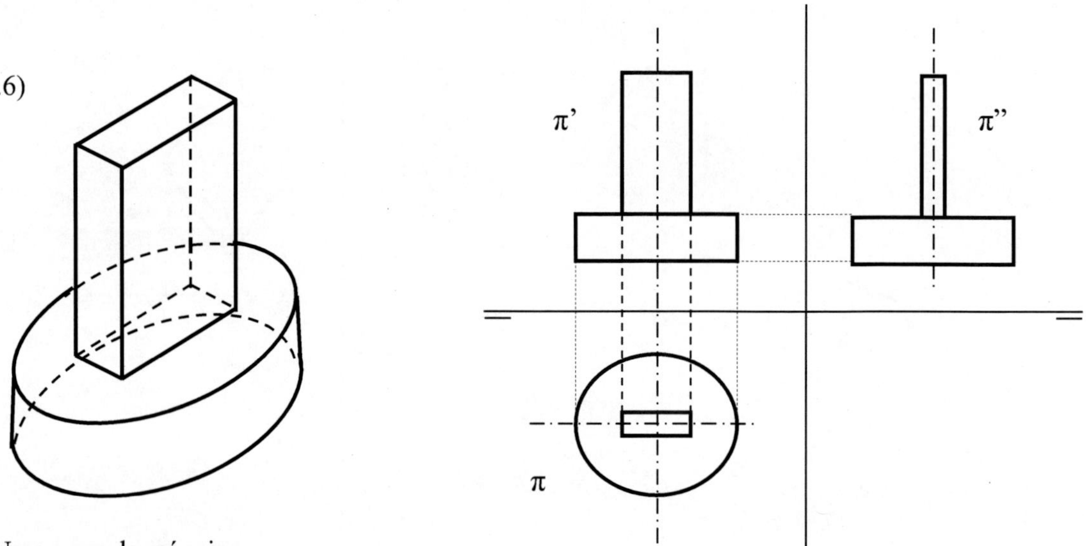

Uma peça de máquina

1.6.7) Uma poltrona

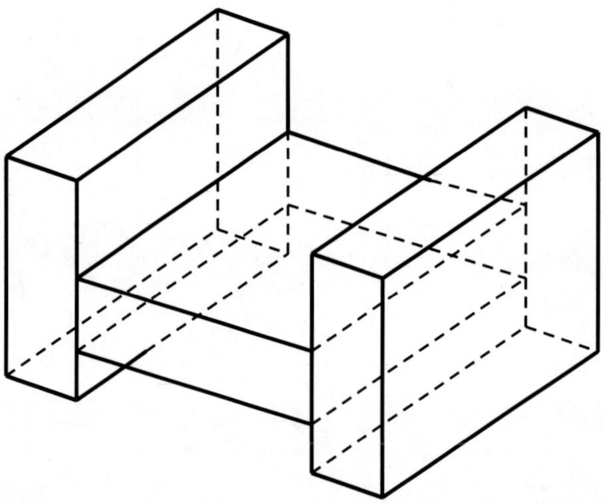

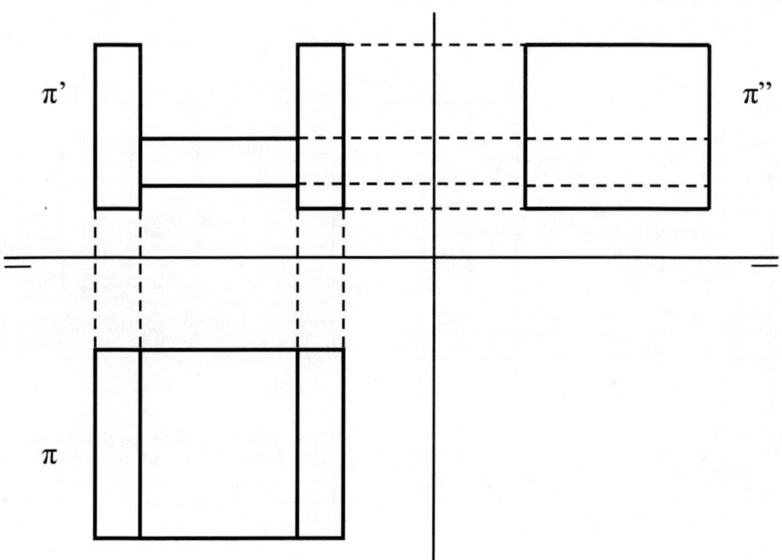

1.6.8) Prisma reto de base triangular

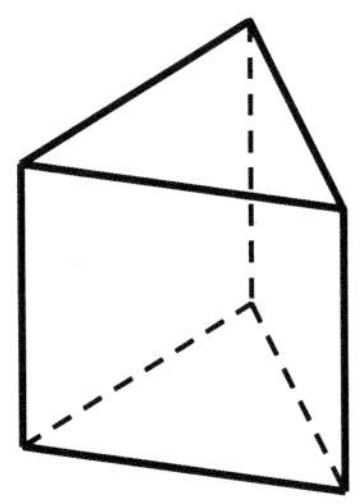

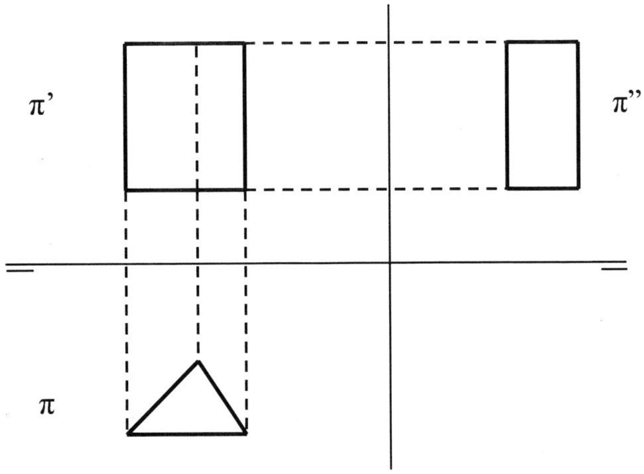

1.6.9) Superfície poliédrica com partes curvas

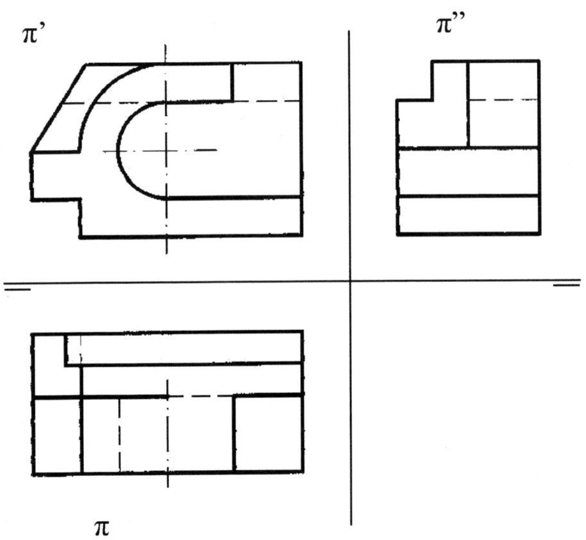

Perspectiva cavaleira

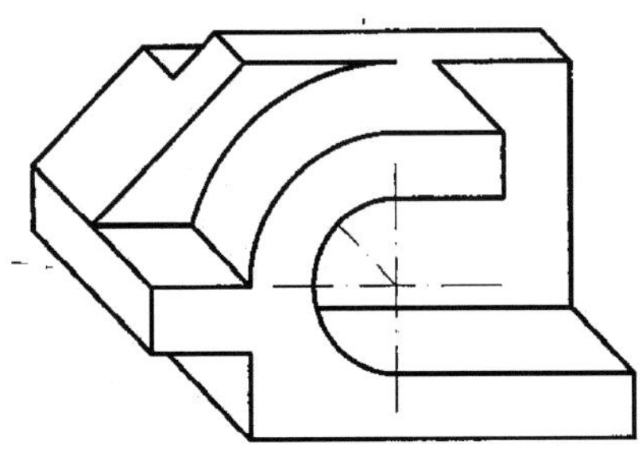

1.6.10) Superfície poliédrica irregular

Visão espacial

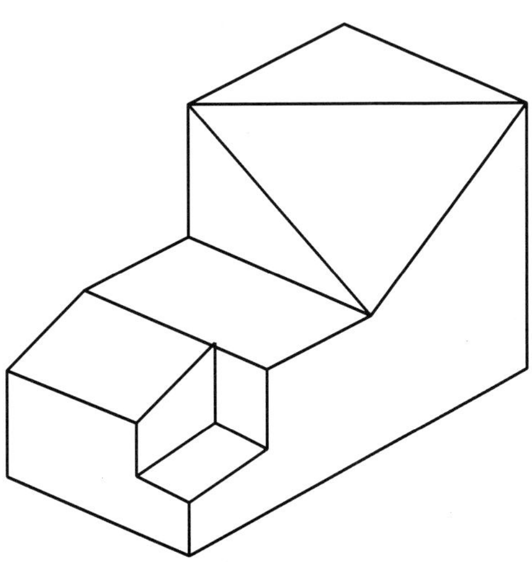

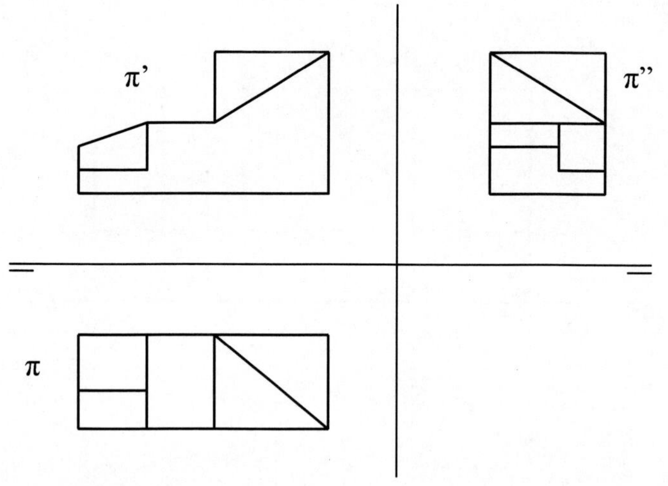

1.6.11) Prisma com corte inclinado

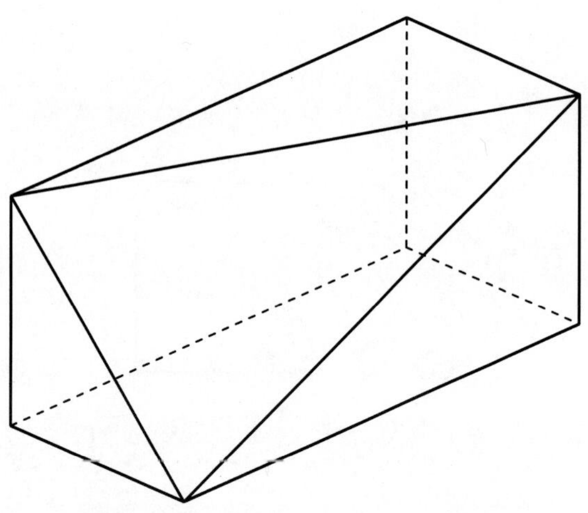

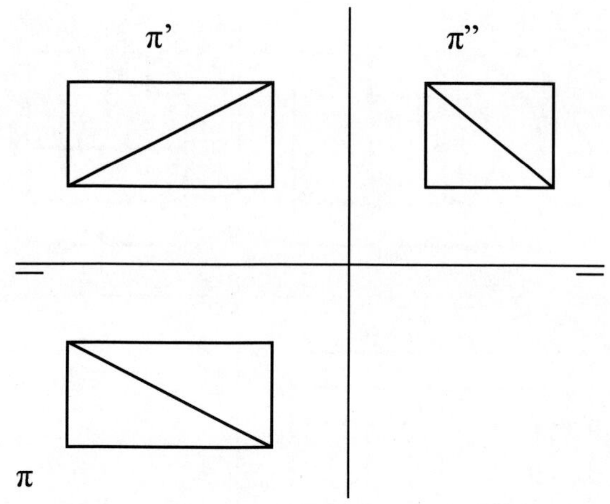

1.6.12) Prisma de base triangular

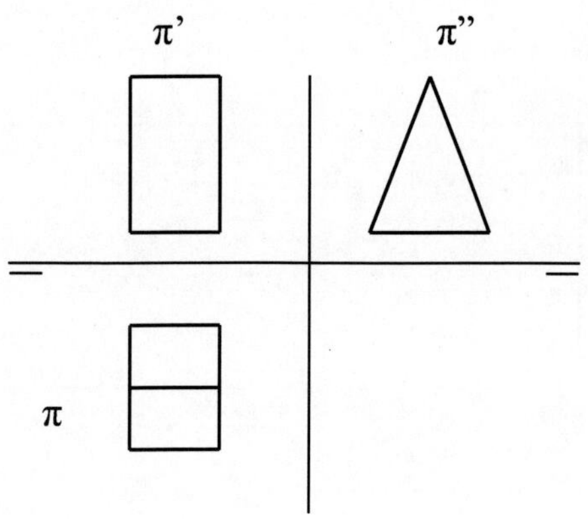

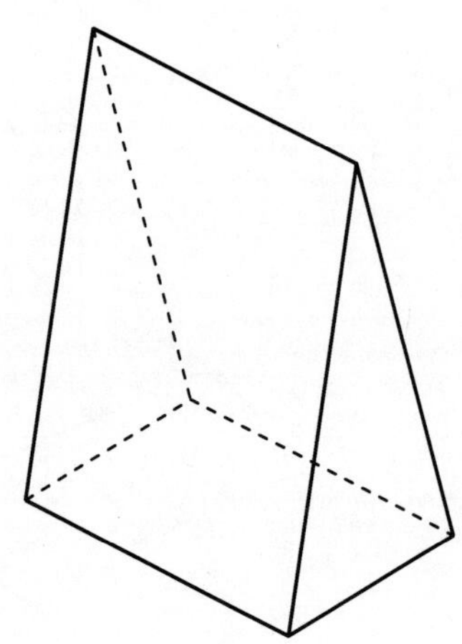

1.6.13) Superfície poliédrica irregular

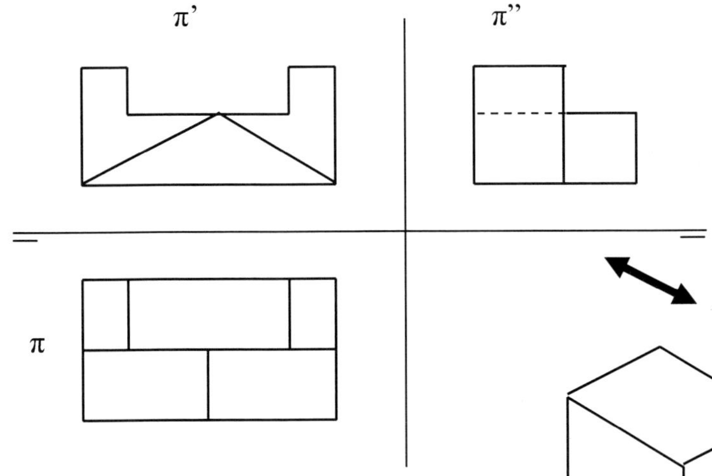

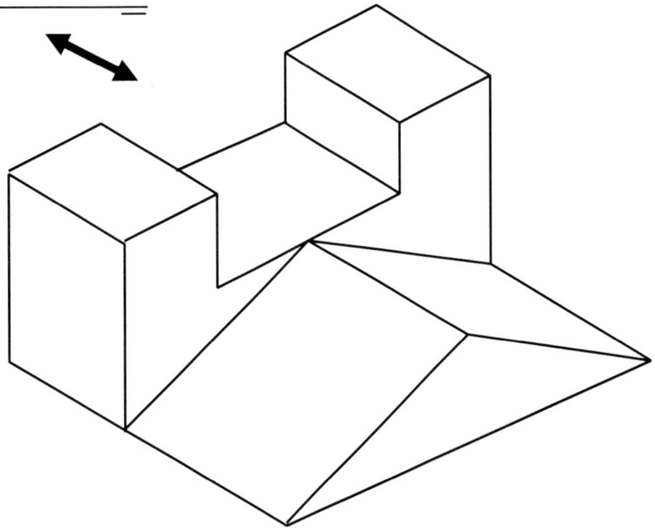

1.6.14) Um tronco de pirâmide

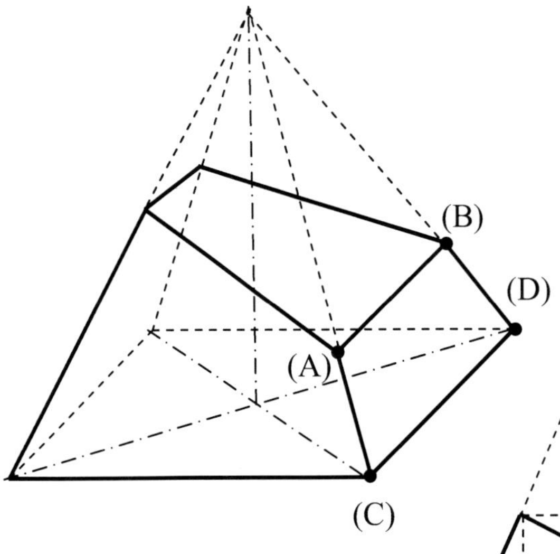

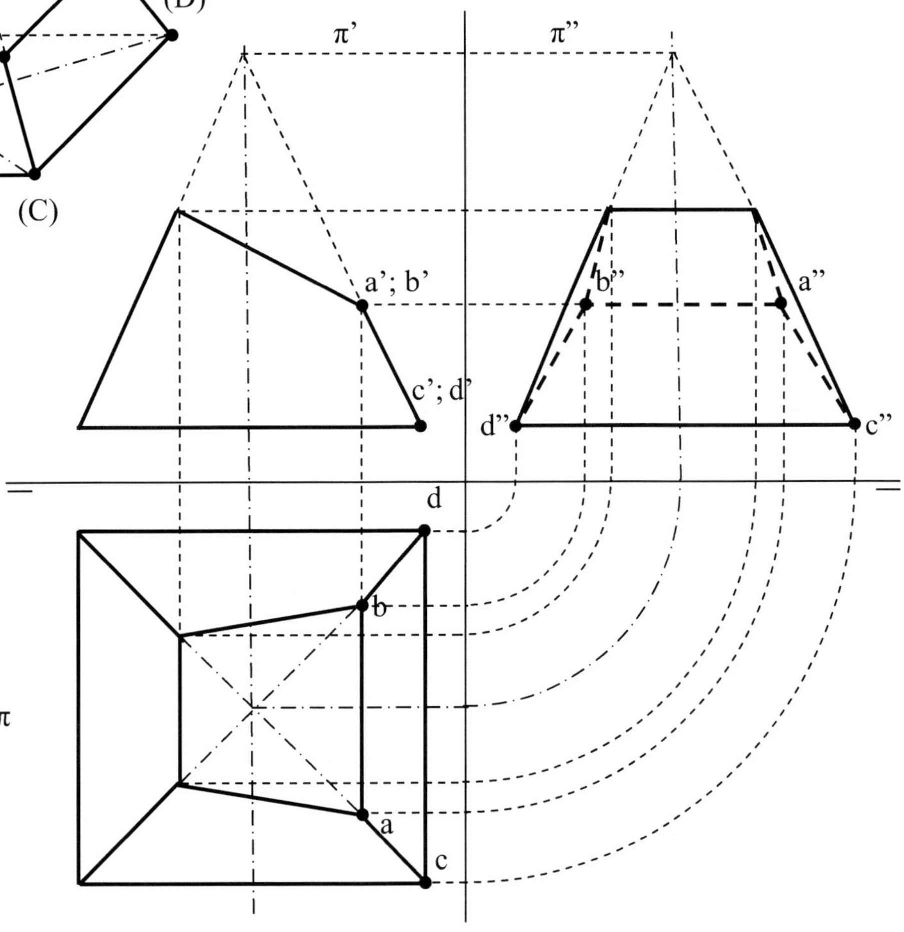

1.7 Exercícios propostos sobre projeções de superfícies poliédricas (veja respostas no Apêndice A)

Fazer as projeções em π, π' e π'' dos poliedros a seguir.

1.7.1)

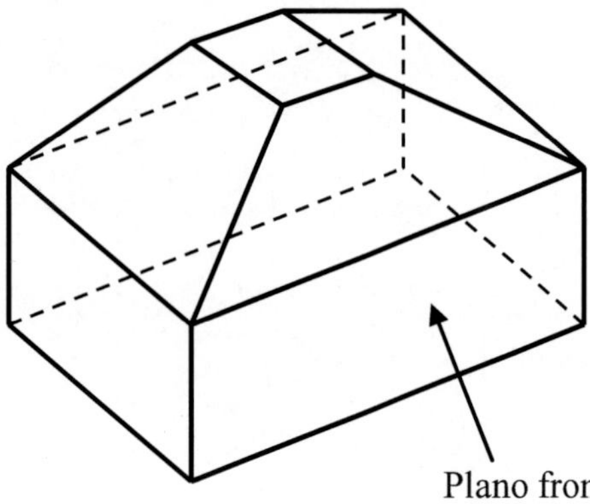

Plano frontal

Considere os planos de projeção na seguinte posição.

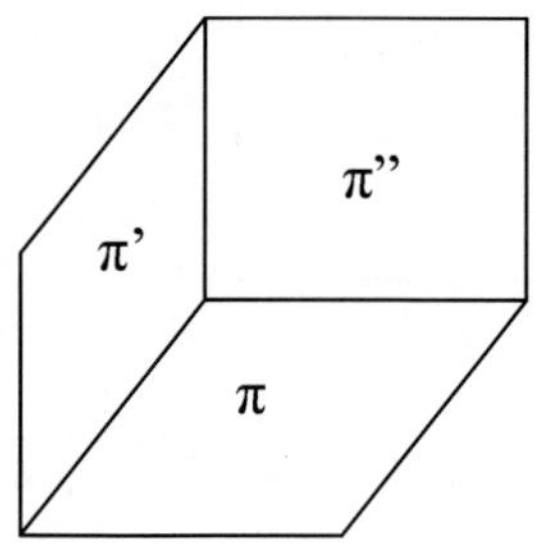

1.7.2)

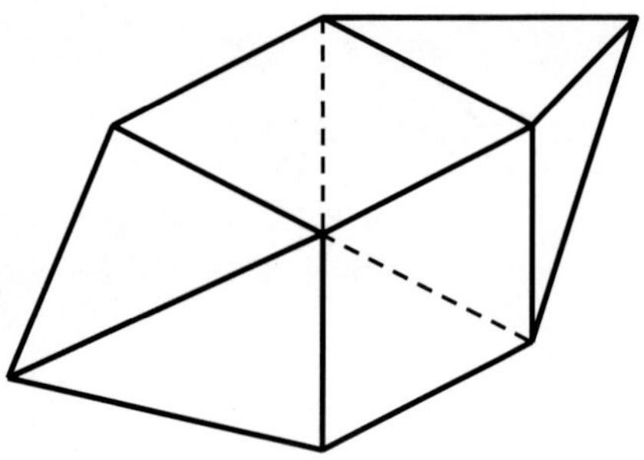

1.7.3)

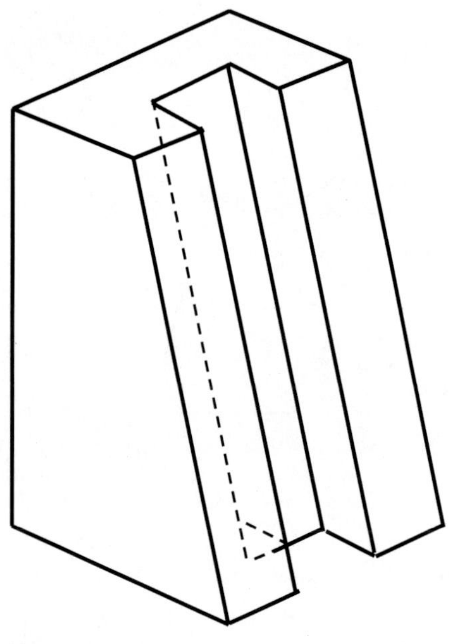

1.7.4)

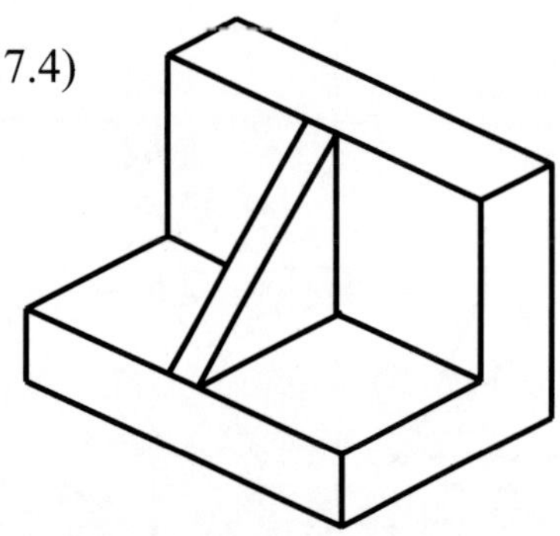

1.8 Os corpos redondos: cilindros, cones e esferas

Corpos redondos são os sólidos que têm partes curvas e, nesse capítulo, serão estudados os cilindros, os cones e as esferas, que além de estudos matemáticos têm aplicações práticas. Cilindros são usados como tubos, equipamentos, corpos de panelas e embalagens. Cones são usados como funis, fundos de equipamentos e embalagens. Esferas são usadas como bolas de futebol, equipamentos para estocagem de fluidos e na Arquitetura.

1.8.1 Cilindros circulares

Cilindros ou superfícies cilíndricas são geradas por uma reta móvel (denominada geratriz) que se apóia sobre uma curva fixa (denominada diretriz), conservando-se paralela a uma direção dada. Observa-se que também existem cilindros elípticos, parabólicos e hiperbólicos, que não são objeto de estudo na Educação Básica. Cilindros circulares podem ser retos ou oblíquos, conforme seus eixos sejam perpendiculares ou inclinados em relação ao plano de base. Existem muitos exemplos de utilizações práticas de cilindros, principalmente na forma de tubulações, bem como em latas de refrigerantes, embalagens de óleos vegetais e lubrificantes, copos de vidro, extintores de incêndio e também na Arquitetura, em especial como colunas ou pilotis circulares.

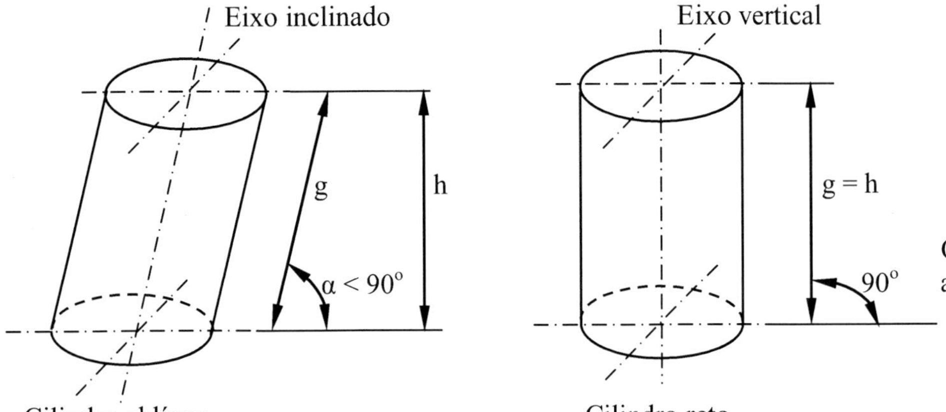

Cilindro oblíquo | Cilindro reto

g = geratriz.
h = altura.
r = raio.
d = diâmetro.

Quando a altura é igual ao diâmetro, o cilindro é dito equilátero.

1.8.2 Exemplo prático de uso de cilindros circulares na Arquitetura/Engenharia Civil

A Arquitetura e a Engenharia Civil usam muito o conceito de cilindros, principalmente na forma de colunas de sustentação ou pilotis. Essas áreas também utilizam cilindros metálicos, no formato de tubulações, fabricados a partir de chapas planas. No Rio de Janeiro existe um belo exemplo de como a arquitetura utiliza estruturas metálicas, com tubos metálicos, aqui se fala da estação Cidade Nova, do Metrô, no Centro da Cidade e em frente à sede da Prefeitura do município.

Uma seção, num cilindro circular, por um plano inclinado, em relação à base gera uma elipse. Caso o plano seja paralelo à base, obtém-se uma circunferência.

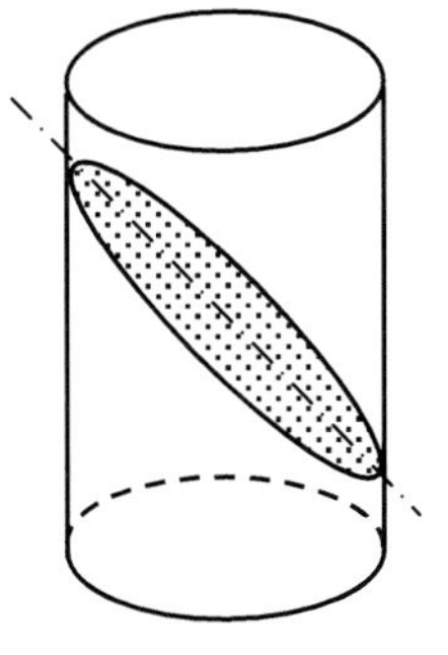

Um cilindro reto, com uma seção ou corte a 45°, gera uma derivação a 90°

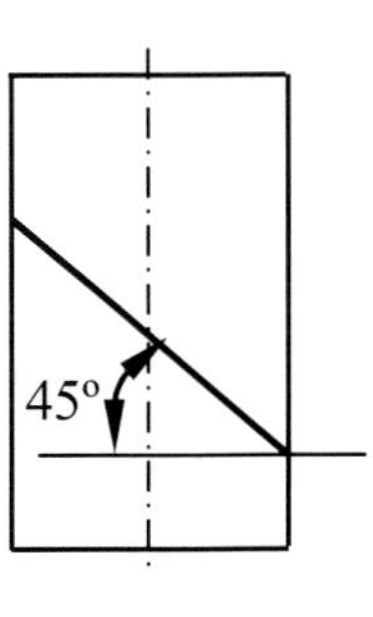

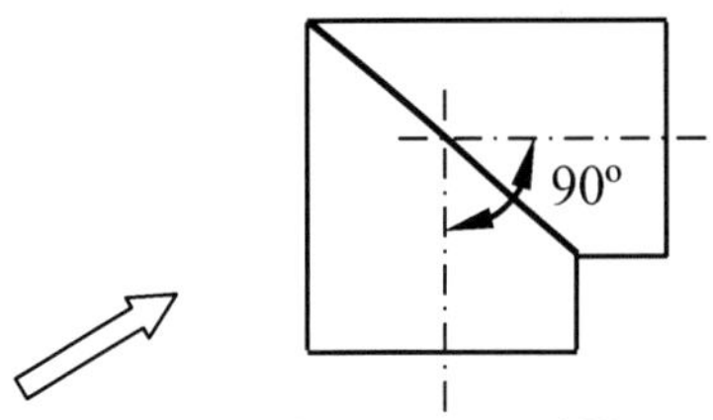

Após o corte a 45°, e um giro, obtém-se uma derivação ou curva a 90°.

Exercício 1.8.2.1) Determinar as dimensões máximas (eixos maior "2a" e menor "2b") de uma elipse, gerada por uma secção em um cilindro de diâmetro 50 cm e altura 1 m. A secção ocorre por um plano inclinado a 45° em relação à base do cilindro.

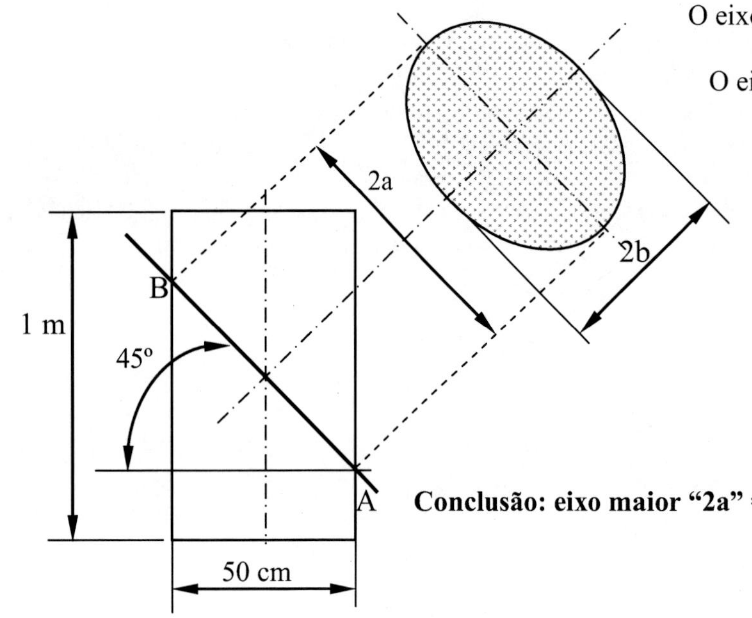

O eixo menor "2b" é igual ao diâmetro: 50 cm.

O eixo maior "2a" (AB) é calculado pelo triângulo a seguir:

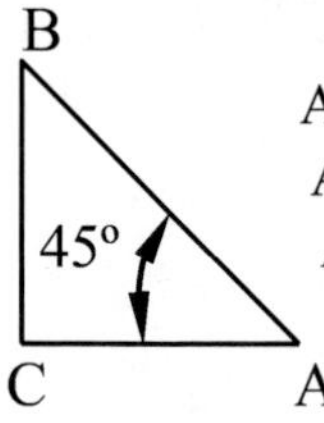

AC = BC = 50 cm.

$AB^2 = AC^2 + BC^2 \Rightarrow$

$AB = \sqrt{50^2 + 50^2} \Rightarrow$

AB = 70,71 cm.

Conclusão: eixo maior "2a" = 70,71 cm e eixo menor "2b" = 50 cm.

1.8.3 Curiosidade: cilindros circulares com planificação no sentido helicoidal

Em geral, a fabricação de cilindros em papelão ou metálicos é feita a partir de chapas planas. Entretanto existe uma outra maneira de planificar um cilindro, muito utilizada quando se usa o papel ou papelão. Nesses casos, recorta-se uma placa retangular, no formato de um paralelogramo que, uma vez curvada gera um cilindro, segundo uma linha helicoidal (tipo hélice) de fechamento. O exemplo a seguir foi retirado do centro de um rolo de papel higiênico, onde o cilindro central, para dar firmeza ao rolo, é fabricado em papelão fino, como mostrado a seguir.

Dimensões do cilindro (rolo)

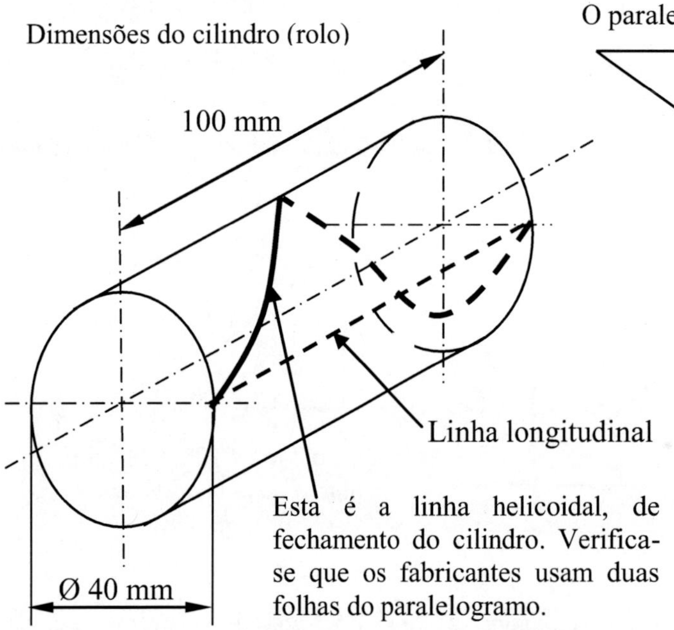

O paralelogramo usado (planificação)

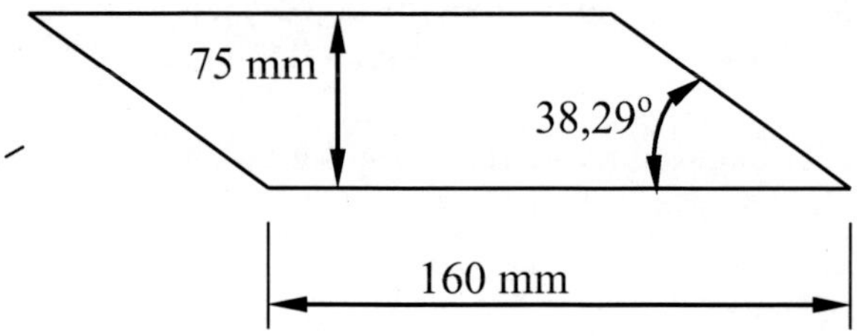

Observa-se que, para uso industrial, em tubos metálicos, como a linha helicoidal é 60% maior, do que uma linha longitudinal, significa que a solda de fechamento teria um comprimento 60% maior, ou seja, um custo maior. É por isso que, para metais, não se faz esse tipo de planificação, mas sim a partir de chapas retangulares.

Sugere-se que o leitor pegue o canudo cilíndrico de um rolo de papel higiênico e o coloque imerso em água por alguns minutos. A cola se solta e, então, constatam-se os dois paralelogramos, aqui descritos. Para uma melhor visualização, recomenda-se passar o ferro aquecido sobre os paralelogramos, que ficam planos.

1.9 Superfície cônica (o cone)

Uma superfície cônica (genericamente um cone) é uma superfície gerada por uma reta que se move ao longo de uma curva e que passa por um ponto fixo, fora da curva. A reta móvel é chamada de geratriz, a curva denominada de diretriz e o ponto fixo de vértice do cone. Ou seja, um cone é a reunião de retas passando por pontos de uma curva e por um ponto fixo (vértice) fora da curva. O vértice separa o cone em duas partes opostas pelo vértice, denominadas folhas embora, usualmente, representa-se apenas uma das folhas. A superfície cônica assume diversas formas, segundo sua diretriz, podendo-se ter cones: circulares, parabólicos, elípticos ou hiperbólicos. Na Educação Básica estuda-se apenas o cone circular.

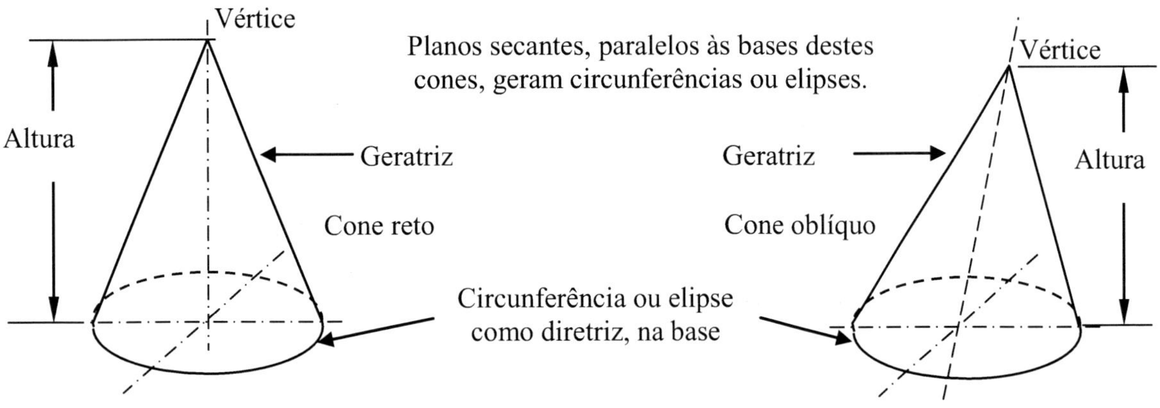

Um cone é equilátero, quando o diâmetro da base é igual ao comprimento da geratriz, ou seja, passando-se um plano secante pelo vértice e perpendicular à base, obtém-se um triângulo equilátero.

1.9.1 Exemplo de aplicação prática de superfície cônica, como fundo de tanque de estocagem

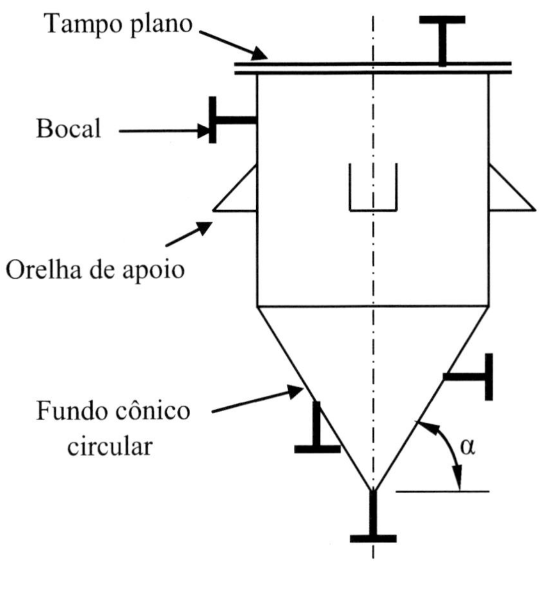

Esse é o desenho esquemático de um tanque cilíndrico vertical, com tampo plano e fundo cônico circular, muito utilizado para a estocagem de materiais granulados ou em pó, inclusive cereais como milho, soja, feijão, etc. O ângulo α é definido em função da maior ou menor facilidade que o material estocado tem para escoar.

1.9.2 Troncos de cones

Uma superfície cônica reta pode ser cortada (seccionada) das seguintes formas: a) Por um plano paralelo à base, gerando uma circunferência ou um círculo (para cones sólidos); b) Por um plano inclinado à base, mas sem passar pela base, gerando uma elipse; c) Por um plano perpendicular à base, e passando pela base, gerando uma hipérbole (em verdade, são duas folhas de hipérbole) e d) Por um plano inclinado à base e passando pela base, gerando uma parábola. Aqui, nesse capítulo, serão estudados dois tipos de troncos de cone: o que gera uma circunferência ou círculo e o que gera uma elipse.

Tronco de cone reto, com corte paralelo à base

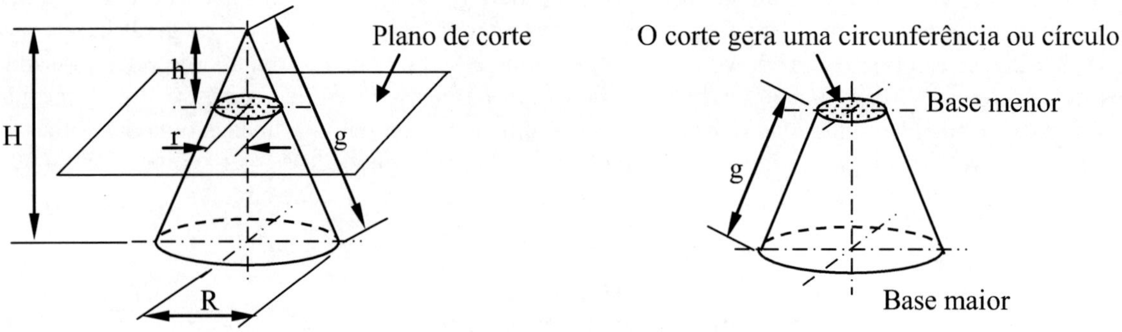

Tronco de cone reto, com corte inclinado em relação à base

* Observa-se que, nesse tipo de tronco de cone, existe uma ligeira diferença entre as linhas de eixo da elipse gerada e a do cone.

Esse tipo de tronco de cone é utilizado no fundo de silos da indústria de mineração.

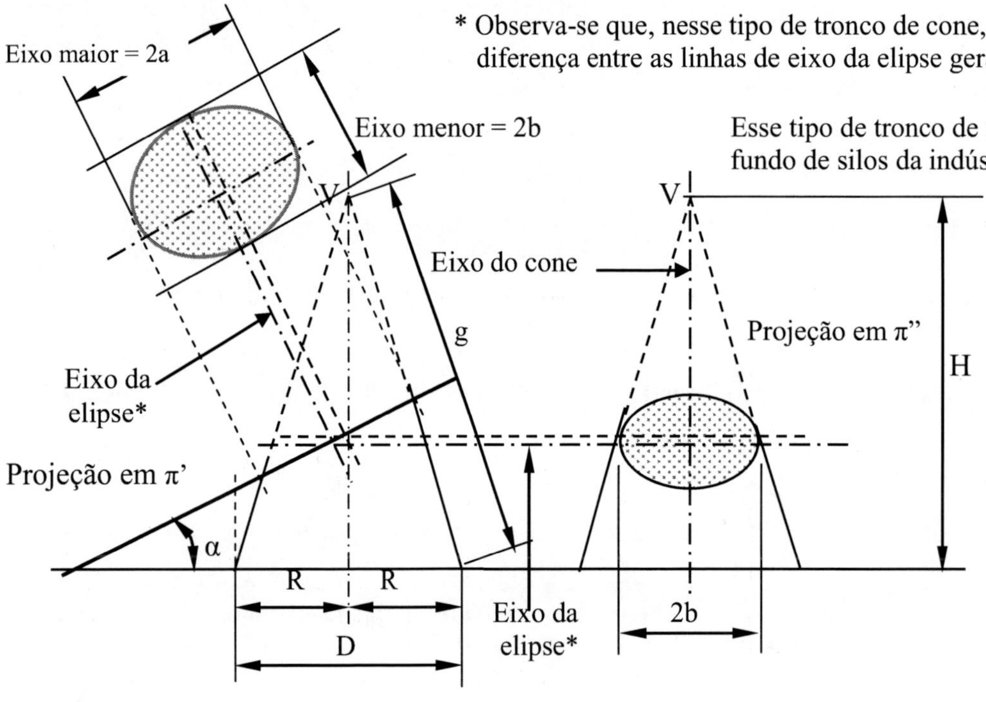

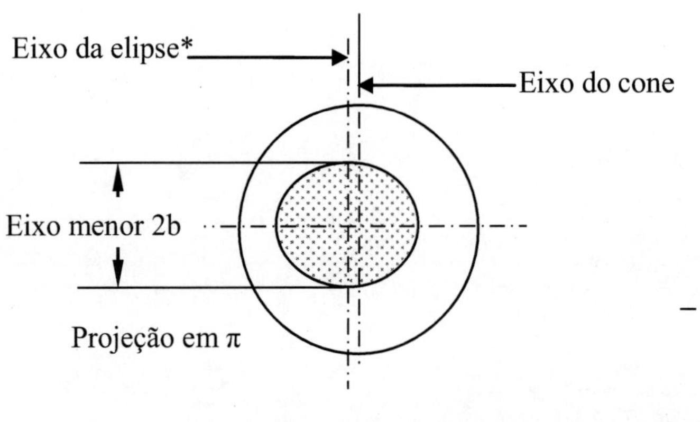

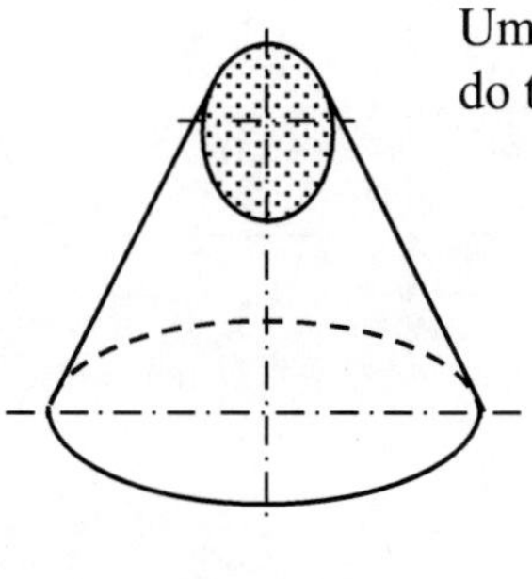

Uma visão tridimensional do tronco de cone.

1.10 Esfera: definição, elementos e particularidades

Superfície esférica (esfera) é aquela de centro C e raio r > 0, sendo o lugar geométrico dos pontos do espaço que mantêm a mesma distância r do centro C. Em termos de características geométricas e nomenclatura uma esfera apresenta os seguintes elementos principais:

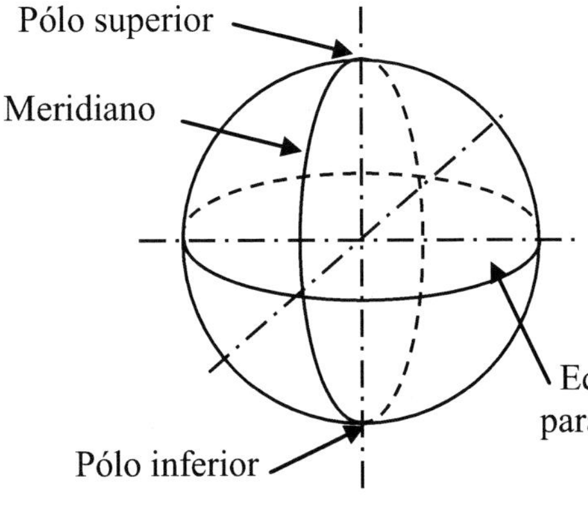

Qualquer corte em uma esfera maciça gera um círculo, com o perímetro sendo uma circunferência. Dois cortes se destacam em uma esfera: quando passa pelo eixo dividi-a em duas metades ou hemisferas e quando passa por outro ponto gera uma calota esférica, como a seguir mostrada. Esferas, hemisferas e calotas esféricas, têm muitas aplicações práticas, sendo uma delas na produção de espelhos ou lentes esféricas. Dependendo da parte considerada, ou seja, como incide o que se quer refletir, o espelho pode ser côncavo (superfície interna) ou convexo (superfície externa), como mostrado a seguir, em uma calota esférica.
Um exemplo prático, e icônico, do uso de calotas esféricas, na Arquitetura/Engenharia, está no prédio do

Calota esférica

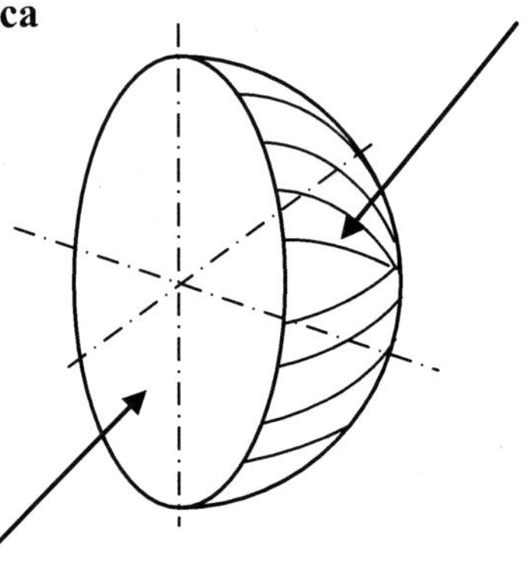

A superfície externa da calota é um espelho convexo

Exemplo de espelhos, obtidos a partir de uma calota esférica. Lentes, que substituem o cristalino dos olhos, em cirurgias de catarata, têm o formato esférico.

R = raio da esfera; r = raio da calota
h = altura da calota.

A superfície interna da calota é um espelho côncavo.

Detalhes de uma calota esférica

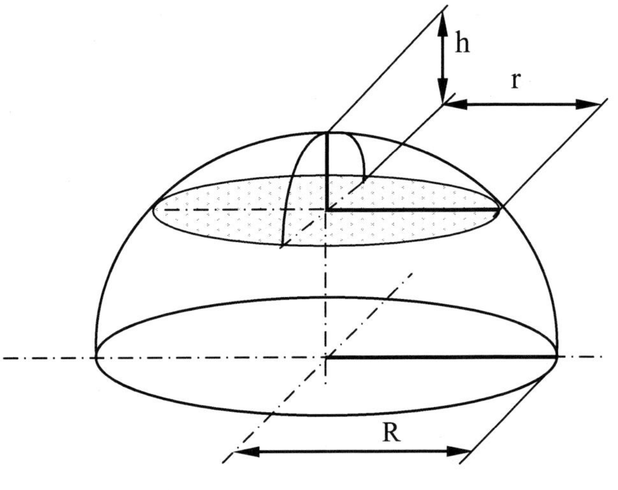

1.10.1) Projeções cilíndricas ortogonais de uma esfera, cortada segundo uma calota esférica

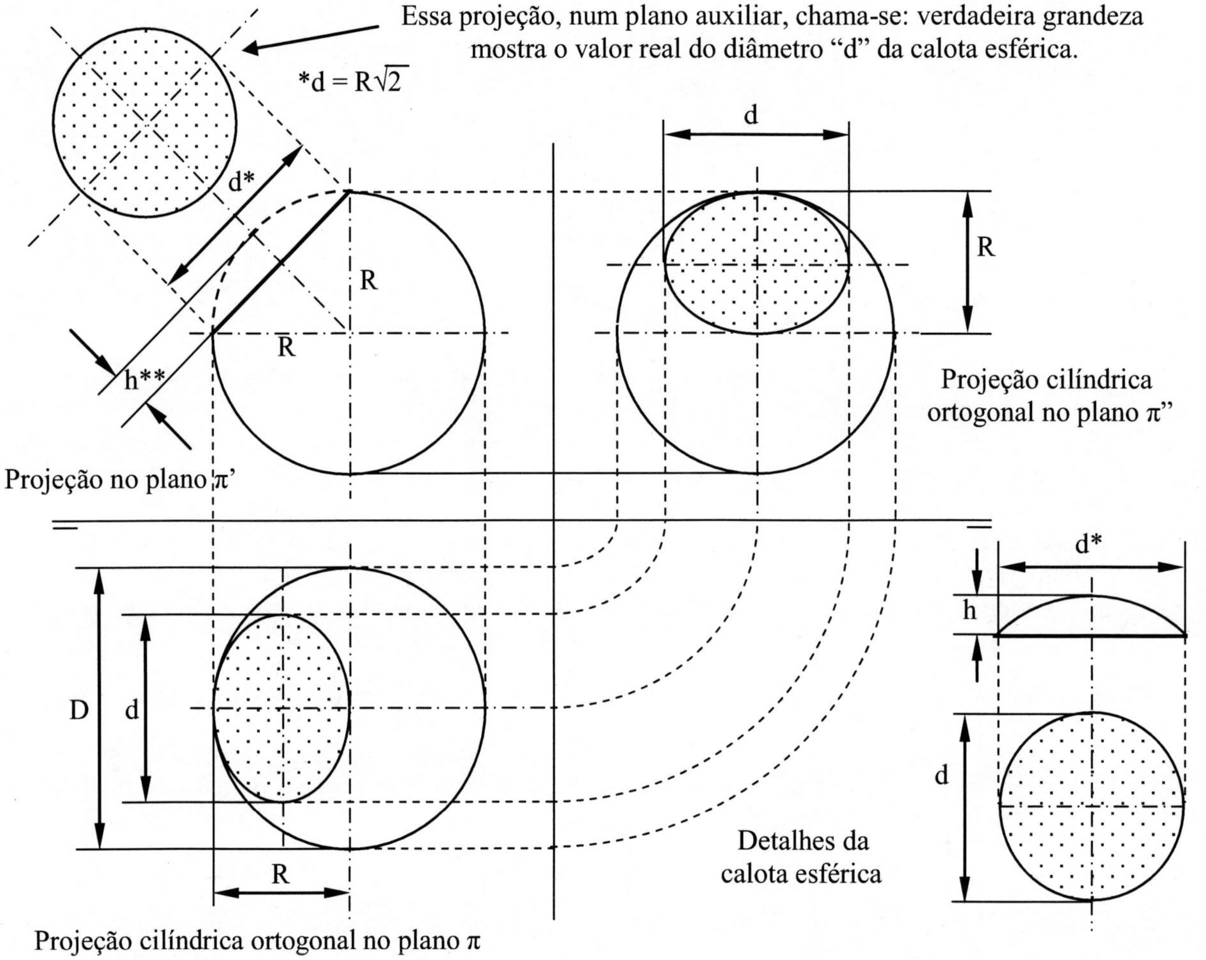

Embora nas projeções em π e π" apareçam elipses, essas são virtuais, pois não existem. O problema é que um círculo colocado num plano inclinado, quando visto de cima, se projeta como uma elipse.

1.10.2 Exemplo de esfera metálica, usada como tanque de armazenamento

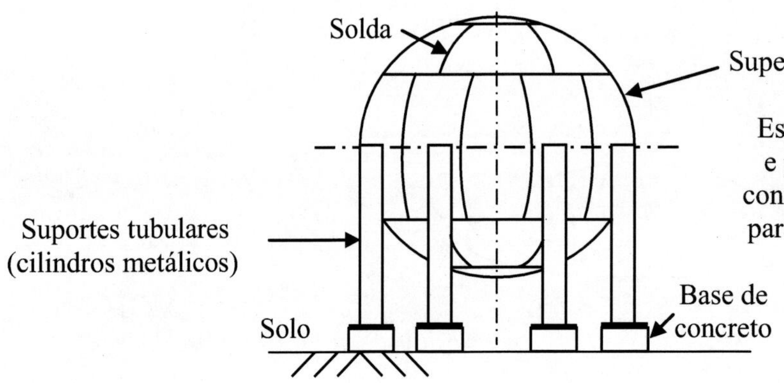

Especialmente em indústrias químicas e petroquímicas, utilizam-se esferas construídas em chapas metálicas de aço, para armazenamento de gases a pressão.

Na prática existem esferas desse tipo com até 20 m de diâmetro.

Capítulo 2

Planificação de superfícies

Planificar significa tornar plano, ou melhor, em duas dimensões (comprimento e largura ou altura) o que está em três (comprimento, largura e profundidade). Especialmente para superfícies poliédricas o conceito da planificação vem da "desmontagem" de um cubo ou hexaedro como mostrado a seguir, sendo a base das vistas ortográficas do Desenho Técnico Projetivo.

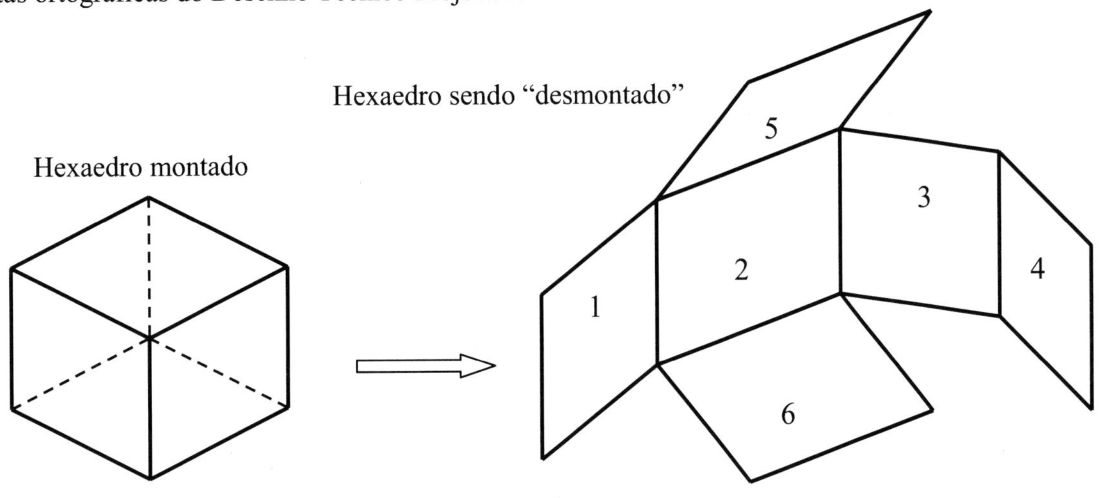

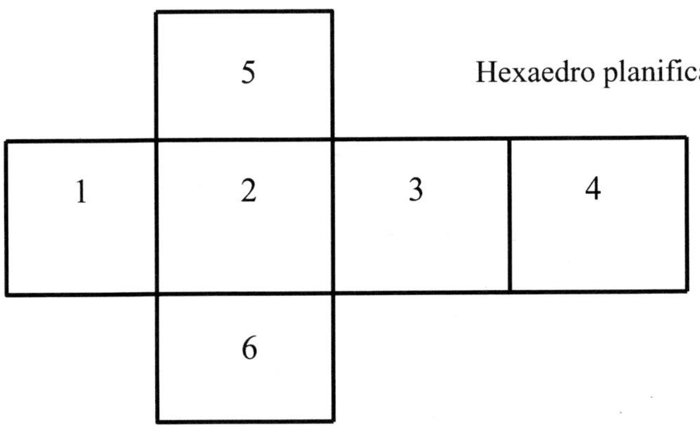

Hexaedro planificado (seis planos ortogonais)

Uma caixa de remédio para comprimidos, feita em papel cartão dobrado e colado em algumas partes é um bom exemplo, ou seja, a partir de um plano obtém-se uma superfície poliédrica. Vamos mostrar a planificação da seguinte caixa de remédio:

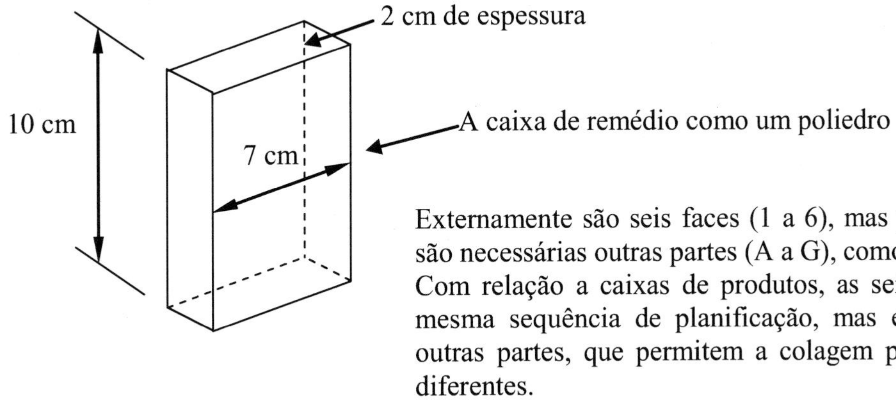

Externamente são seis faces (1 a 6), mas para fechar e colar a caixa são necessárias outras partes (A a G), como mostradas adiante.
Com relação a caixas de produtos, as seis partes básicas seguem a mesma sequência de planificação, mas em função do tamanho as outras partes, que permitem a colagem podem não existir e ou ser diferentes.

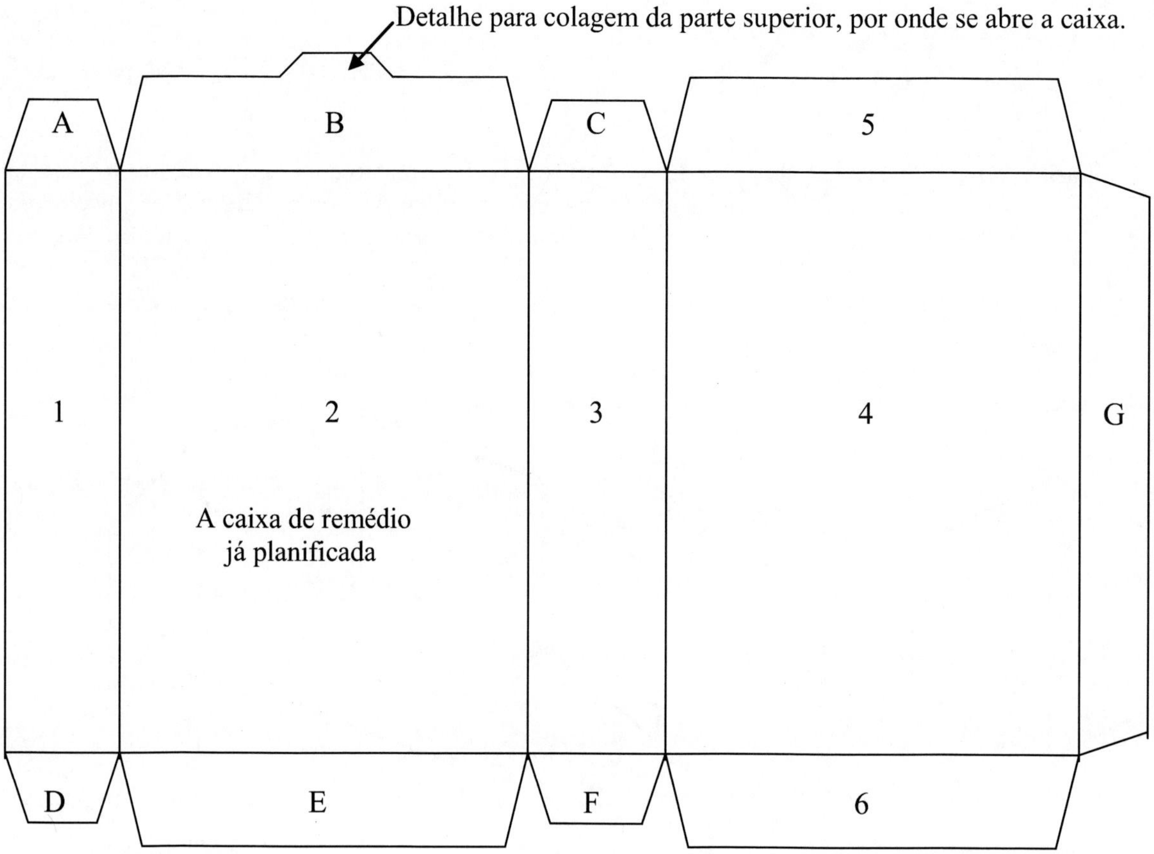

As faces numeradas de 1 a 6 são as faces reais do poliedro, que é um prisma reto de base retangular. As "faces" com letras de A a G são para permitir a colagem das partes e fechar a caixa.

Além de muito utilizada em embalagens, para os mais diversos produtos, a planificação de superfícies é muito utilizada na fabricação de equipamentos industriais da área chamada caldeiraria, com aplicações em vasos de pressão, tanques de estocagem e em dutos de ventilação e ar condicionado. Em todos estes casos chapas metálicas planas são cortadas, dobradas, prensadas e soldadas, transformando-se em superfícies volumétricas.

2.1 Planificação de um tronco de prisma reto de base retangular

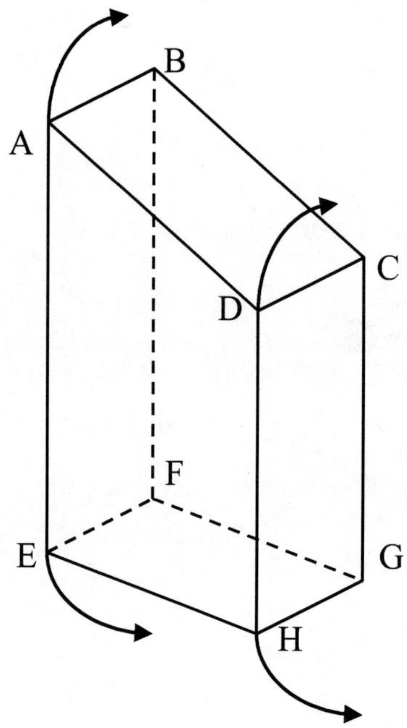

Visão espacial

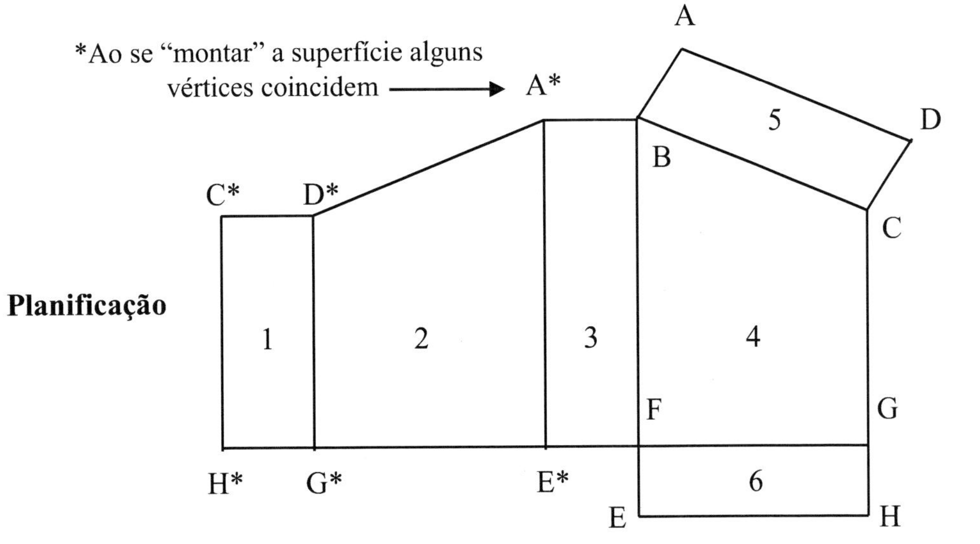

Observe que existem seis planos, e que a superfície foi planificada em posição diferente da visão espacial

2.2 Planificações de pirâmides e seus troncos

As planificações de pirâmides e seus troncos*, têm várias aplicações práticas como, por exemplo, em embalagens e caixas em papel e papelão, bem como equipamentos no formato piramidal, fabricados a partir de chapas metálicas soldadas. (*Troncos são cortes ou seções).

Pirâmide reta de base quadrada

H = altura da pirâmide
h = altura dos triângulos de faces

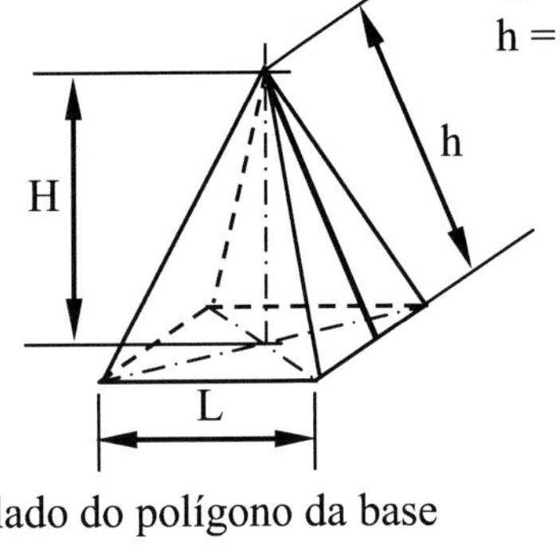

L = lado do polígono da base

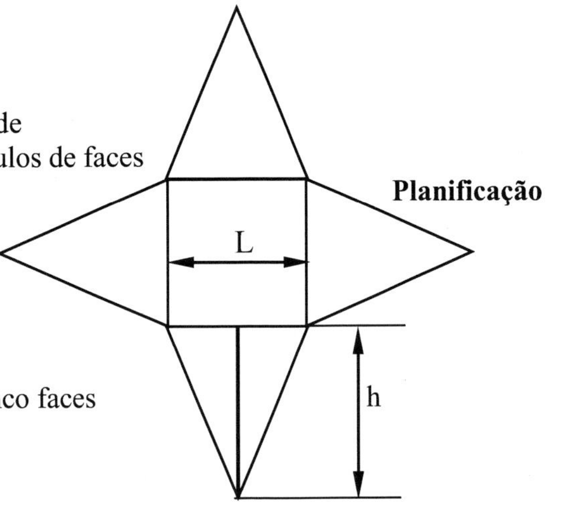

São cinco faces

Tronco oblíquo de pirâmide reta de base quadrada

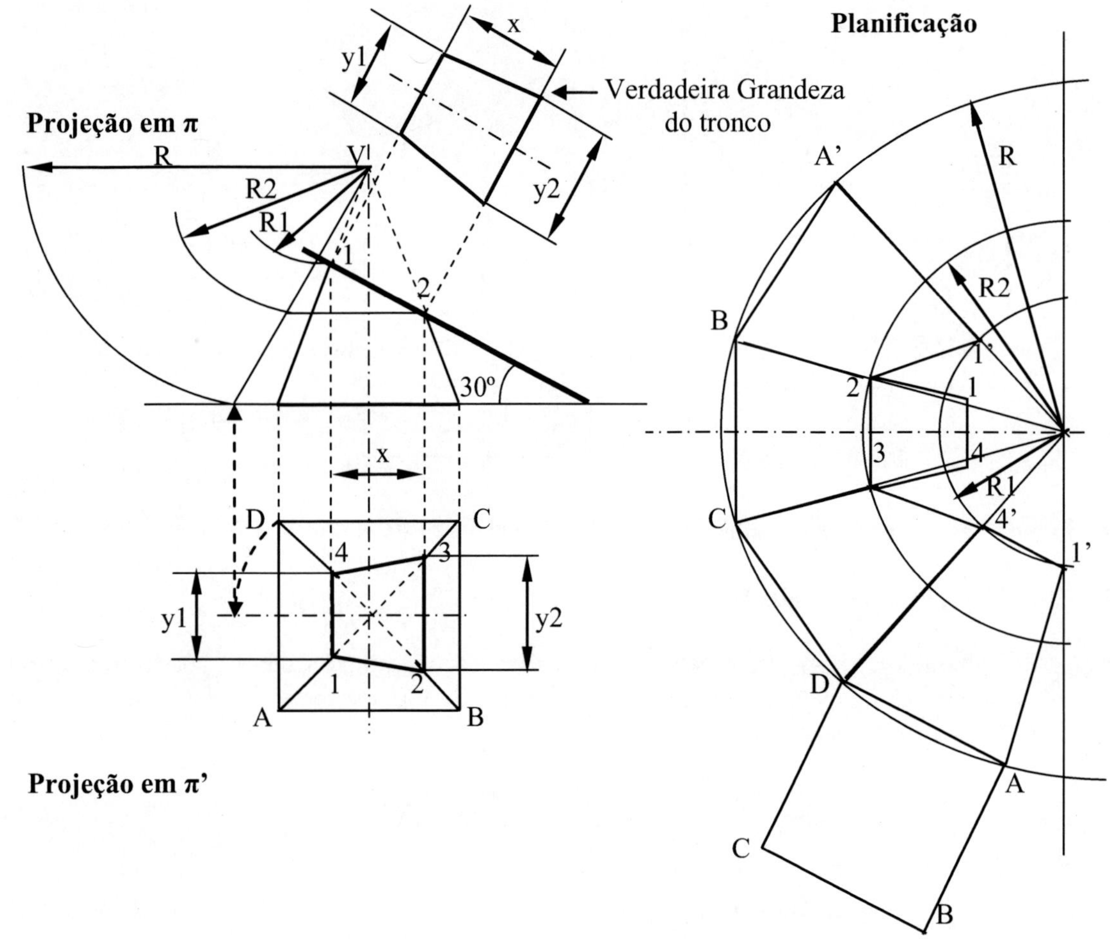

Essas análises são feitas por aplicativos com opções da geometria descritiva. O programa *Cabri-Geometry* II possibilita essas análises, inclusive com definições de todas as dimensões.

Tronco oblíquo de pirâmide reta de base hexagonal

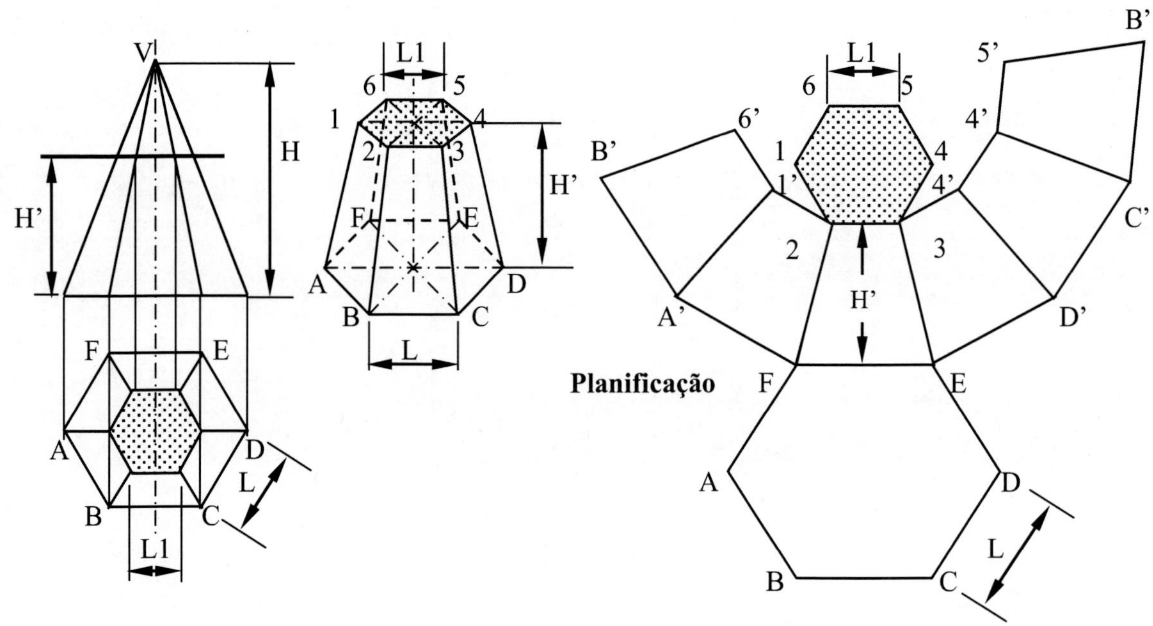

Curiosidade: projeções de uma pirâmide estrelada

Projeção em π'

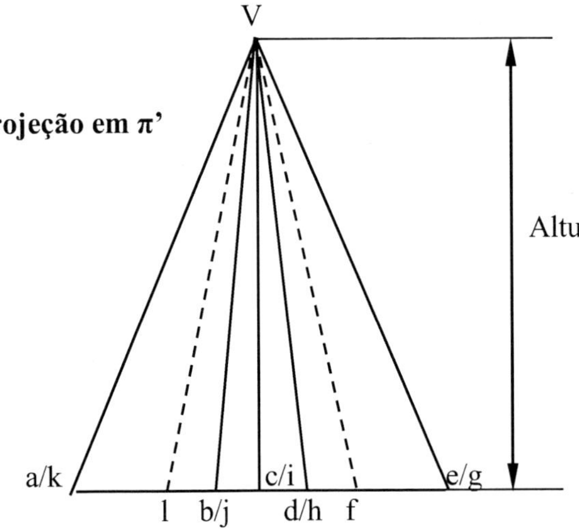

Este tipo de pirâmide tem aplicações tanto na Arquitetura, quanto nas Artes.

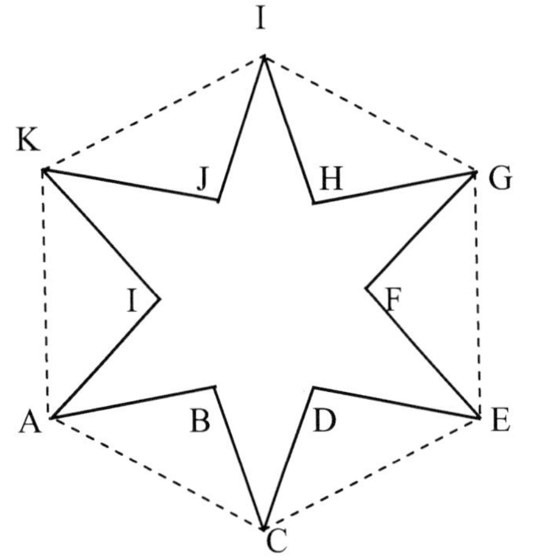

Projeção em π

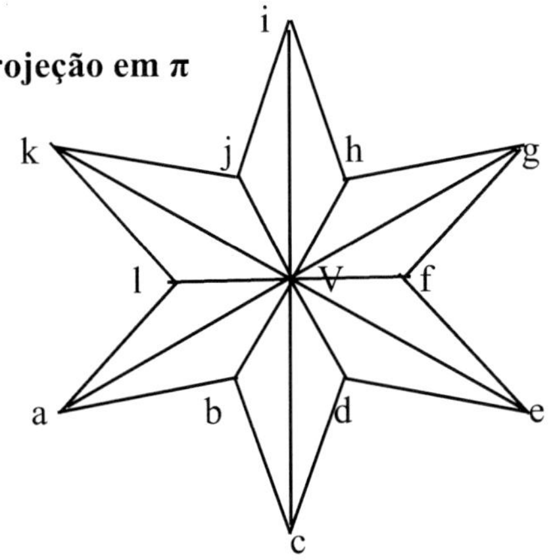

A base desta pirâmide é obtida a partir de um hexágono regular A, C, E, G, I, K.

2.3 Planificação de um prisma reto de base hexagonal

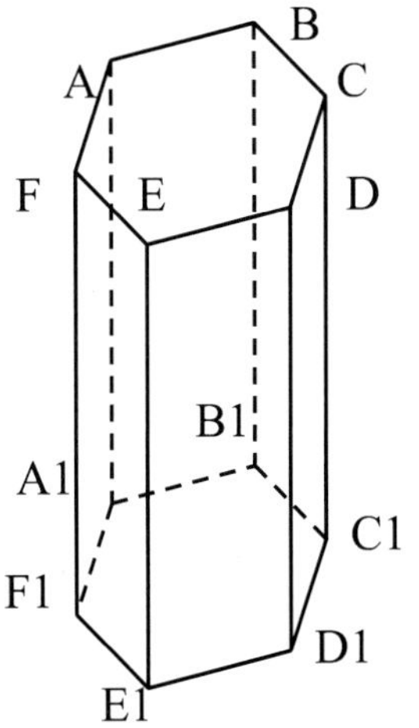

Visão espacial

Planificação

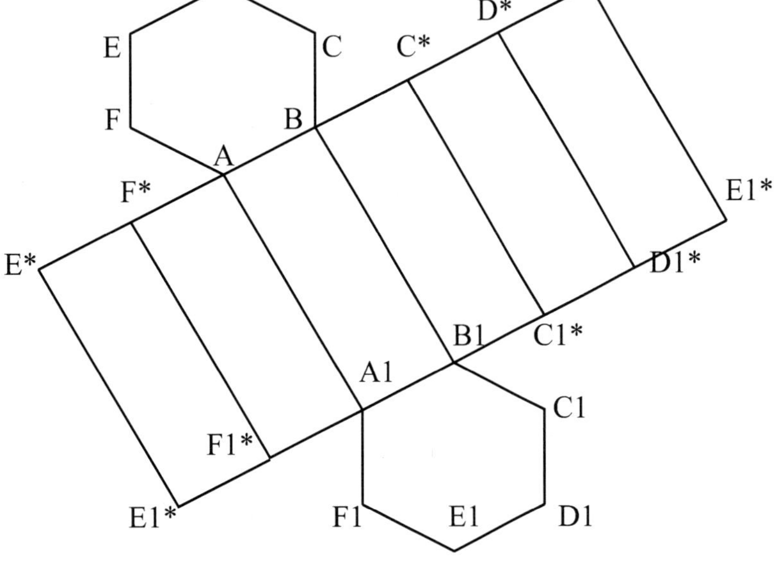

2.4 Planificação de cilindros e seus troncos

Cilindro circular reto fechado nas duas extremidades

Por óbvio, os círculos superior e inferior, se mantêm como círculo. Já são planos.

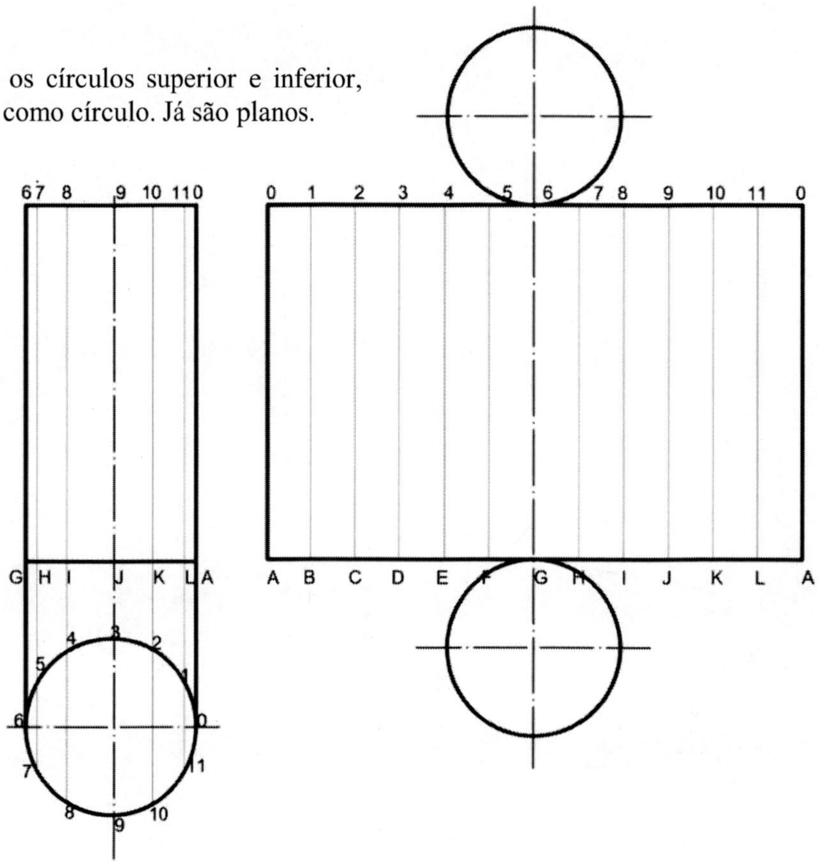

A planificação analítica de um cilindro circular é calculada a partir da retificação de uma circunferência. O comprimento L de uma circunferência é igual ao produto do diâmetro D pela constante π, que é igual a 3,1416. Ou seja: L = π x D.

No cilindro à direita, de diâmetro 500 mm, a planificação da parte cilíndrica é igual a:

L = 3,1416 x 500 mm => L = 1570,8 mm.

A planificação desse cilindro, com 90 cm de altura fica da seguinte forma:

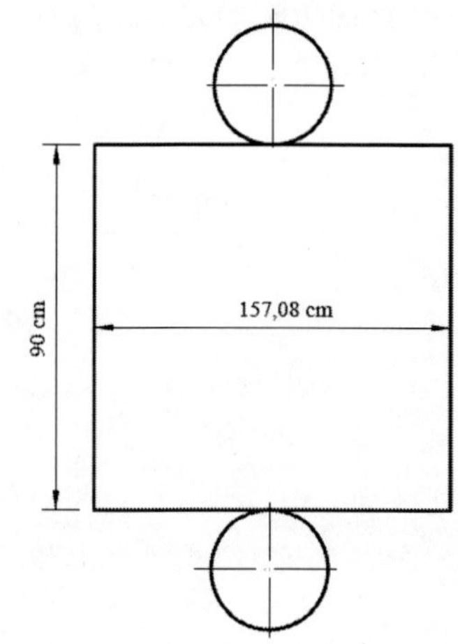

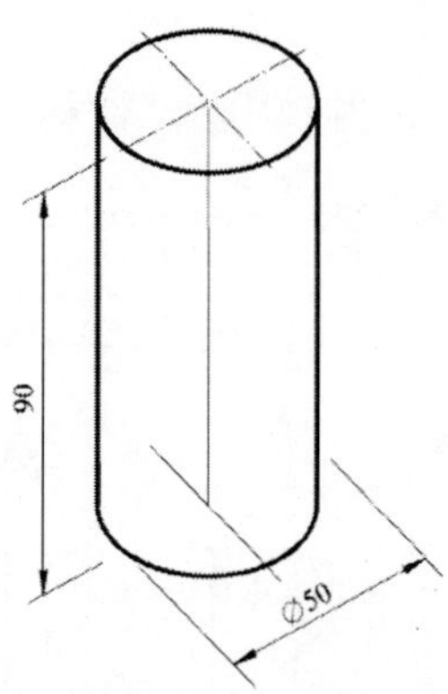

Existem diversas aplicações práticas e reais, para a utilização de cilindros fabricados a partir de chapas metálicas planas. O exemplo mais utilizado é na fabricação de tubos, a partir de chapas planas de aço.

Tronco inclinado de um cilindro circular reto fechado nas duas extremidades

Esse tipo de tronco gera uma elipse, na superfície do corte.

As dimensões da elipse formada, eixos maior e menor, podem ser determinadas, por cálculos trigonométricos, permitindo o cálculo da área.

Em 2022, e há anos, existiam programas que, além de desenhar com precisão dimensional, geravam um arquivo que, enviado para uma mesa de corte a laser, permitia um corte preciso dessa curva.

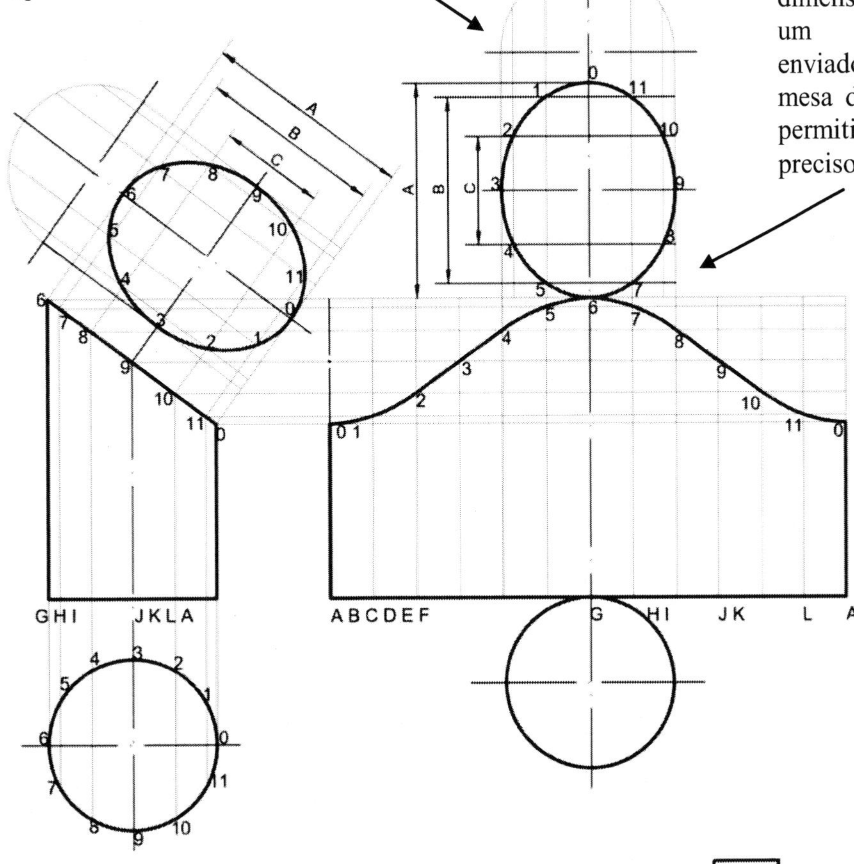

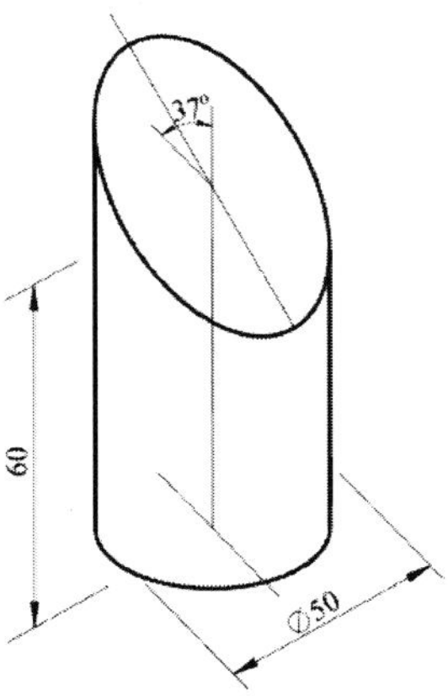

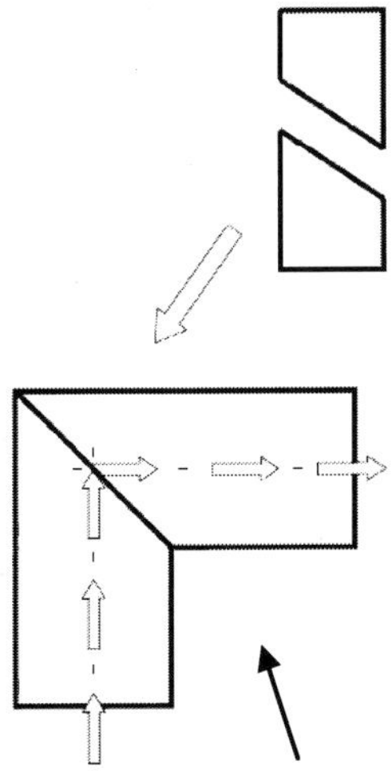

A partir de um tubo pode-se, por exemplo, com um corte a 45° obter-se uma curva de 90°, como mostrado acima. Na prática esse tipo de curva, por ter uma mudança brusca de seção (de círculo para elipse), só é utilizada para sistemas de baixa pressão, já que ao mudar abruptamente de direção, o fluido em escoamento causa forças na parede da curva. A curva é obtida com o corte inclinado a 45° e giro das partes.

2.5 Planificação de cones circulares retos e seus troncos

Cone circular reto

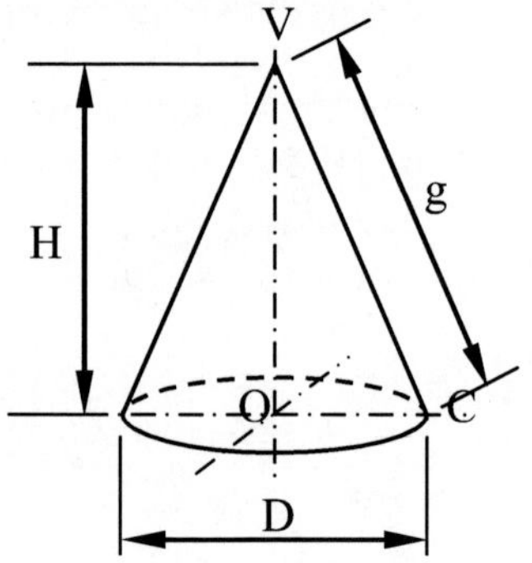

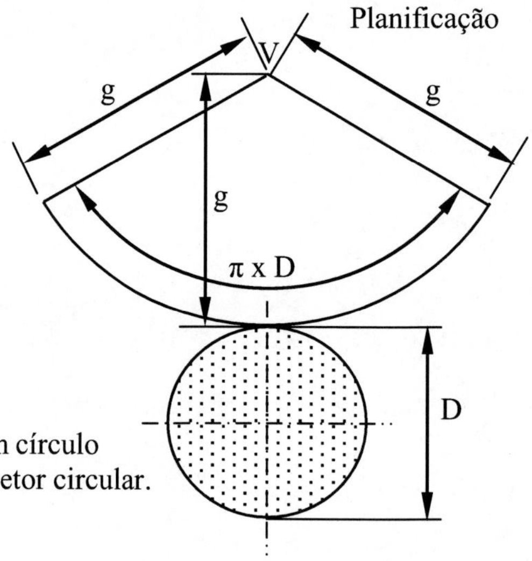

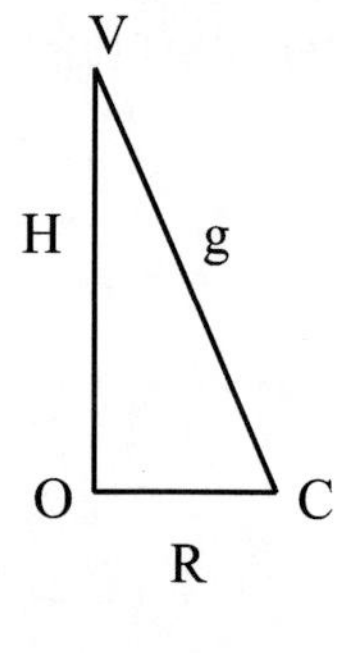

$g = \sqrt{H^2 + R^2}$.

A planificação mostra que a base é um círculo de diâmetro D e a superfície lateral é um setor circular.

Tronco de cone circular reto, com corte paralelo à base

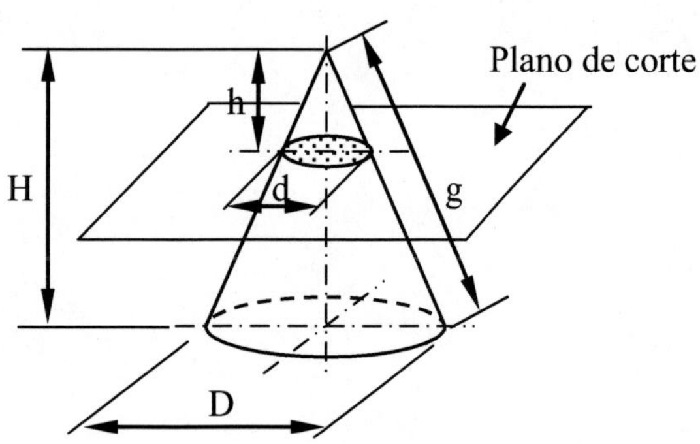

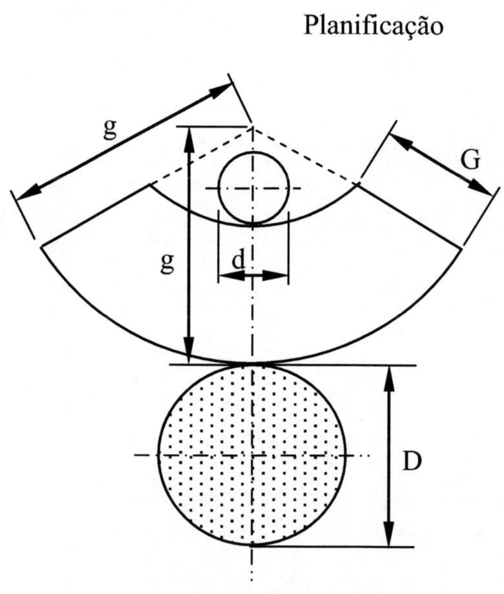

O corte gera uma circunferência ou círculo

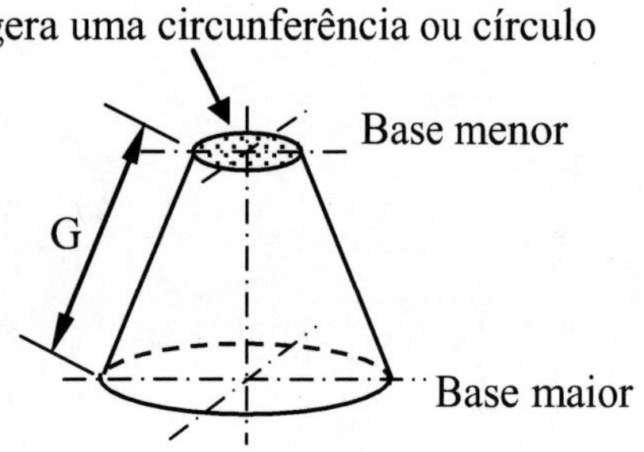

Uma aplicação prática de um tronco de cone circular, com corte paralelo à base, é como redução concêntrica de tubulações metálicas de grandes diâmetros, pois nesses casos, tanto os tubos, quanto o tronco, são fabricados a partir de chapas planas, ou seja, precisa-se calcular a perfeita planificação, tanto do tronco quanto dos tubos, no caso, cilindros circulares retos.

Detalhes e planificação do tronco de cone reto fechado, com corte inclinado em relação à base.

Esse tipo de corte gera uma elipse

Projeções

Elipse gerada

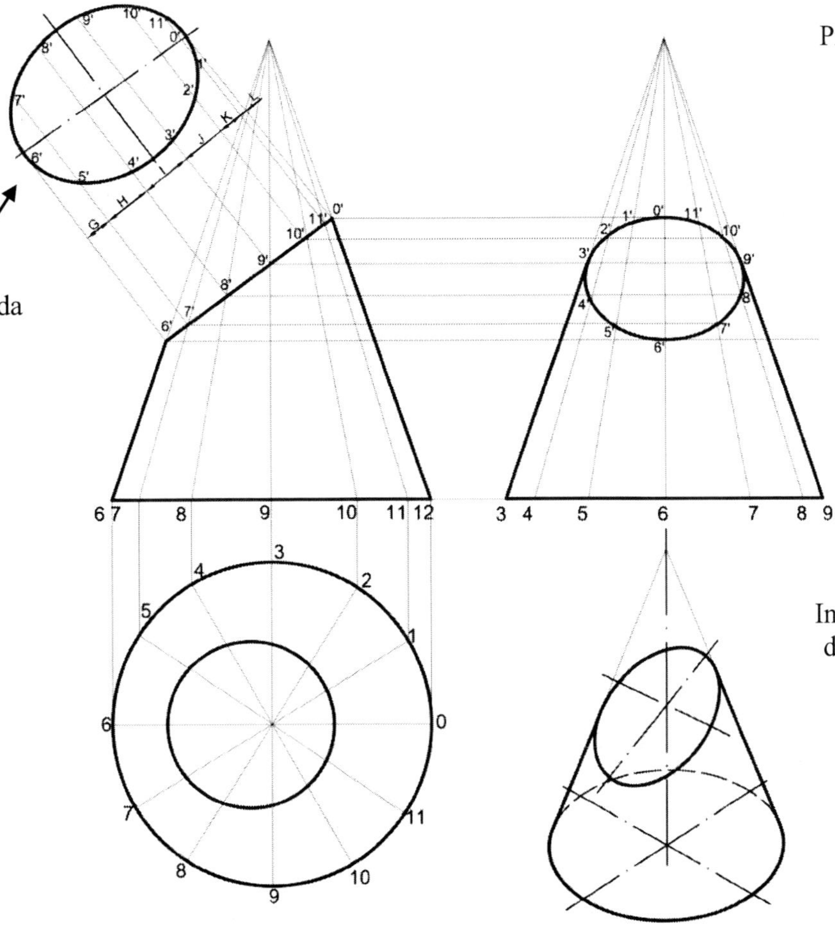

Imagem tridimensional do tronco de um cone circular reto

Essas projeções confirmam a Geometria Descritiva como base do desenho técnico projetivo

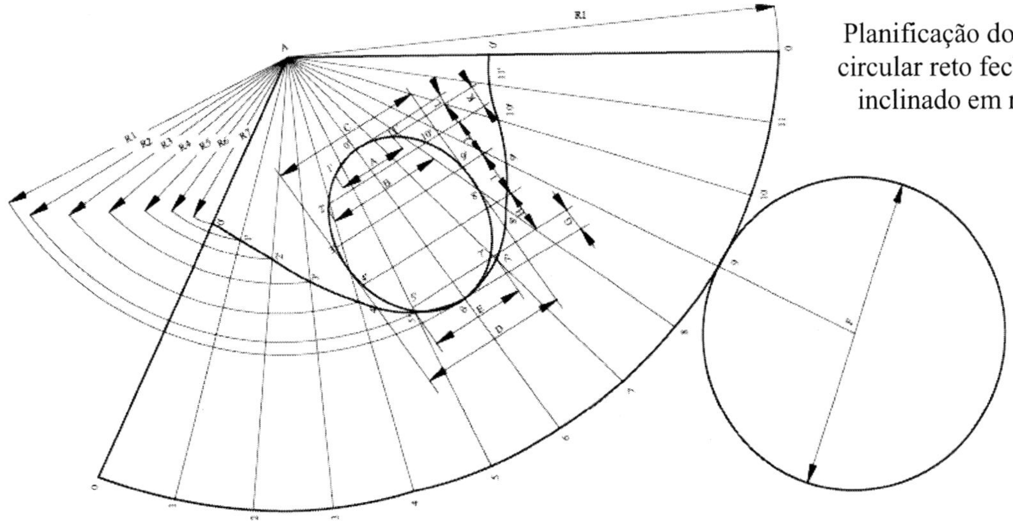

Planificação do tronco de cone circular reto fechado, com corte inclinado em relação à base.

2.6 Planificação dos poliedros de Platão

Tanto para atividades escolares, quanto para uso na prática, é importante estudar-se a planificação dos poliedros de Platão. Por exemplo, imagina-se que se queira construir um octaedro em papelão ou cartolina, como deve-se cortar o papelão, de forma a se ter o menor número possível de uniões, ou seja, com o máximo de dobras possíveis. Observa-se que, como será mostrado, ao planejar a planificação de um poliedro, a ser construído em papelão, tem-se que deixar determinadas bordas (o mínimo), que permitem a colagem.

Planificação do tetraedro

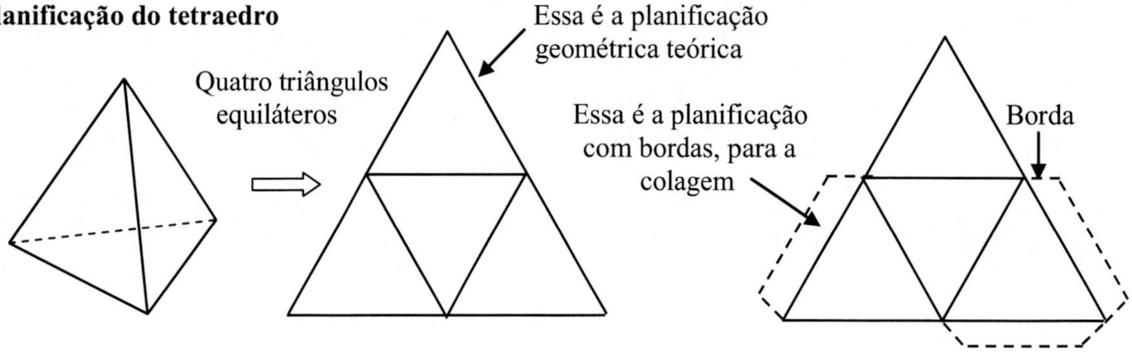

Existem embalagens, nomeadamente de alimentos, feitas a partir de um tetraedro.

Planificação do hexaedro ou cubo

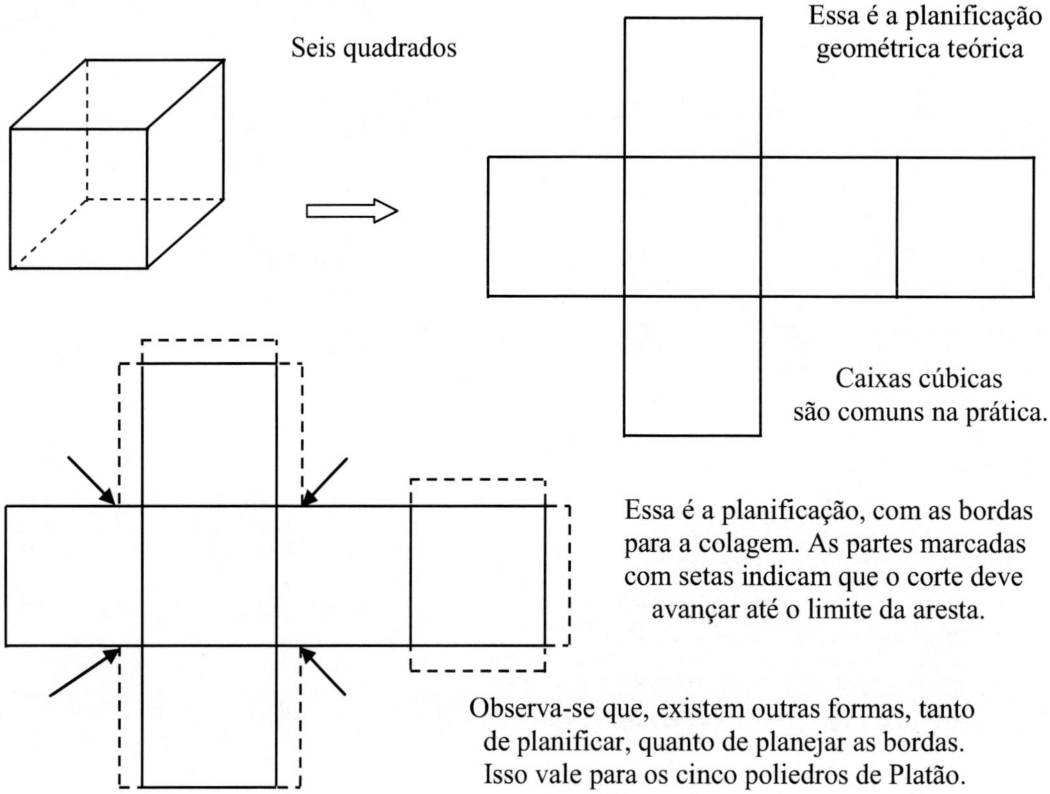

São comuns, os mais diversos tipos de embalagens no formato cúbico.

Planificação do octaedro

Oito triângulos equiláteros

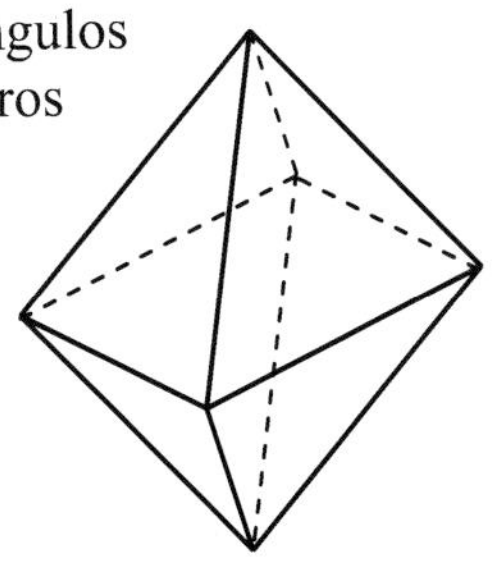

Essa é a planificação geométrica teórica

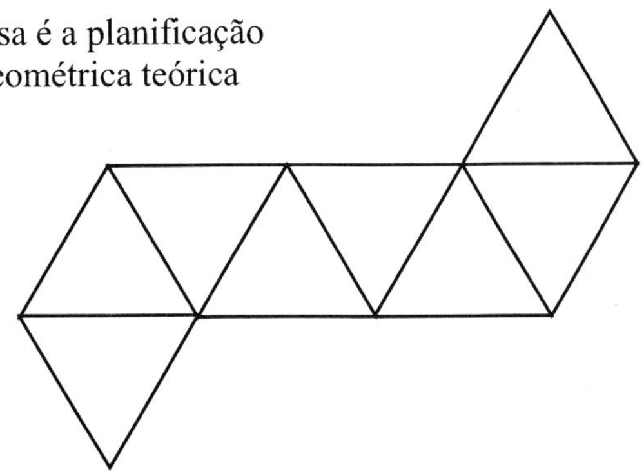

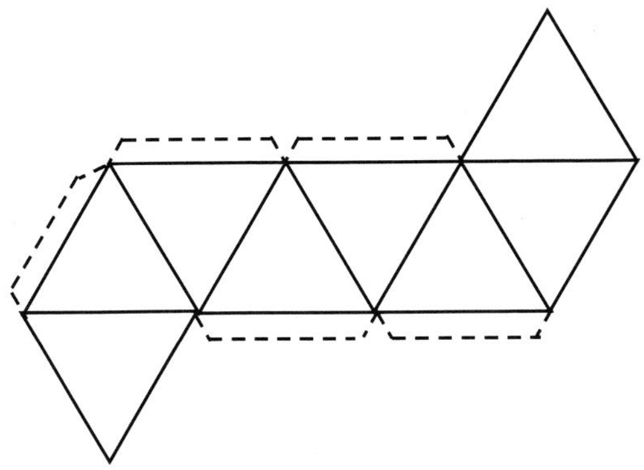

Essa é a planificação com bordas para a colagem.

Planificação do dodecaedro

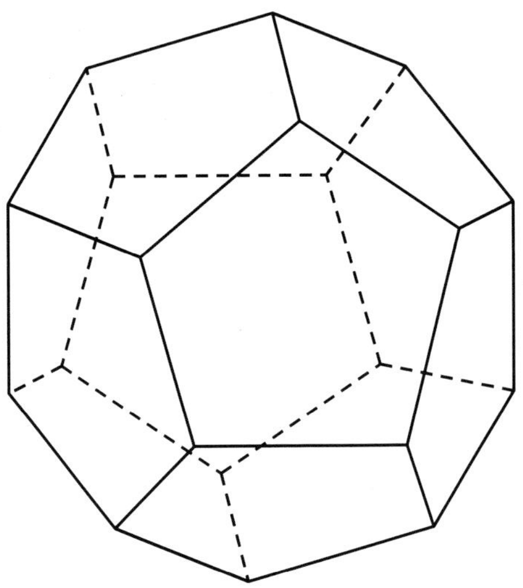

12 pentágonos regulares

O formato tridimensional do dodecaedro oferece boas alternativas de uso prático, em especial para artistas e arquitetos.

Essa é a planificação geométrica teórica

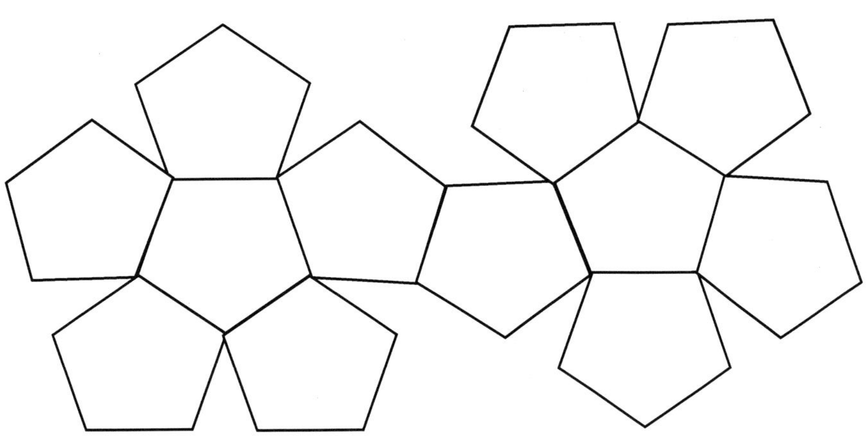

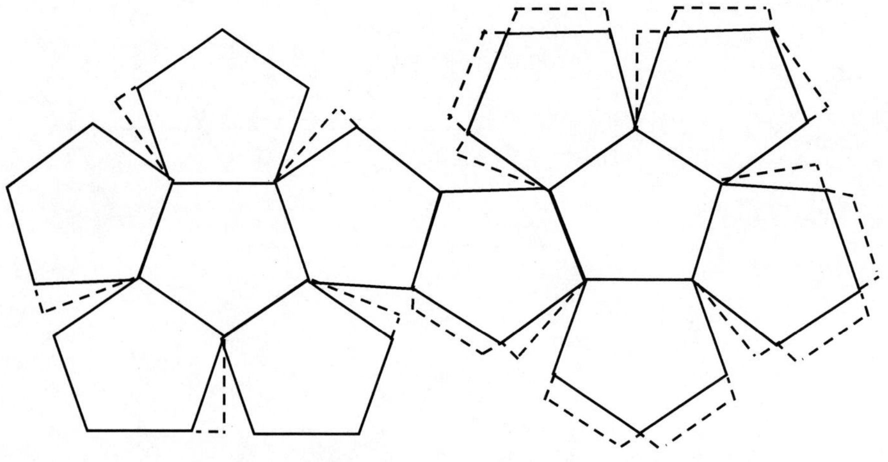

Essa é a planificação com bordas para a colagem

Planificação do icosaedro

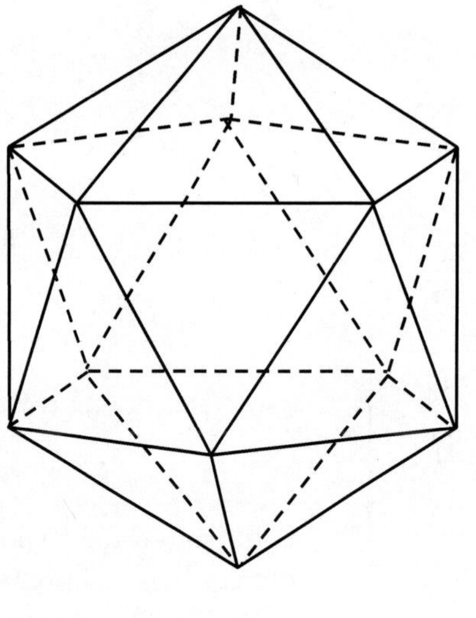

20 triângulos equiláteros

Existem jogos que utilizam um tipo de dado com 20 faces.

Essa é a planificação geométrica teórica

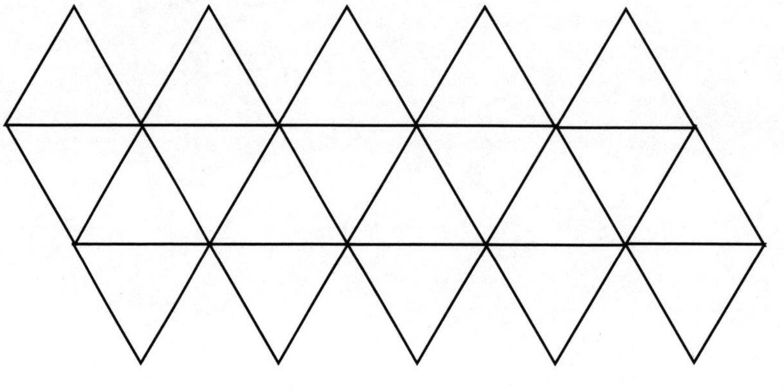

Essa é a planificação com bordas para colagem

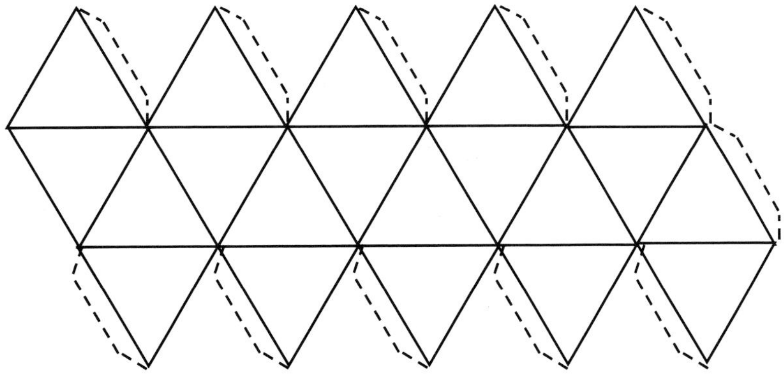

Observação: é muito importante que sejam feitas maquetes em cartolina ou papelão, com as planificações de cada um dos cinco poliedros de Platão. Essa prática, além de melhorar a visão espacial e as habilidades manuais, promove o desenho de vários elementos geométricos.

2.7 Planificação de esferas

Um tipo de planificação, para uma esfera, é feita dividindo-a em gomos, segundo os meridianos, e de forma semelhante a como se corta, por exemplo, uma laranja em gomos.

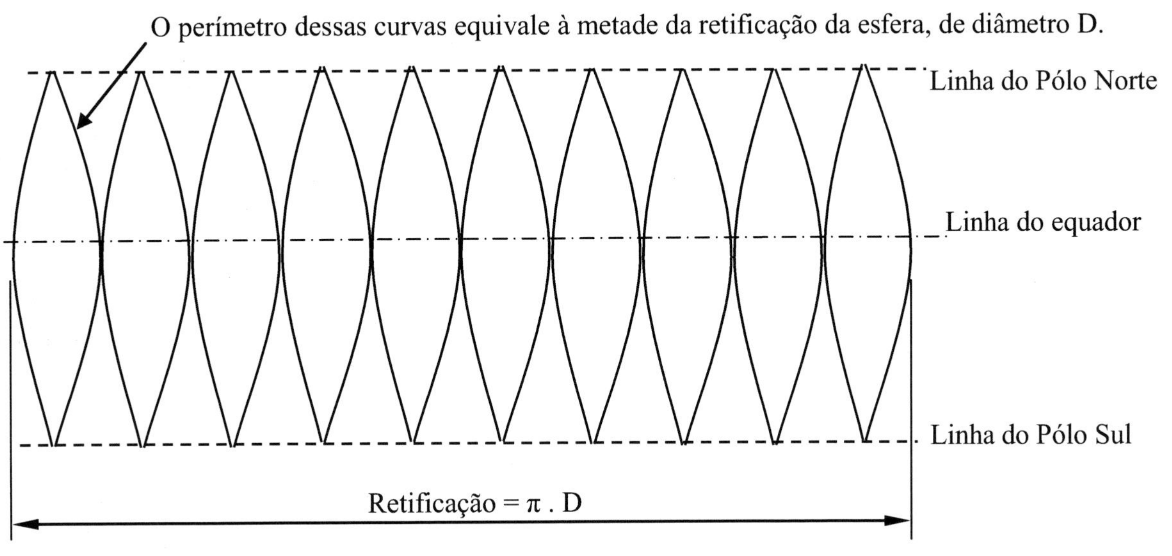

Quando a esfera é utilizada, como um reservatório esférico metálico, devido às soldas entre os gomos, a planificação não permite, por exemplo, que seja segundo os cortes de gomos anteriormente mostrados, pois nos Pólos ocorreria uma junção de várias soldas num único ponto, o que não é possível do ponto de vista da engenharia de fabricação mecânica (pois concentraria muitas tensões térmicas). Para esses tipos de esferas, também existem variações na forma de se planificar, dependendo do diâmetro e da espessura das chapas utilizadas. A planificação a seguir foi utilizada para uma esfera metálica de diâmetro 5 metros.

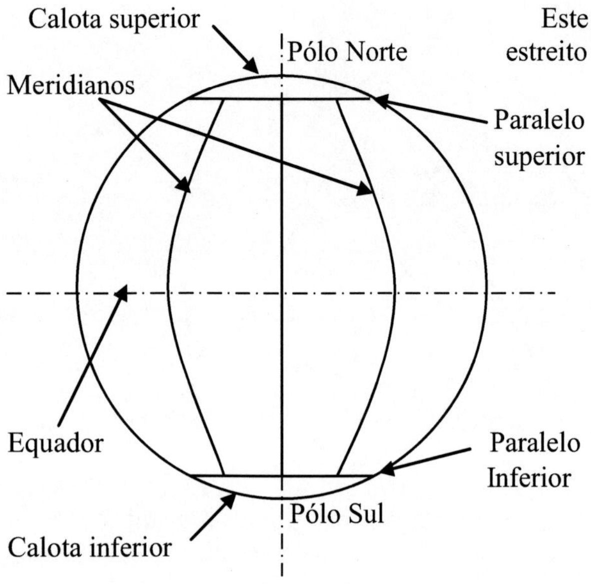

Vista de frente

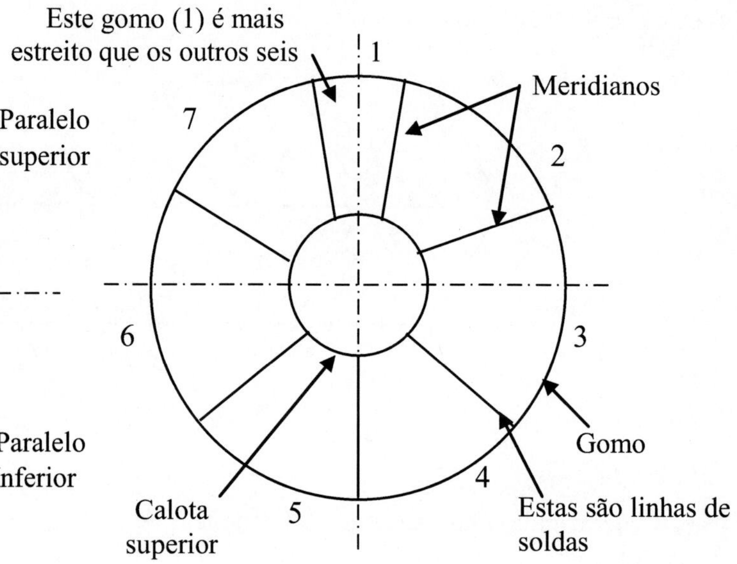

Vista de cima

Com diâmetro interno de 5.000 mm, considerando a vista de frente, a circunferência planificada (perímetro) dessa esfera é igual a 15.707,5 mm. Em geral, chapas metálicas são fornecidas com 6.100 mm de comprimento por 2.400 mm de largura. As figuras a seguir mostram as imagens gerais da planificação dessa esfera. Na prática, cada gomo é dimensionado e detalhado, permitindo uma perfeita montagem.

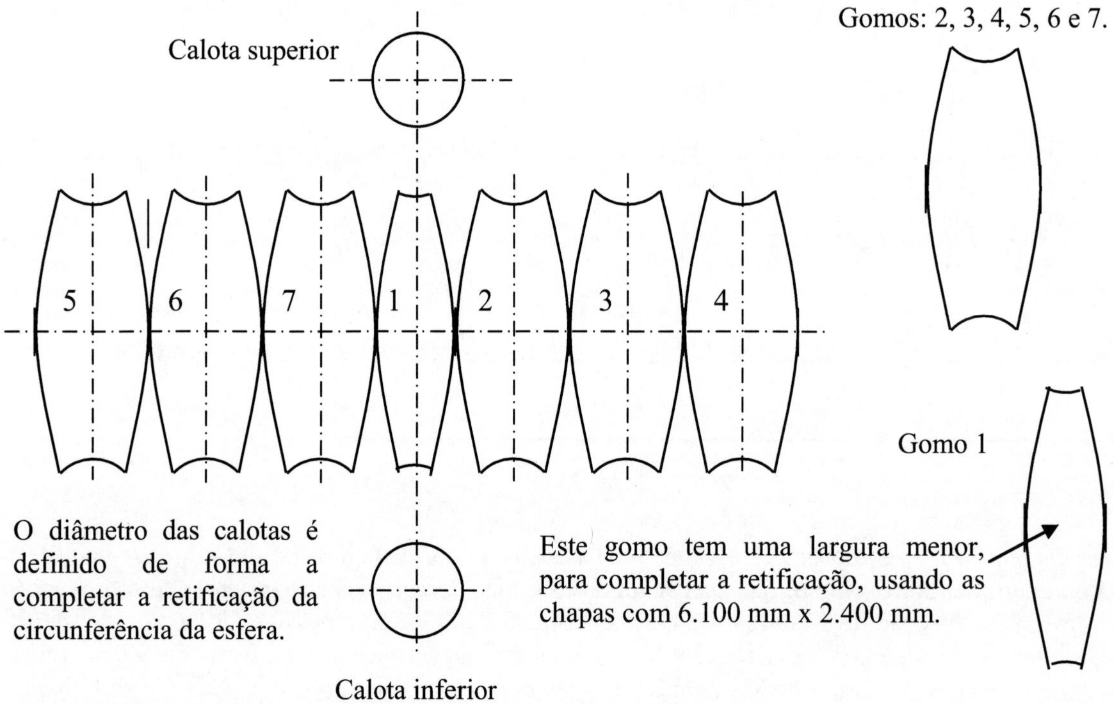

2.8 Observações sobre planificação e interseção de poliedros e superfícies poliédricas

Existem planificações dos mais diferentes tipos de superfícies poliédricas. Especialmente em livros de caldeiraria e de dutos de ar condicionado e ventilação industrial são detalhados os tipos mais utilizados na prática. Em livros específicos de arquitetura e construção civil também são detalhadas planificações e interseções, tanto de poliedros, quanto de superfícies como elipsoides, paraboloides, hiperboloides e helicoides, uma vez que a arquitetura muito se utiliza destas superfícies, especialmente em grandes dimensões. Praticamente em todos os projetos do saudoso mestre Oscar Niemeyer (falecido quase aos 105 anos em 2012), existem muitos usos de todas estas curvas.

Com o desenvolvimento e a utilização crescente de programas de representação gráfica, a geometria descritiva e o desenho técnico projetivo muito se beneficiaram, permitindo rapidez e precisão nas construções. Também já existem programas que, além de desenvolver todo o desenho e os cálculos matemáticos, também geram imagens tridimensionais coloridas e com movimento, permitindo que se observe o objeto em estudo nos mínimos detalhes e nas mais diversas posições.

Exemplo de interseção de prismas de bases quadradas e seções diferentes

Épura da interseção

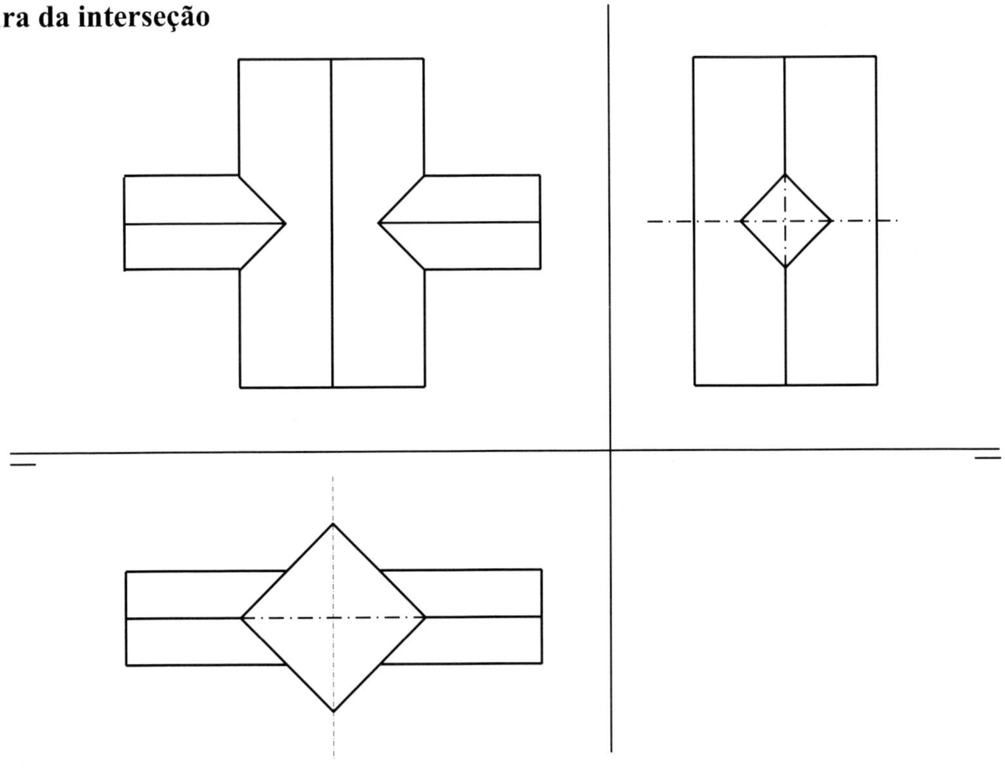

Visão espacial da interseção

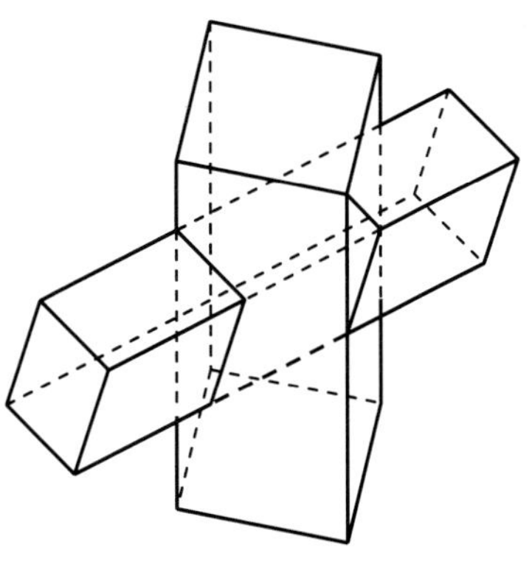

Este tipo de interseção ocorre na engenharia mecânica, mais especificamente em dutos de ventilação industrial, cujas planificações que permitem o corte e solda das chapas, são desenvolvidas por projetistas e desenhistas de caldeiraria.

2.9 Exercícios resolvidos

2.9.1) Fazer a planificação da seguinte superfície poliédrica:

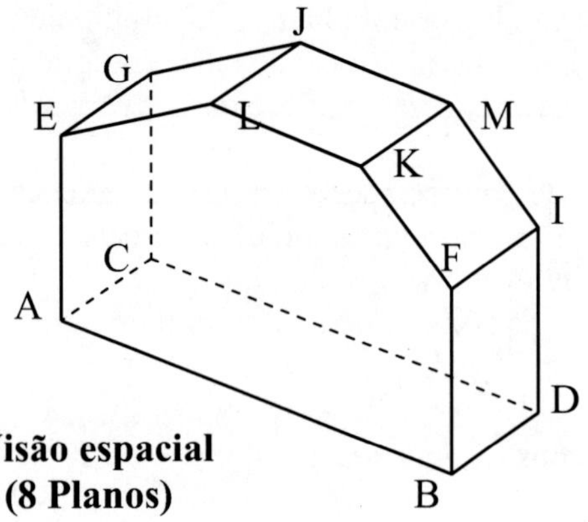

Visão espacial (8 Planos)

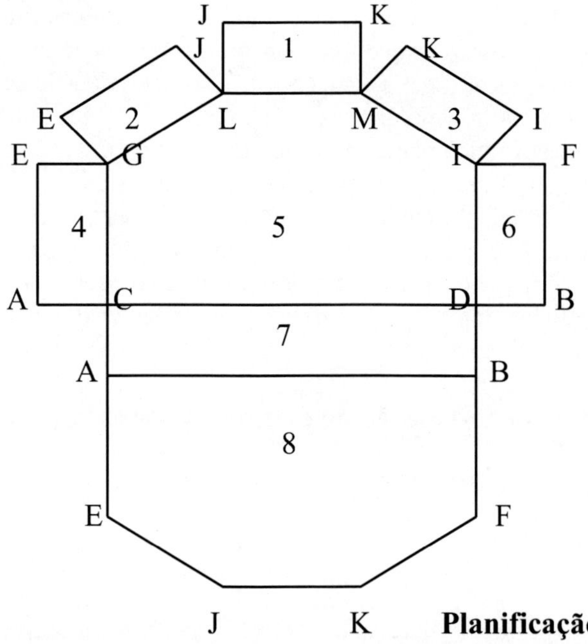

Planificação

2.9.2) Fazer a visão espacial da seguinte planificação:

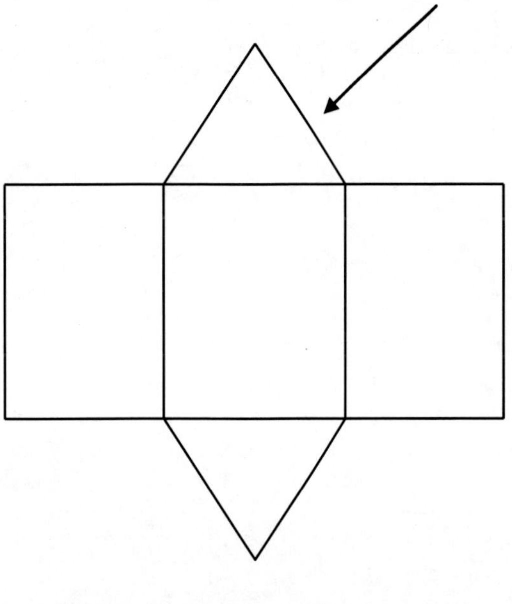

Visão espacial

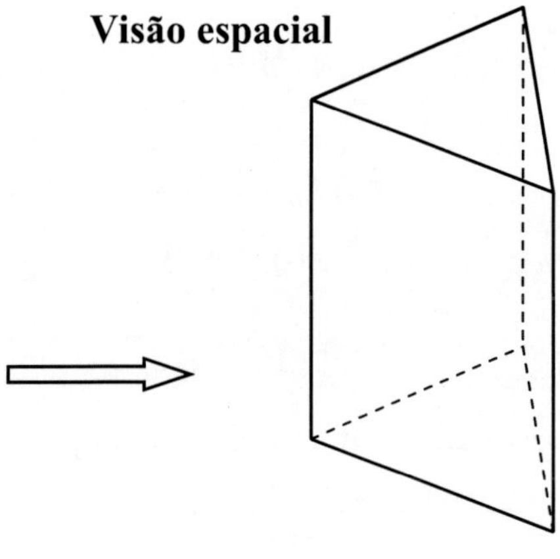

Trata-se de um prisma reto de base triangular

2.9.3) (ENEM - 2016). Um grupo de escoteiros mirins, numa atividade no parque da cidade onde moram, montou uma barraca, em forma de um prisma triangular reto, em que foram usadas hastes metálicas, como mostrado a seguir. Após a armação das hastes, um dos escoteiros observou um inseto deslocar-se sobre elas, partindo do vértice A em direção ao vértice B, e deste ao vértice E e, finalmente, fez o trajeto do vértice E ao C. Considere que todos esses deslocamentos foram feitos pelo caminho de menor distância entre os pontos. Com esses dados, a projeção do deslocamento do inseto no plano que contém a base ABCD é:

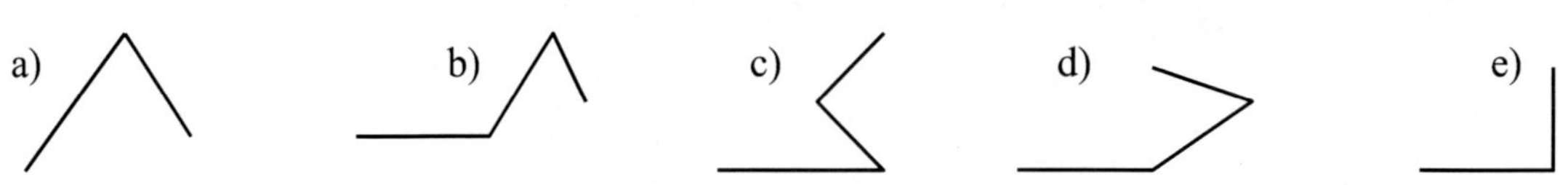

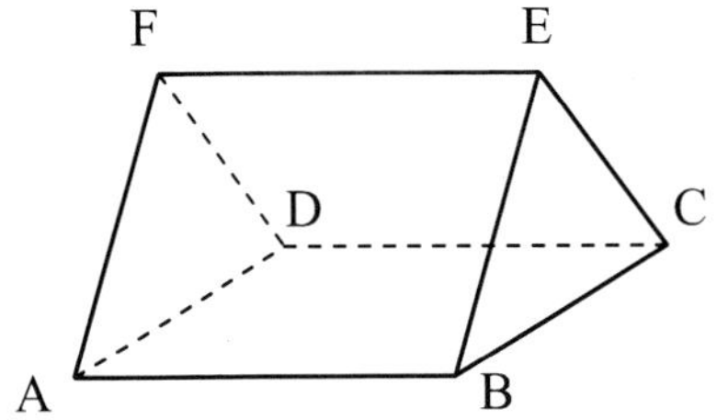

Raciocínio lógico espacial:

O plano que contém a base ABCD, corresponde ao plano horizontal π, ou seja, trata-se de fazer a projeção cilíndrica ortogonal das retas AB, BE e EC, sobre π.

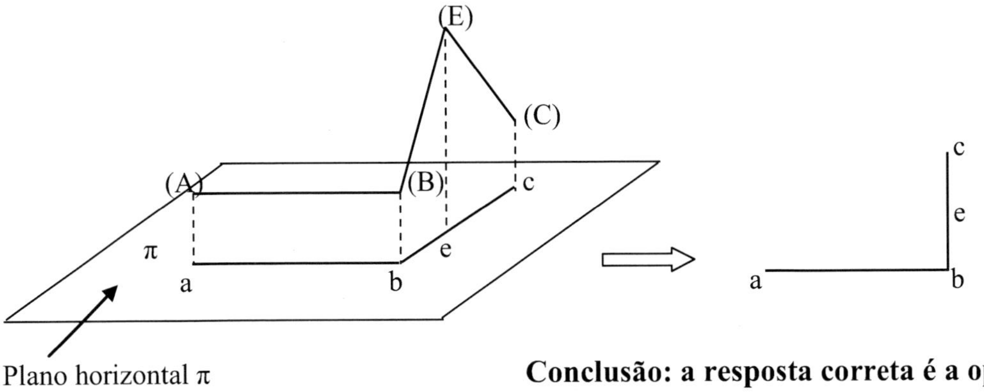

Conclusão: a resposta correta é a opção "e".

2.9.4) Um estudante observou que uma mosca pousou no ponto A, bem na linha do equador de uma bola esférica e se movimentou lentamente ao longo da linha na horizontal e parou no ponto B, também sobre a linha do equador, tendo se deslocado 45° no sentido anti-horário. Supondo essa bola apoiada sobre um piso horizontal, determinar a projeção cilíndrica ortogonal da trajetória da mosca.

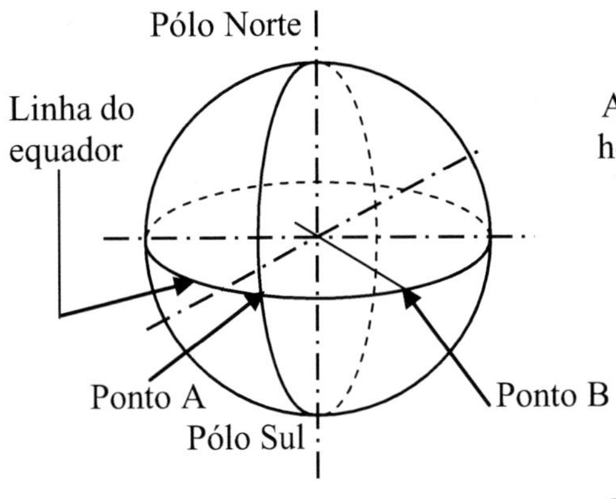

Raciocínio lógico espacial:

A bola esférica vista de cima, ou seja, projeção no plano horizontal, aparece como uma circunferência. Dessa forma, basta desenhar a circunferência e mostrar o ângulo de 45°.

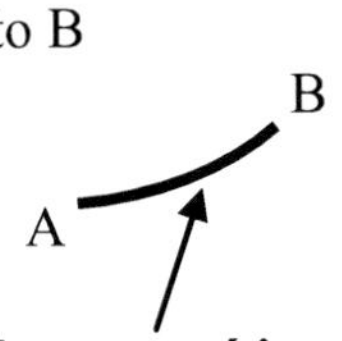

Conclusão: a projeção da trajetória da mosca é igual ao arco de um oitavo de volta na circunferência:

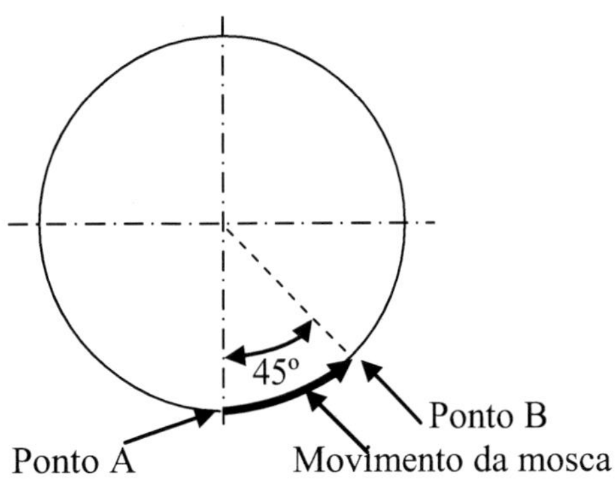

2.9.5) (ENEM - 2016). A figura a seguir representa o globo terrestre e nela estão marcados os pontos A, B e C. Os pontos A e B estão localizados sobre um mesmo paralelo, e os pontos B e C, sobre um mesmo meridiano. É traçado um caminho do ponto A até C, pela superfície do globo, passando por B, de forma que o trecho de A até B se dê sobre o paralelo que passa por A e B e, o trecho de B até C se dê sobre o meridiano que passa por B e C. Considerando que o plano α é paralelo à linha do equador na figura, determinar qual opção representa a projeção ortogonal, no plano α, do caminho traçado no globo.

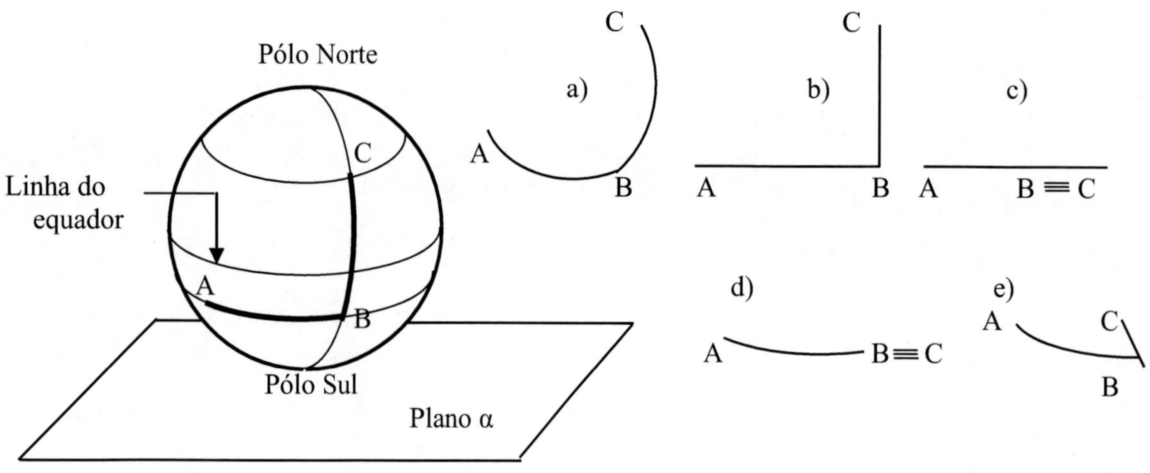

Raciocínio lógico espacial: ao se projetar o globo no plano α, equivalente ao plano horizontal π, tem-se a figura de uma circunferência, como a seguir mostrada, observando-se a projeção do trecho AB. Para a projeção do trecho BC, tem-se que recorrer à projeção no plano de perfil π”. Analisando a figura a seguir, conclui-se que esses trechos se projetam como arcos de circunferências, tal e qual mostrado na opção “a”.

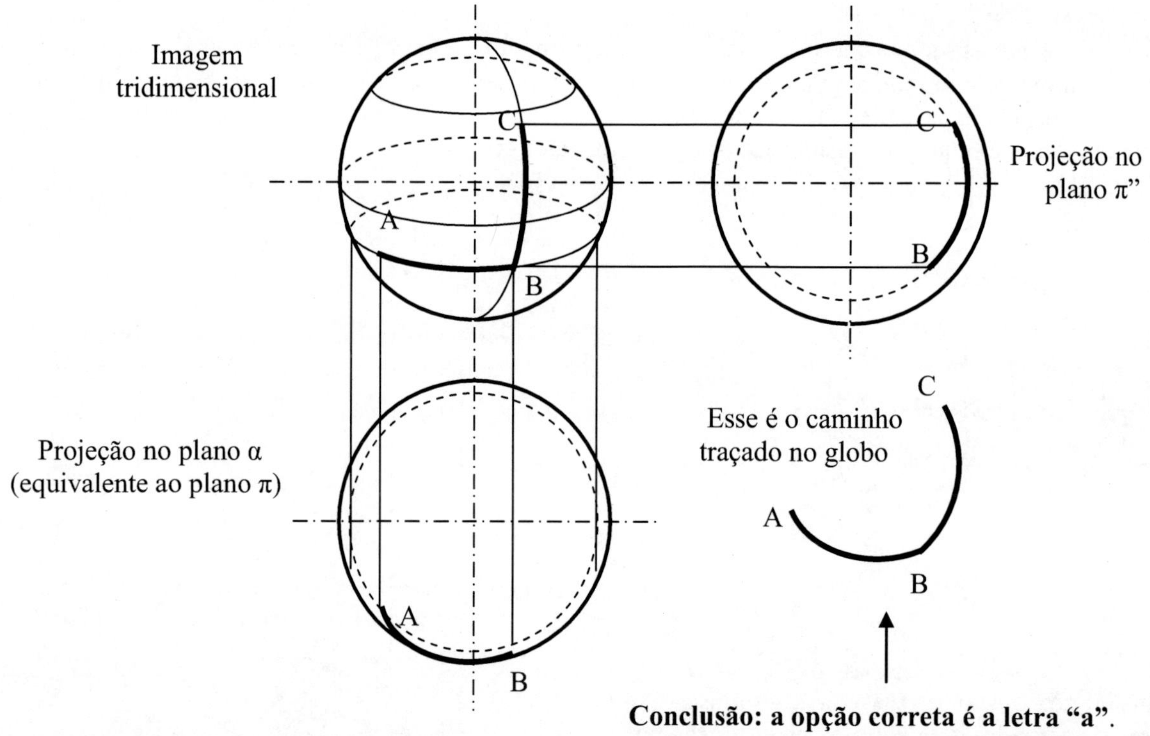

Conclusão: a opção correta é a letra “a”.

2.9.6) (ENEM – 2013) Gangorra é um brinquedo que consiste de uma tábua longa e estreita equilibrada e fixada no seu ponto central (pivô). Nesse brinquedo, duas pessoas sentam-se nas extremidades e, alternadamente, impulsionam-se para cima, fazendo descer a extremidade oposta, realizando, assim, o movimento da gangorra. Considere a gangorra representada na figura, em que os pontos AA e BB são equidistantes do pivô. A projeção ortogonal da trajetória dos pontos A e B, sobre o plano do chão da gangorra, quando esta se encontra em movimento, é:

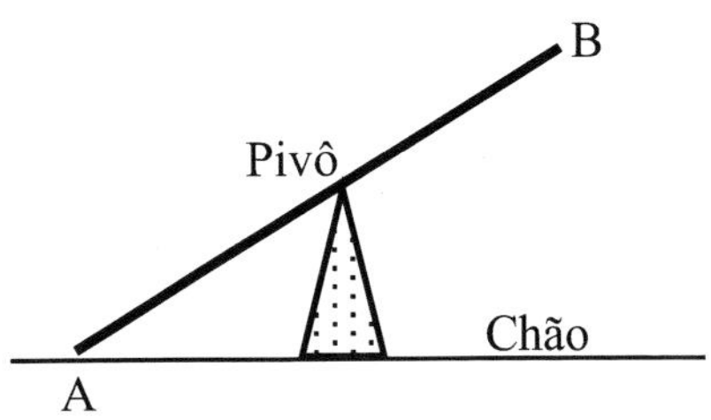

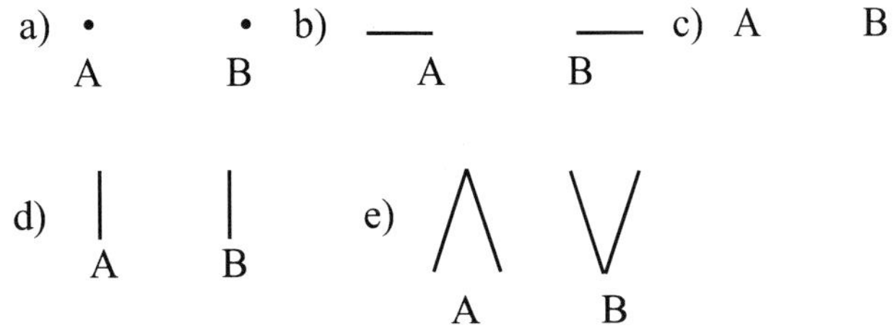

Raciocínio lógico espacial: em verdade, uma gangorra tem movimento alternado (sobe e desce), segundo arcos de circunferências, em cada extremidade (A, B). O raio dessa circunferência é igual à distância entre o pivô e os pontos A ou B. A figura a seguir mostra esses arcos, em função do movimento alternado.

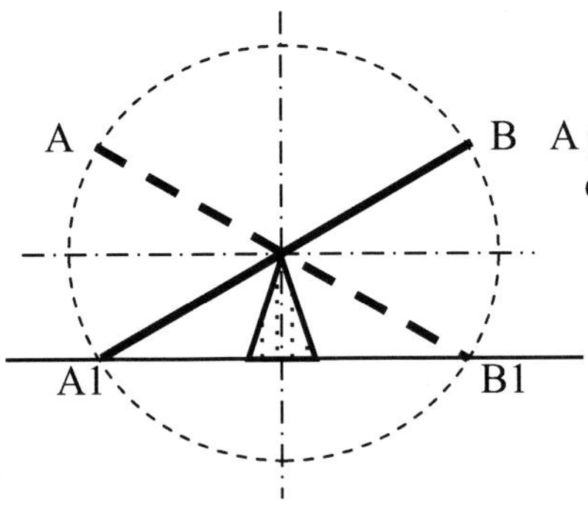

A projeção da trajetória dos pontos A e B, sobre o plano do chão, equivale a projetar a figura à esquerda no plano horizontal π, como detalhado na figura a seguir.

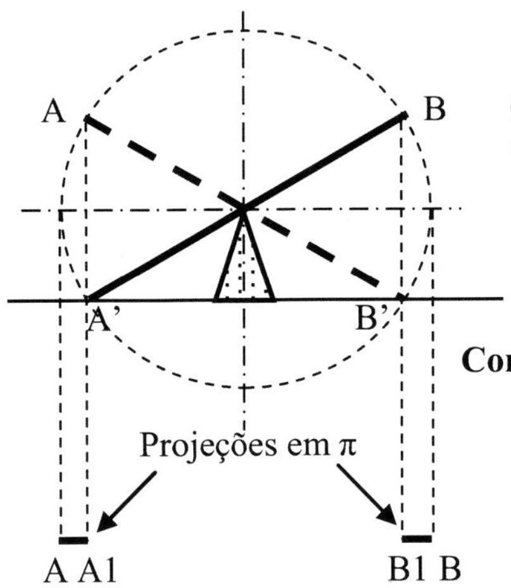

Observa-se que, na projeção em π ou plano do chão, o ponto A varia entre A e A1, assim como, o ponto B varia entre B e B1.

Conclusão: A projeção ortogonal da trajetória dos pontos A e B, sobre o plano do chão da gangorra, quando esta se encontra em movimento, é a opção "b".

2.9.7) Desenhar a planificação do poliedro irregular a seguir:

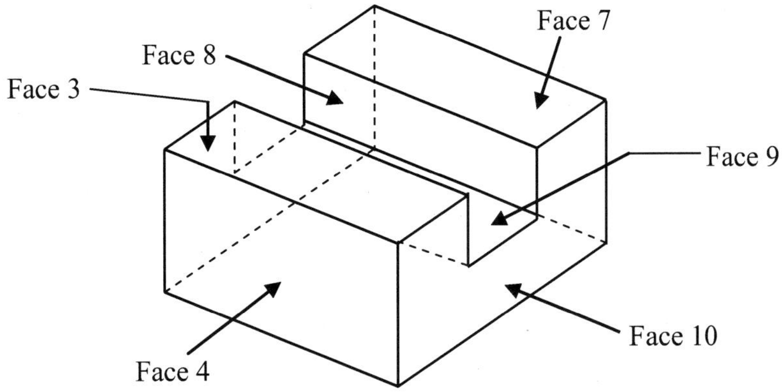

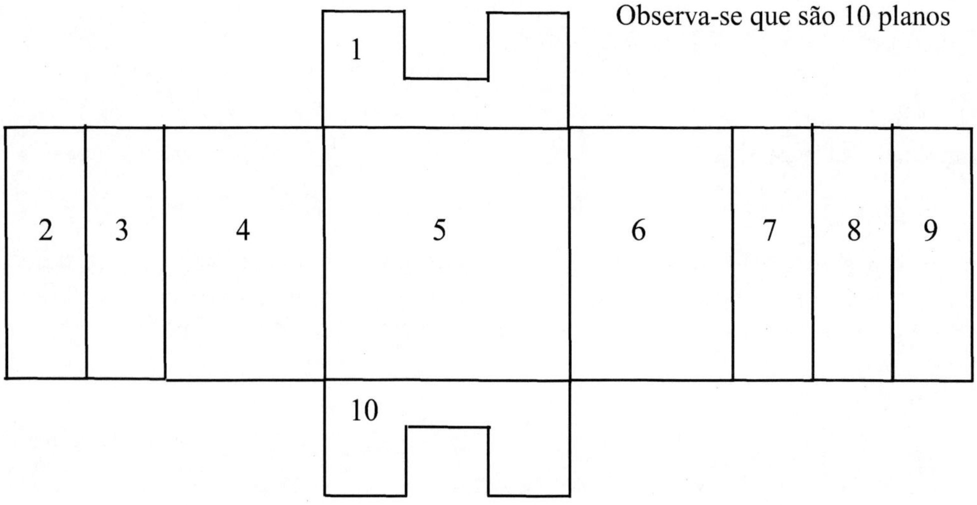

Observa-se que são 10 planos

2.9.8) Desenhar a planificação do poliedro irregular a seguir. Na planificação mostrar as medidas A, B e C.

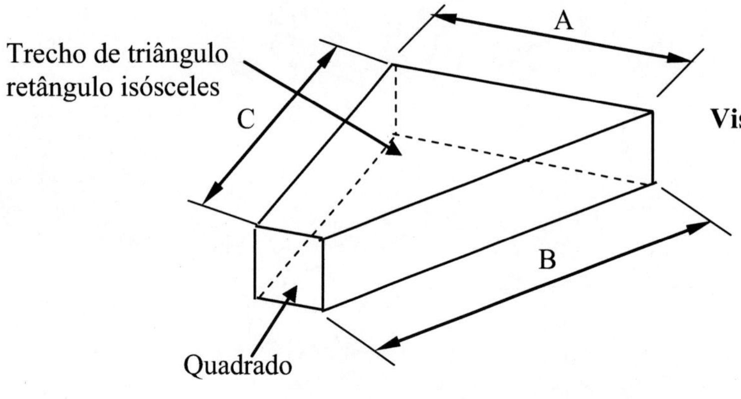

Visão espacial

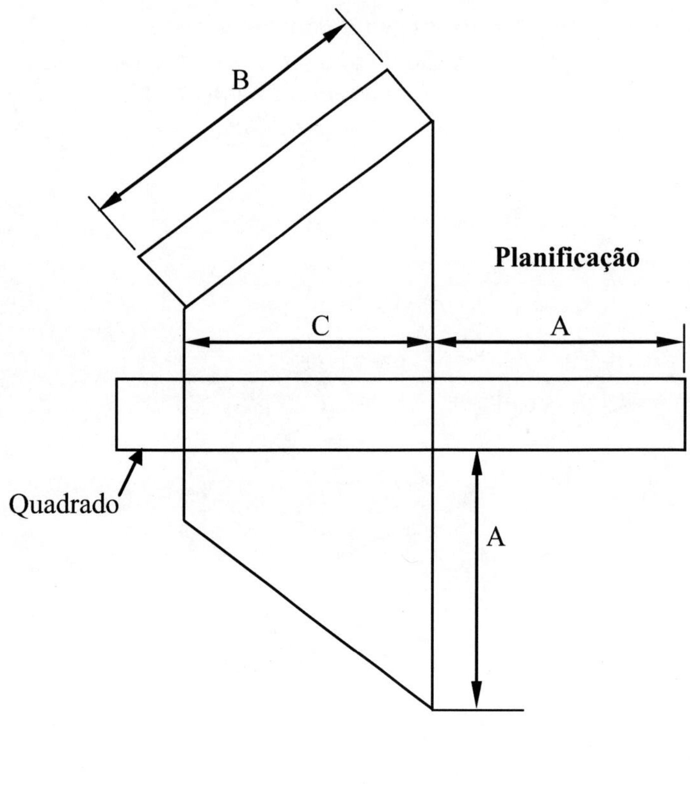

Planificação

2.9.9) Fazer a planificação do seguinte poliedro:

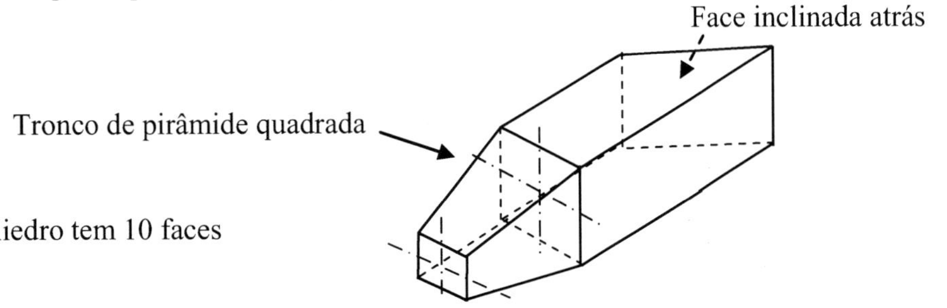

Observa-se que esse poliedro tem 10 faces

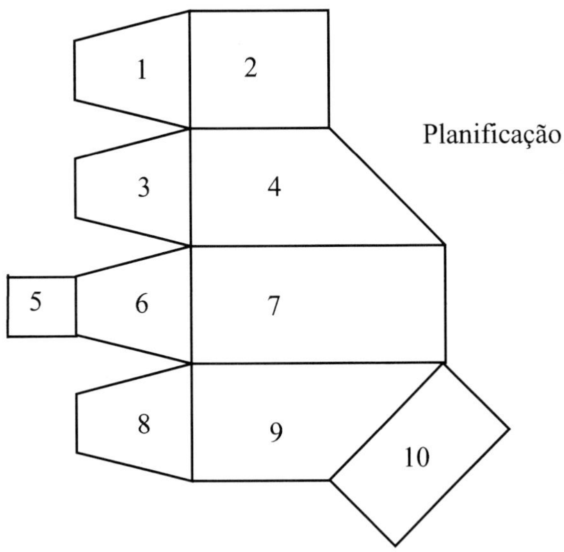

2.9.10) Fazer a planificação do poliedro a seguir:

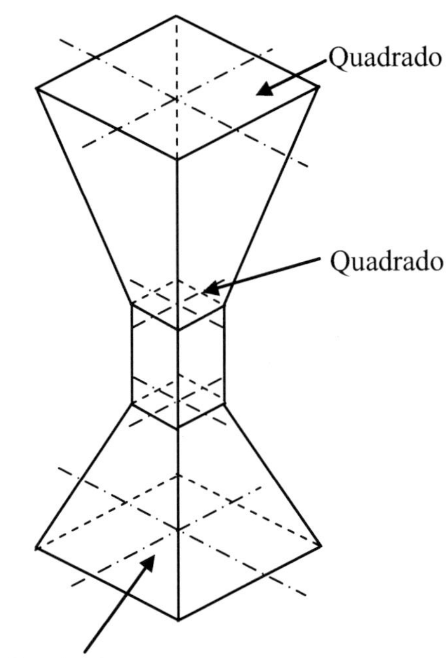

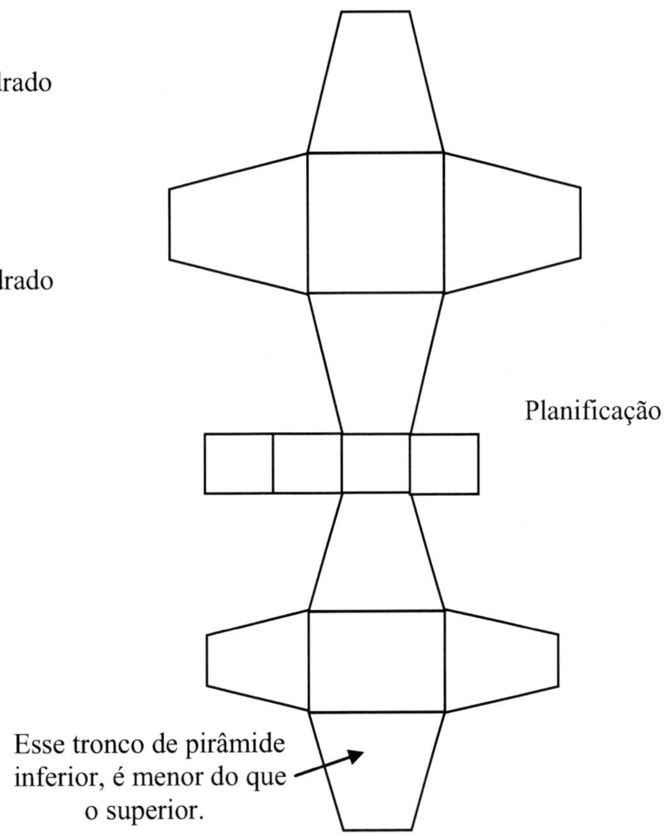

2.10 Exercícios propostos (veja respostas no Apêndice A)

2.10.1) Planificar a superfície poliédrica a seguir.

Visão espacial (7 Planos)

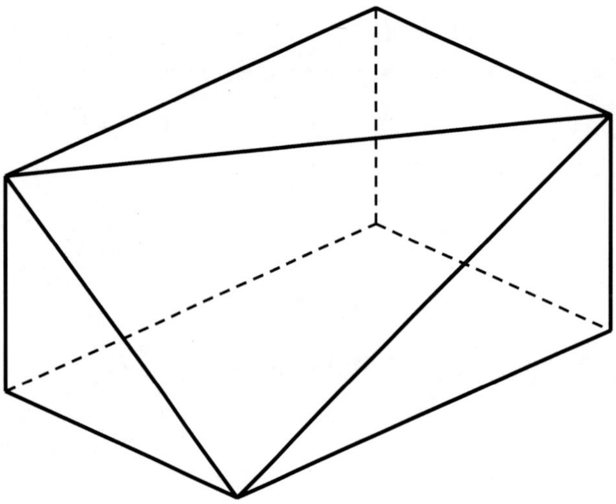

2.10.2) (ENEM - 2015). Uma empresa que embala seus produtos em caixas de papelão, na forma de hexaedro regular, deseja que seu logotipo seja impresso nas faces opostas pintadas conforme a figura. A gráfica que fará as impressões dos logotipos apresentou cinco opções, para a caixa planificada. Qual opção, sugerida pela gráfica, atende ao pedido da empresa.

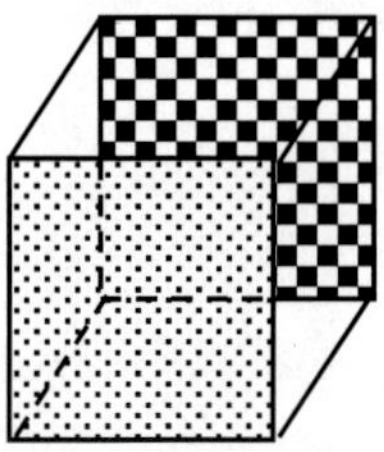

a)

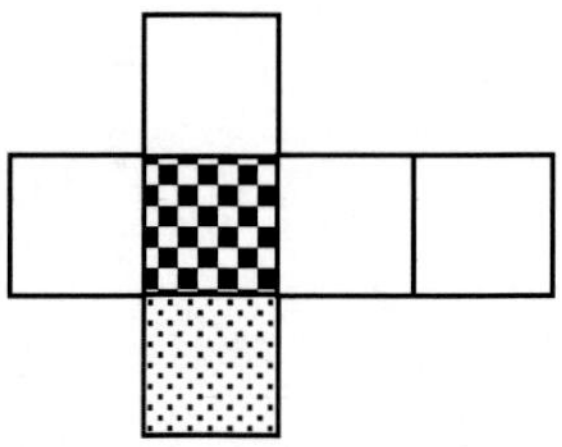

b)

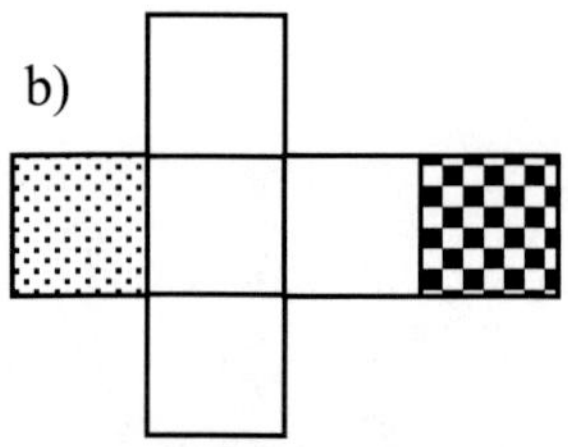

c)

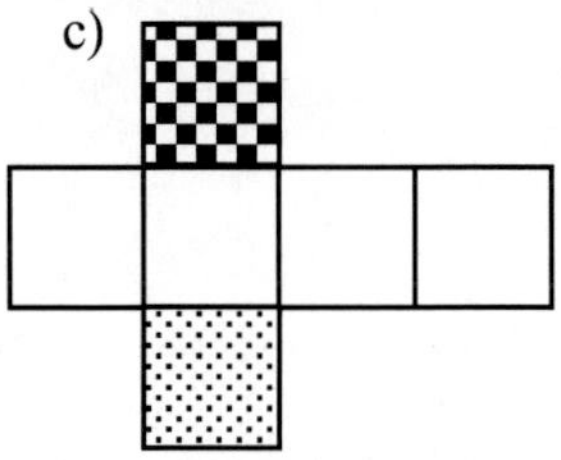

d)

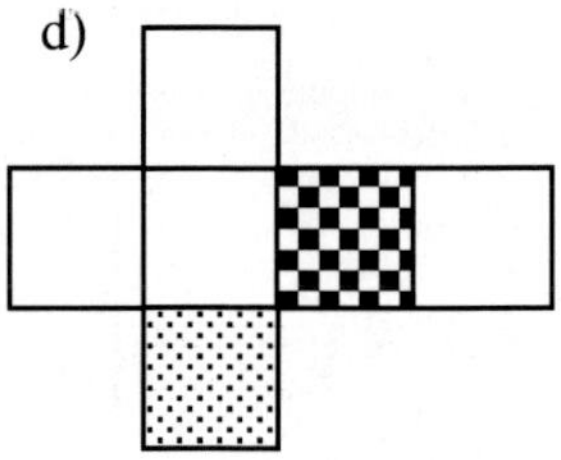

e)

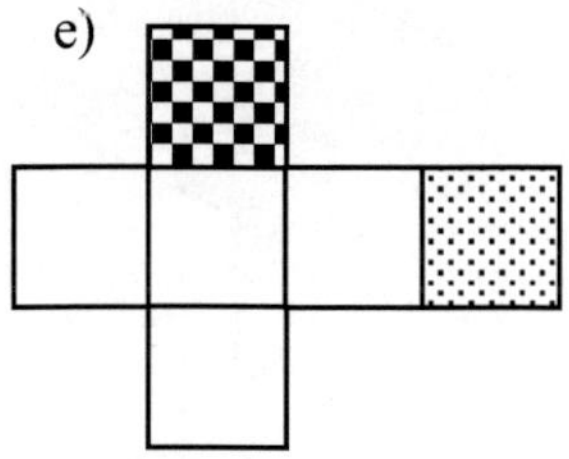

2.10.3) Determinar a área do triângulo abc, que é a projeção do triângulo (A)(B)(C), no plano horizontal ou plano π, considerando as seguintes medidas:

(A)(B) = 10 cm;
12 = 5 cm;
1a'b' = 3 cm;
2c' = 10 cm;
a'/b'(A) = 7 cm e
c'(C) = 12 cm.

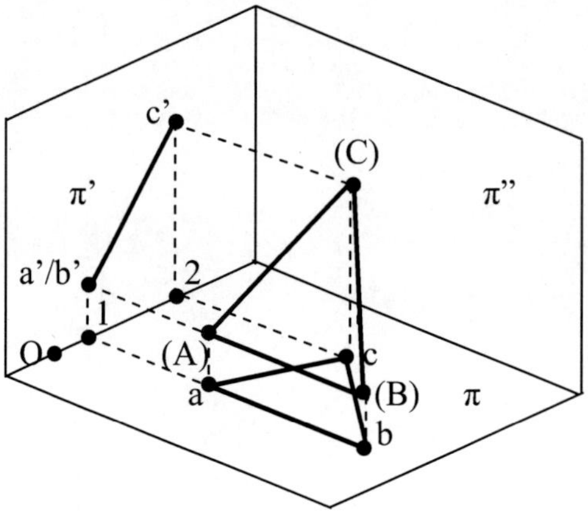

2.10.4) (ENEM - 2017). Uma lagartixa está no interior de um quarto e começa a se deslocar. Esse quarto, apresentando um formato de um paralelepípedo retangular, é mostrado na figura a seguir. A lagartixa parte do ponto B e vai até o ponto A. A seguir, de A, ela se desloca, pela parede, até o ponto M, que é o ponto me´dio do segmento EF. Finalmente, pelo teto, ela vai do ponto M até o ponto H. Considere que todos esses deslocamentos foram feitos pelo caminho de menor distância, entre os respectivos pontos envolvidos. Marque qual é a projeção ortogonal desses deslocamentos no plano que contém o chão do quarto.

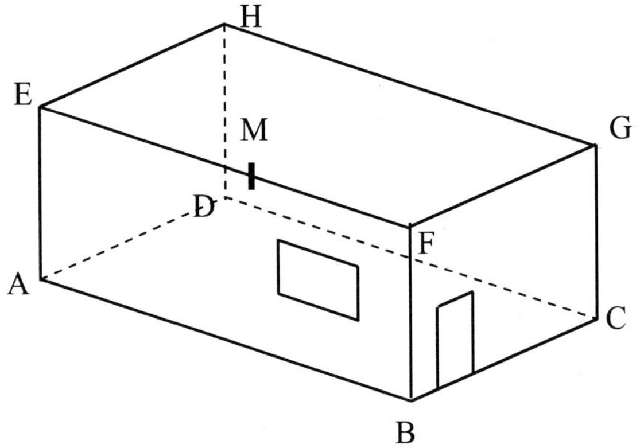

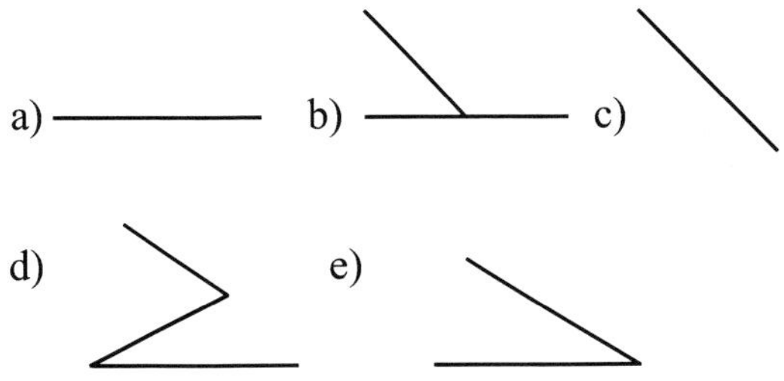

2.10.5) (UERJ – 2020). A projeção ortogonal do triângulo AFC no plano da base BCDE, do cubo de aresta 2 cm, é um triângulo de área y. Determinar essa área em cm^2.

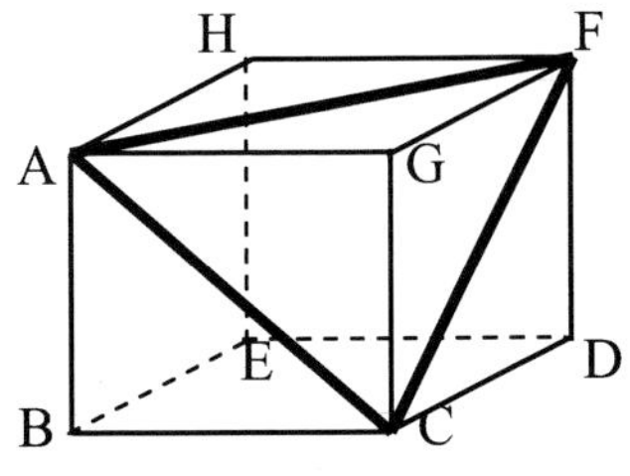

2.10.6) Imagine que a pirâmide regular de base quadrada e altura H, a seguir, é cortada a uma certa altura h por um plano paralelo à sua base, que está apoiada no plano horizontal π. Representar a projeção cilíndrica ortogonal desse tronco de pirâmide, no plano horizontal π.

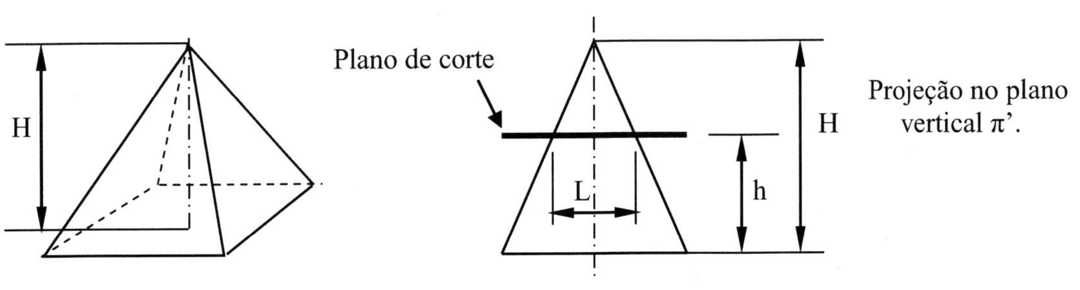

2.10.7) A figura a seguir representa uma pirâmide reta de base quadrada ABCD. Determinar a projeção cilíndrica ortogonal, no plano da base, do percurso de um inseto, desde o ponto E na base, até o vértice V, observando-se que, durante todo o tempo, o inseto se deslocou pela superfície da pirâmide. A trajetória foi a seguinte: 1) partida do ponto E, ponto médio da aresta AB; 2) Ida do ponto E ao ponto F, pela superfície do triângulo ABV, pela linha que une E e V, parando no ponto F; 3) Ida, na horizontal, do ponto F para G, de forma paralela ao trecho EB; 4) Do ponto G, até o ponto H, o inseto caminhou pela aresta BV; 5) Do ponto H ao ponto I, andou paralelamente à aresta BC, até a linha que une J e V, sendo J o ponto médio da aresta BC e 6) Do ponto I, até o vértice V, pela linha que une J a V.

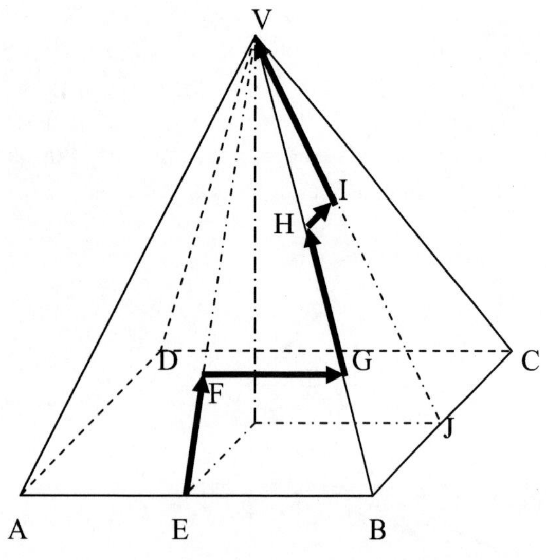

2.10.8) Considerando o objeto a seguir, representar suas projeções cilíndricas ortogonais, a partir das visões de A, B e C.

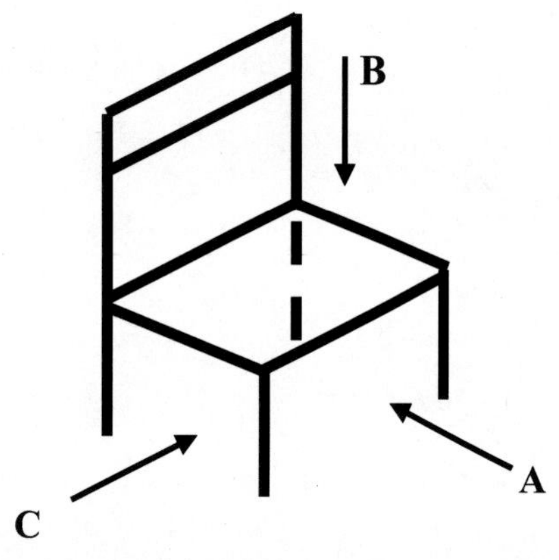

2.10.9) A figura a seguir, representa um cilindro circular reto maciço, apoiado no plano horizontal π. Considerando a projeção cilíndrica ortogonal, no plano vertical π', com o cilindro sendo cortado por um plano inclinado a 30°, representar as projeções cilíndricas ortogonais do cilindro cortado, nos planos horizontal π e de perfil π".

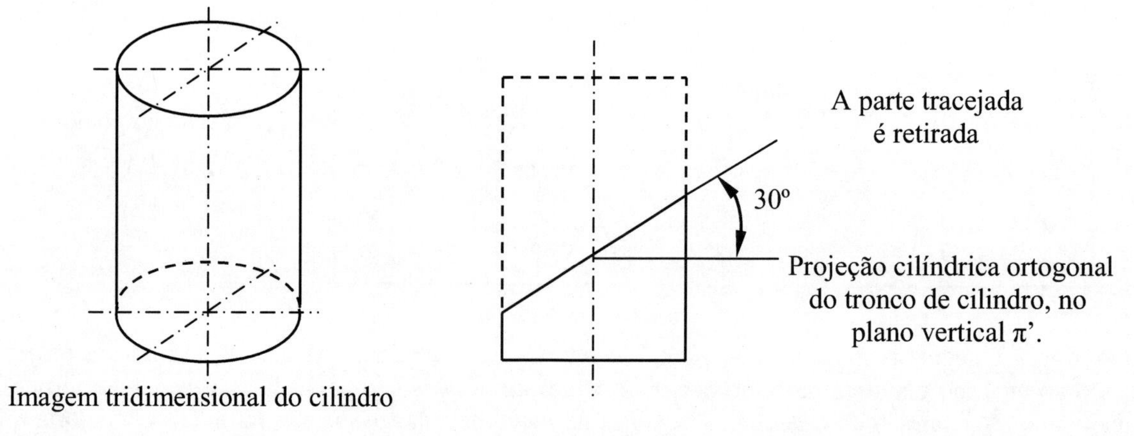

2.10.10) Imagine que um arame flexível é enrolado ao redor de um cilindro maciço de diâmetro D. Sabendo que esse enrolamento segue um ângulo constante de 30°, em relação à base do cilindro, determinar o aspecto tridimensional da mola, após dar-se duas voltas e meia ao redor do cilindro, ou seja, entre os pontos A e B. Observe a figura a seguir.

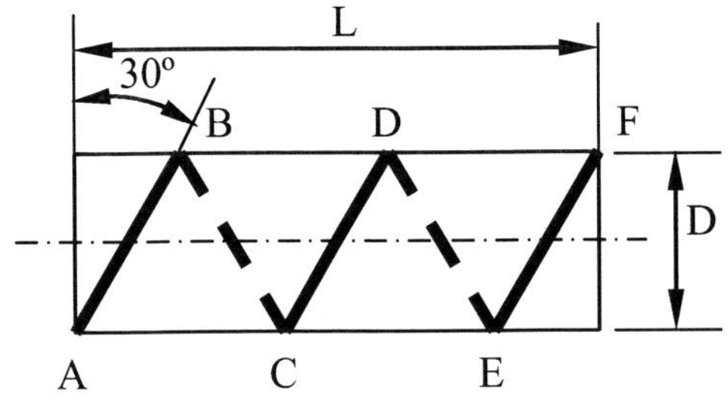

2.10.11) Uma pirâmide reta de base quadrada, apoiada em um plano horizontal, é cortada por um plano inclinado, como indicado na projeção cilíndrica ortogonal no plano π'. Baseando-se nas imagens a seguir, determinar a projeção cilíndrica ortogonal no plano π.

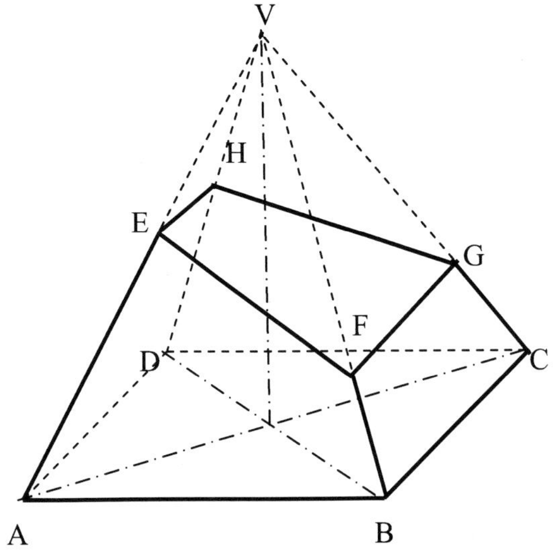

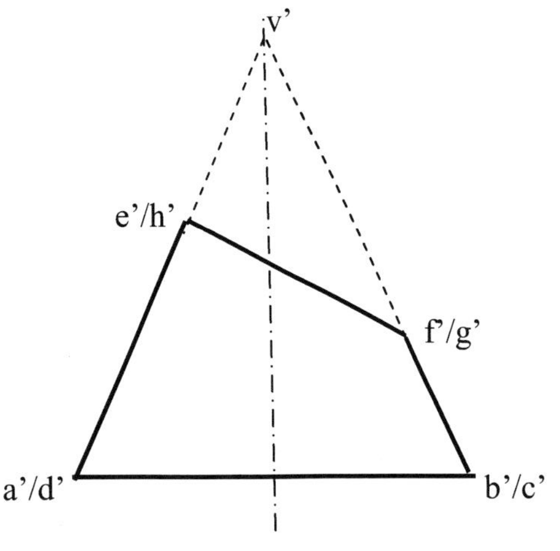

Sugestão de exercício: planificar os cinco poliedros de Platão: tetraedro, hexaedro, octaedro, dodecaedro e o icosaedro. Fazer em cartolina colorida os poliedros de Platão, utilizando polígonos com lados iguais a 5 centímetros. Alerta-se que, para se fechar a planificação e ter o sólido, devem ser deixadas bordas para a colagem, como foi mostrada na caixa de remédio no início deste capítulo.

Capítulo 3

Projeções ortogonais de figuras planas no 1º diedro. Verdadeira grandeza. Rotação e rebatimento. Verdadeira grandeza de ângulos de retas com planos

Uma figura plana tem todos os seus pontos pertencentes ao mesmo plano, ou seja, são coplanares. Retas, segmentos de retas, polígonos e círculos são exemplos de figuras planas. Uma figura plana define o plano ao qual pertence. Observa-se que as figuras planas a seguir descritas podem ser seções de prismas e cilindros.
Figuras planas são delimitadas por pontos, ou melhor, vértices que quando unidos dois a dois formam retas, ou melhor, segmentos de retas.
A verdadeira grandeza é um termo utilizado em geometria descritiva, que indica a dimensão real de um ente geométrico. Retas, distâncias, ângulos e figuras planas (áreas) podem ter as suas verdadeiras grandezas obtidas caso as entidades estejam paralelas a um plano de projeção.
Ou seja, em termos de geometria descritiva, seja uma reta, uma figura ou um ângulo, só tem sentido estudar rotações e rebatimentos, quando o ente geométrico em causa é inclinado, pelo menos, em relação a um plano.
Deve ser observado que a verdadeira grandeza de um ente geométrico, especialmente de retas, pode ser obtida, tanto graficamente utilizando operações na épura, quanto analiticamente, também utilizando a épura.

3.1 Projeções ortogonais de um triângulo obtusângulo (e sua verdadeira grandeza) pertencente a um plano frontal

Um triângulo escaleno pertencente a um plano frontal, ou seja, perpendicular a π, paralelo a π' e perpendicular a π''.

≡

Visão tridimensional

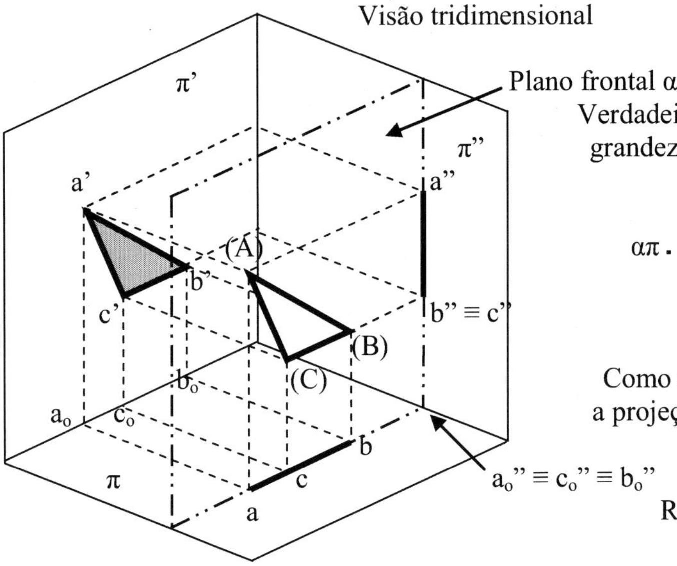

Épura

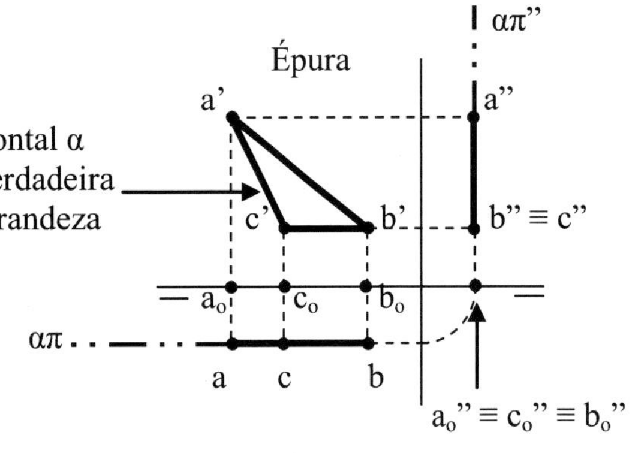

Como o triângulo pertence a um plano paralelo a π', a projeção a', b'. c', aparece em verdadeira grandeza.

Retas do plano:
- (A)(B) = frontal
- (B)(C) = fronto horizontal
- (A)(C) = frontal

O cálculo analítico da verdadeira grandeza deste triângulo, ou seja, dos valores dos seus lados, é feito a partir do seguinte raciocínio lógico geométrico:

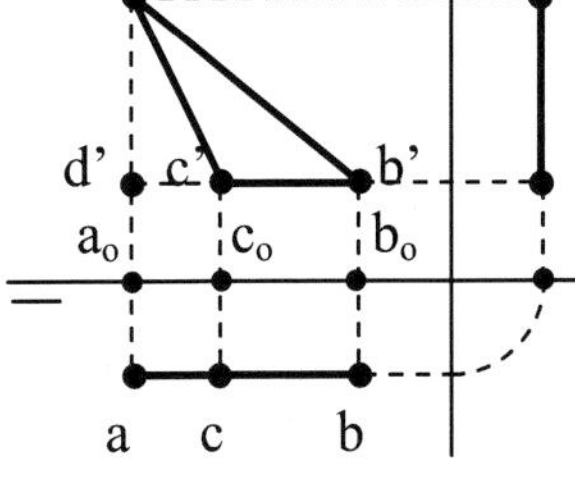

|a'd'| = diferença de cotas entre os pontos (A) e (B). É um dos lados.
|d'b'| = diferença de abscissas entre os pontos (A) e (B).
|c'b'| = diferença de abscissas entre os pontos (B) e (C). É um dos lados.
O terceiro lado a'b' é obtido por Pitágoras, da seguinte forma:

$$(a'b')^2 = (a'd')^2 + (d'b')^2 \Rightarrow (a'b') = \sqrt{(a'd')^2 + (d'b')^2}.$$

3.2 Projeções ortogonais de um quadrado (e sua verdadeira grandeza) pertencente a um plano paralelo à Linha de Terra

Visão tridimensional

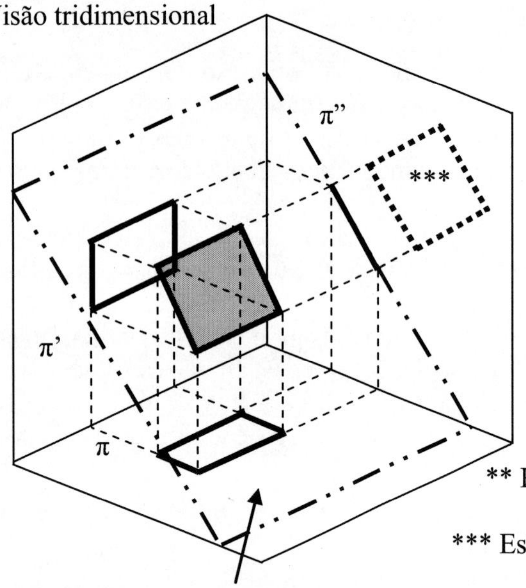

Plano paralelo à Linha de Terra α

Esta é a verdadeira grandeza do quadrado

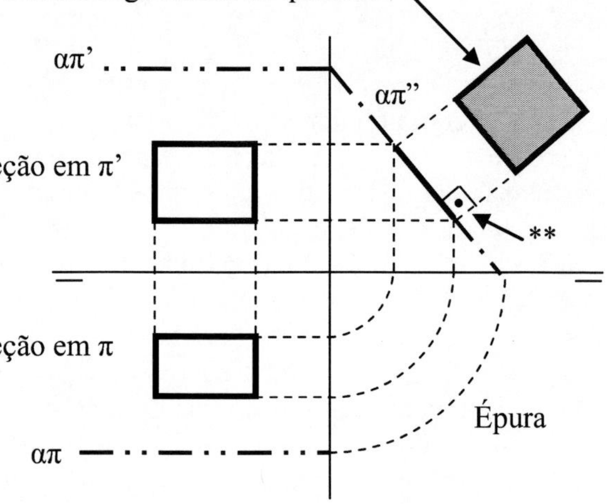

** Para a verdadeira grandeza a projeção é perpendicular a απ''.

*** Esta é a ideia da verdadeira grandeza, na visão tridimensional, com o quadrado rebatido sobre o plano de perfil ou π''.

3.3 Projeções ortogonais de um círculo pertencente a um plano genérico

Visão tridimensional

Plano genérico α

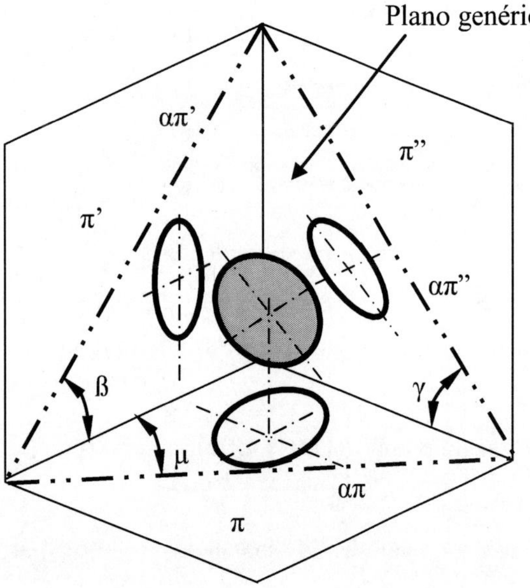

Épura

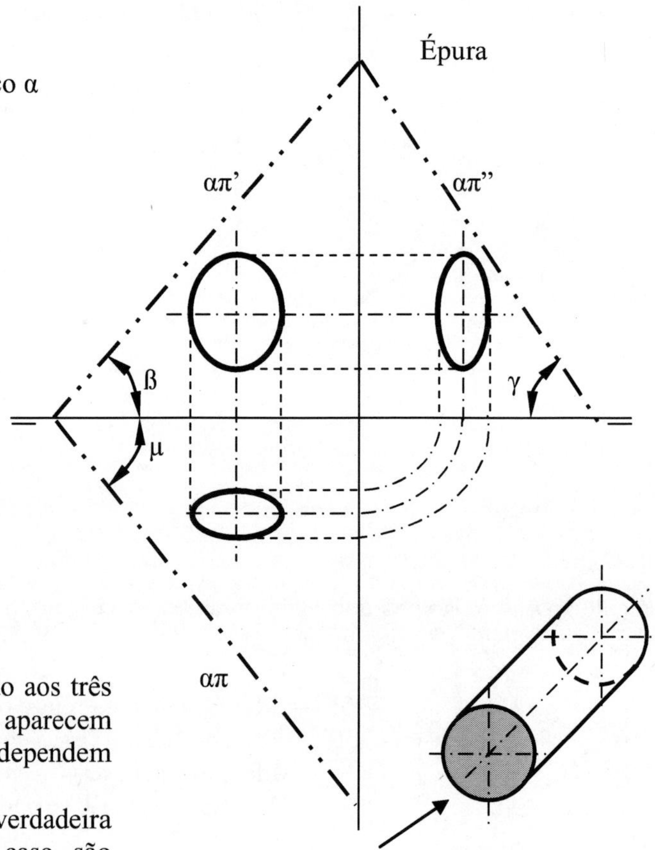

Como o plano genérico ou qualquer é inclinado aos três planos, as projeções do círculo em π, π' e π'', aparecem como elipses. As excentricidades das elipses dependem dos valores dos ângulos ß, μ e γ.

As operações geométricas, para descobrir a verdadeira grandeza do círculo, a partir da épura, neste caso, são muito trabalhosas, ultrapassando os objetivos deste livro, que é voltado para o Ensino Médio.

Este círculo pode ser imaginado como a seção transversal de um cilindro reto circular.

3.4 Projeções ortogonais de um hexágono regular (e sua verdadeira grandeza) pertencente a um plano vertical

Visão tridimensional

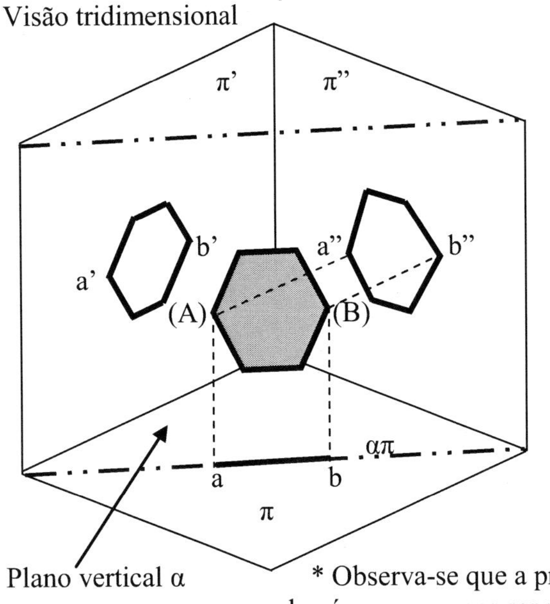

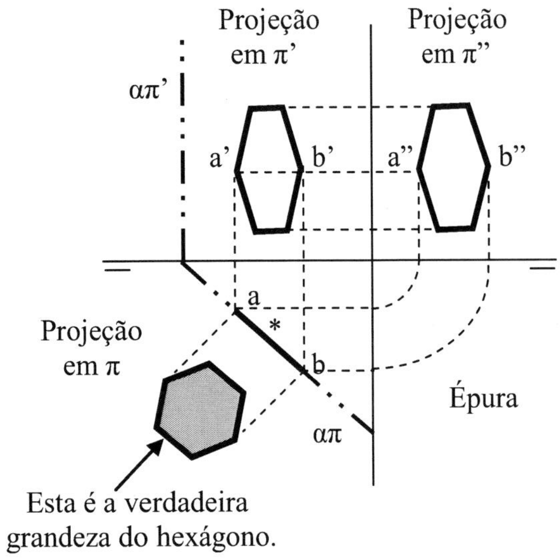

* Observa-se que a projeção ab é uma das diagonais do hexágono que, por ser regular, tem todas as diagonais iguais.

O hexágono representado pode ser imaginado como uma seção transversal de um prisma reto de base hexagonal.

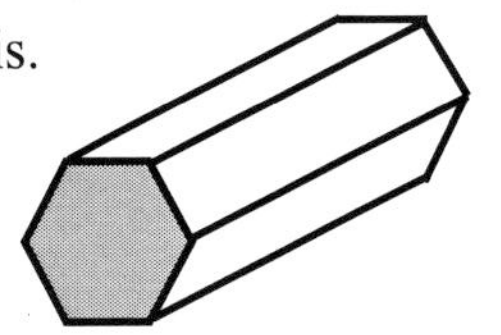

3.5 Projeções ortogonais de um triângulo retângulo pertencente a um plano de perfil

Visão tridimensional

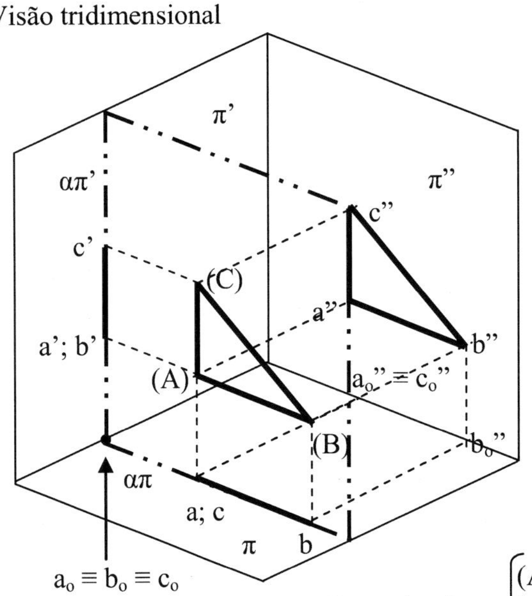

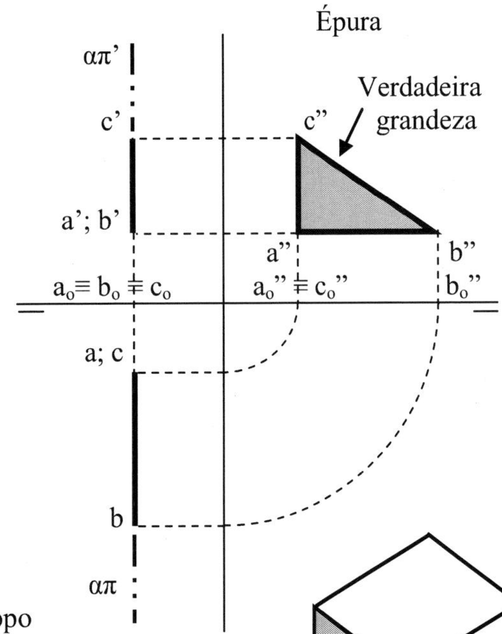

Retas do plano { (A)(B) = topo; (A)(C) = vertical; (B)(C) = perfil }

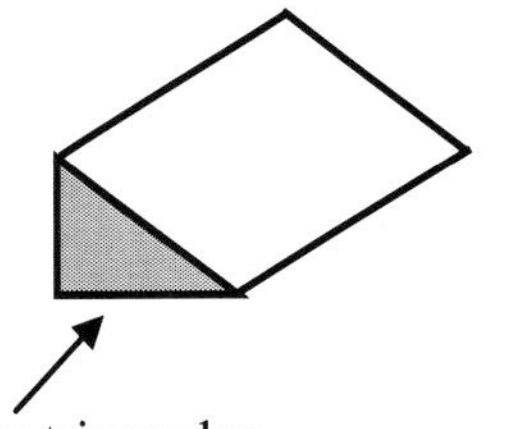

Este triângulo pode ser imaginado como a seção transversal de um prisma reto de base triangular.

3.6 Projeções ortogonais de um quadrado (e sua verdadeira grandeza) pertencente a um plano horizontal

Visão tridimensional

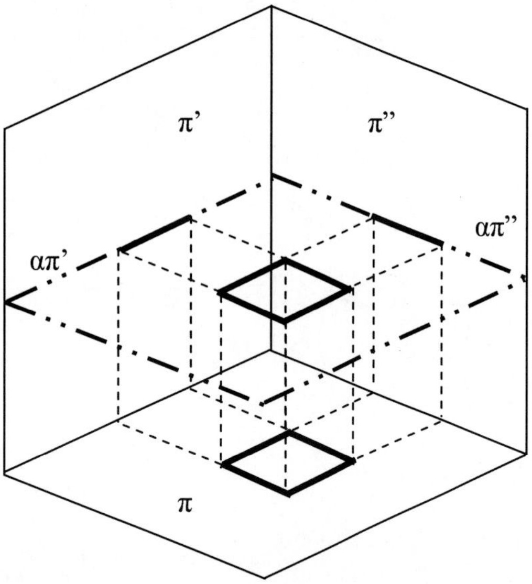

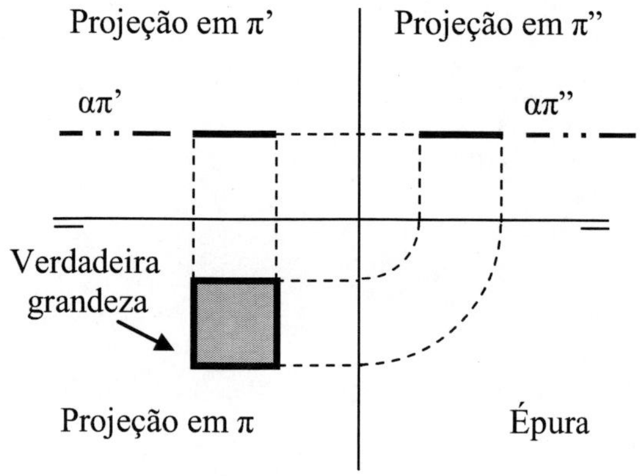

O quadrado representado pode ser imaginado como uma seção transversal de um prisma reto de base quadrada.

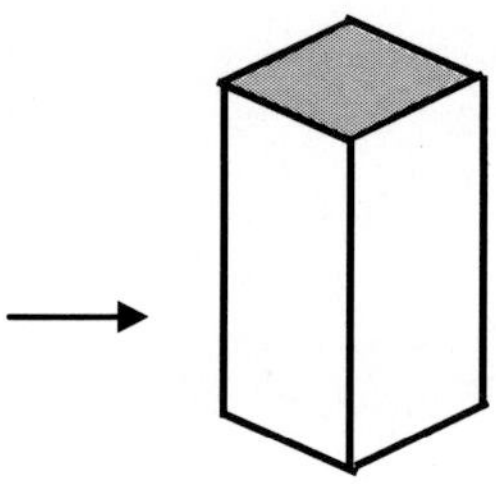

3.7 Projeções ortogonais de um triângulo equilátero (e sua verdadeira grandeza) pertencente a um plano bissetor

Visão tridimensional

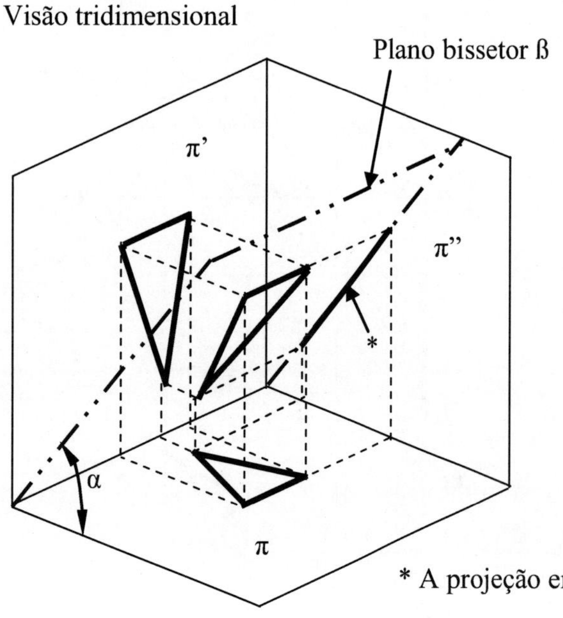

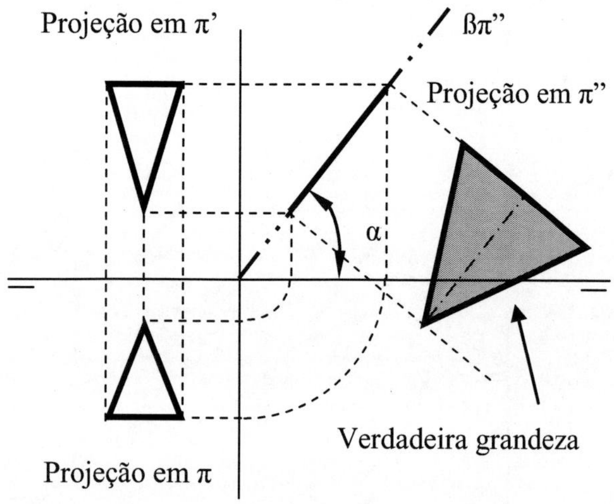

* A projeção em π'' equivale à altura do triângulo.

3.8 Rotação de reta genérica ou qualquer (para obter a sua verdadeira grandeza)

Rotação é um método da geometria descritiva, onde uma aresta, reta ou face é girada em torno de um eixo fixo, ocupando uma nova posição pretendida, mantendo-se fixos os planos π e π'. Na prática utiliza-se o recurso da rotação para, por exemplo, determinar a verdadeira grandeza de uma reta. Como já citado, retas e figuras paralelas, a pelo menos um plano de projeção, têm sua verdadeira grandeza no próprio plano ao qual é paralelo. No caso de reta, apenas a tipo genérica ou qualquer, que é inclinada em relação aos três planos (π, π', π") tem sentido em se estudar sua verdadeira grandeza.

Exercício resolvido: fazer o estudo da épura, da visão tridimensional e da verdadeira grandeza, gráfica e analítica da reta AB, definida pelos pontos: (A)(0; +3,5; +2) e (B)(+4; +0,7; +4). Considerar o centímetro como unidade de medida.

Trata-se de uma reta genérica ou qualquer, pois as três coordenadas: abscissa, afastamento e cota, têm valores diferentes.

Estudos gráficos:

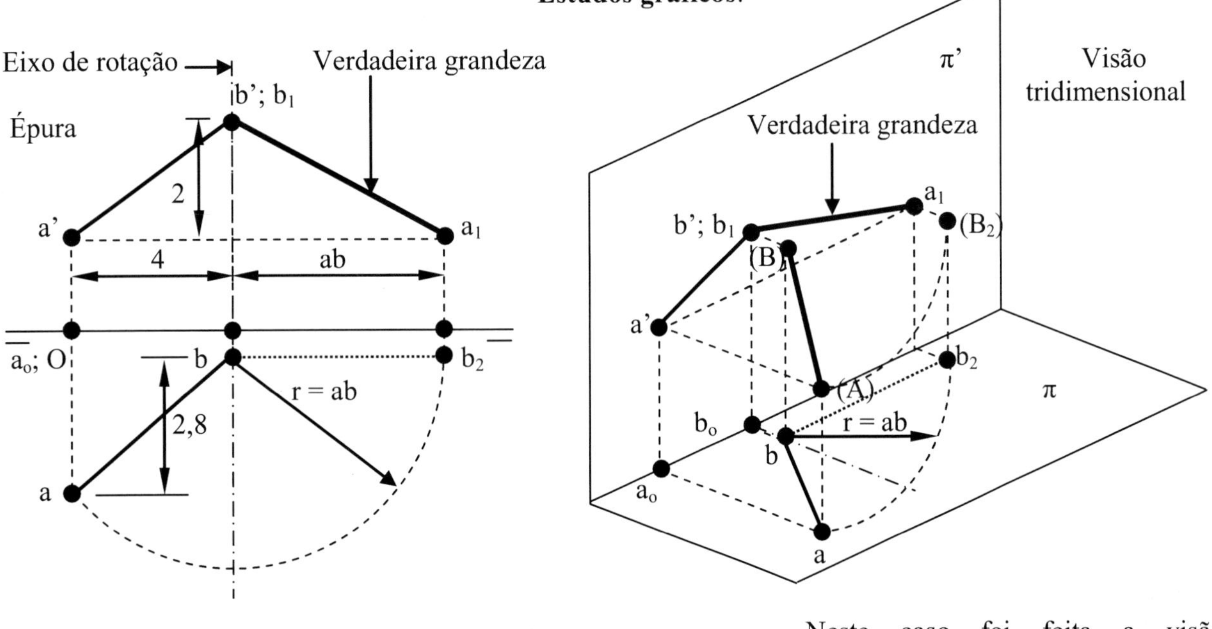

Estudo analítico: $ab = \sqrt{4^2 + 2{,}8^2} = \sqrt{23{,}84} = 4{,}88$.

b_1a_1 = verdadeira grandeza = $\sqrt{4{,}88^2 + 2^2} = \sqrt{27{,}84} = 5{,}28$.

Conclusão: a verdadeira grandeza da reta AB é igual a 5,28 cm.

Neste caso foi feita a visão tridimensional, apenas para dar uma melhor ideia espacial.
Os estudos de verdadeira grandeza podem e devem ser feitos na épura.

3.9 Rebatimento de reta (para obter sua verdadeira grandeza)

Método geométrico descritivo que permite a obtenção da verdadeira grandeza de uma reta, mesmo quando seus pontos extremos estão localizados em diedros diferentes e não apenas no 1° diedro.
O rebatimento consiste no giro da reta no espaço, em torno de um ponto na Linha de Terra, colinear a uma de suas projeções, até que fique coplanar (no mesmo plano) a um dos planos de projeção: π, π', π".

Exercício resolvido: determinar gráfica e analiticamente a verdadeira grandeza da reta AB, definida pelos pontos: (A)(+1; -1; +2) e (B)(+5; +4; +6). Considerar medidas em centímetros.

Uma análise das coordenadas descritivas mostra que o ponto A está no 2° diedro e o ponto B está no 1° diedro. Como as coordenadas são diferentes, trata-se de uma reta genérica ou qualquer.

Passos da sequência lógica geométrica, para determinar a verdadeira grandeza gráfica da reta AB, usando o método descritivo do rebatimento.

1º: traçar a épura da reta, com as projeções em π e π';
2º: determinar o ponto onde uma das projeções corta a linha de terra, definindo o eixo de rebatimento;
3º: com ponta seca do compasso (ou seja, centro) no eixo de rebatimento e abertura nas projeções dos pontos escolhidos, traçar arcos até encontrar a linha de terra;
4º: a partir dos novos pontos, traçar perpendiculares para cima e para baixo;
5º: dos pontos que não sofreram rotação com arcos, traçar paralelas à linha de terra, determinando dois novos pontos com a interseção das perpendiculares do 4º passo e
6º: unindo os dois pontos do 5º passo tem-se a verdadeira grandeza da reta.

1º passo: traçar a épura.

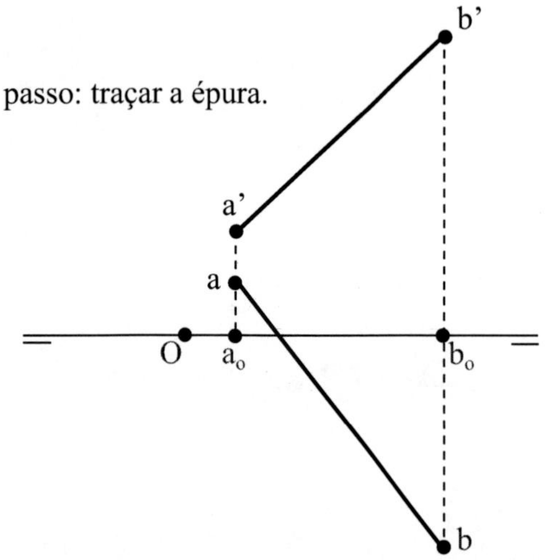

2º passo: determinar o ponto (c) onde a projeção vertical corta a linha de terra, definindo o eixo de rebatimento.

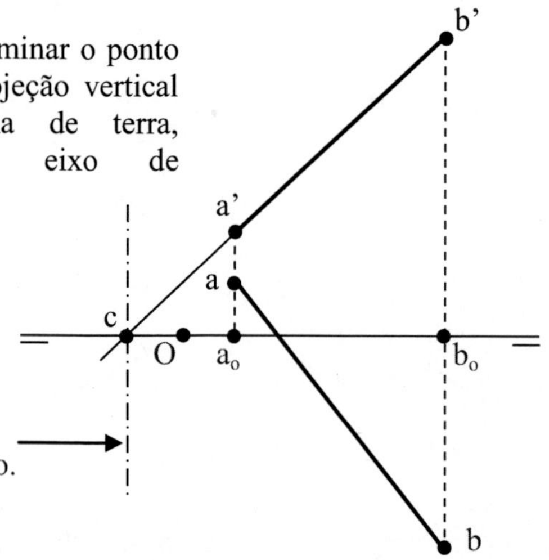

3º passo: com ponta seca do compasso (ou seja, centro) no eixo de rebatimento e abertura nas projeções dos pontos escolhidos, traçar arcos até encontrar a linha de terra, definindo novos pontos; 4º passo: a partir dos novos pontos, traçar perpendiculares para cima e para baixo; 5º passo: dos pontos que não sofreram rotação com arcos, traçar paralelas à linha de terra, determinando dois novos pontos; 6º passo: estes dois novos pontos, quando ligados, representam a verdadeira grandeza procurada.

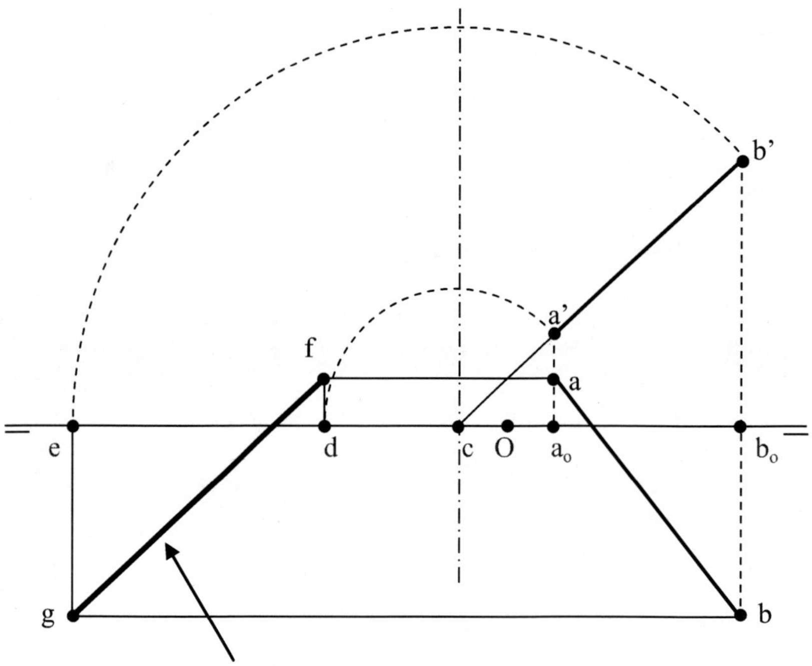

Esta é a verdadeira grandeza da reta AB.

Interpretação espacial do rebatimento da reta genérica AB.

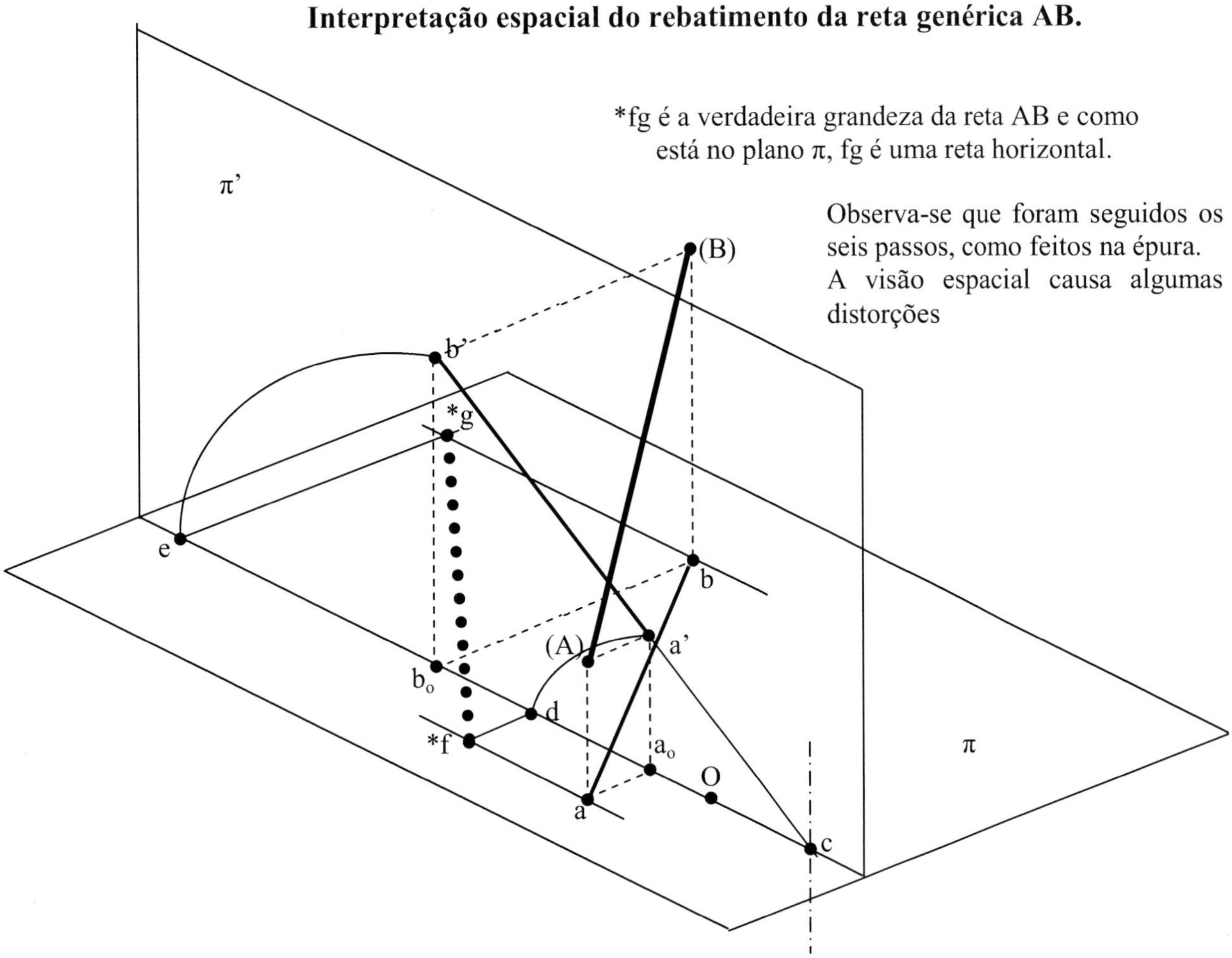

O desenho da visão tridimensional, além de trabalhoso, causa distorções e, portanto, dificulta o perfeito entendimento da verdadeira grandeza. Em épura é bem mais fácil de ser compreendido.

Verdadeira grandeza analítica da reta AB:

$$|gh| = |a'b'| = \sqrt{(a'i)^2 + (ib')^2} = \sqrt{16 + 16} = 5{,}657 \text{ cm.}$$

$$|fh| = 5.\ fg = \sqrt{(gh)^2 + (fh)^2} = \sqrt{32 + 25} = 7{,}55 \text{ cm.}$$

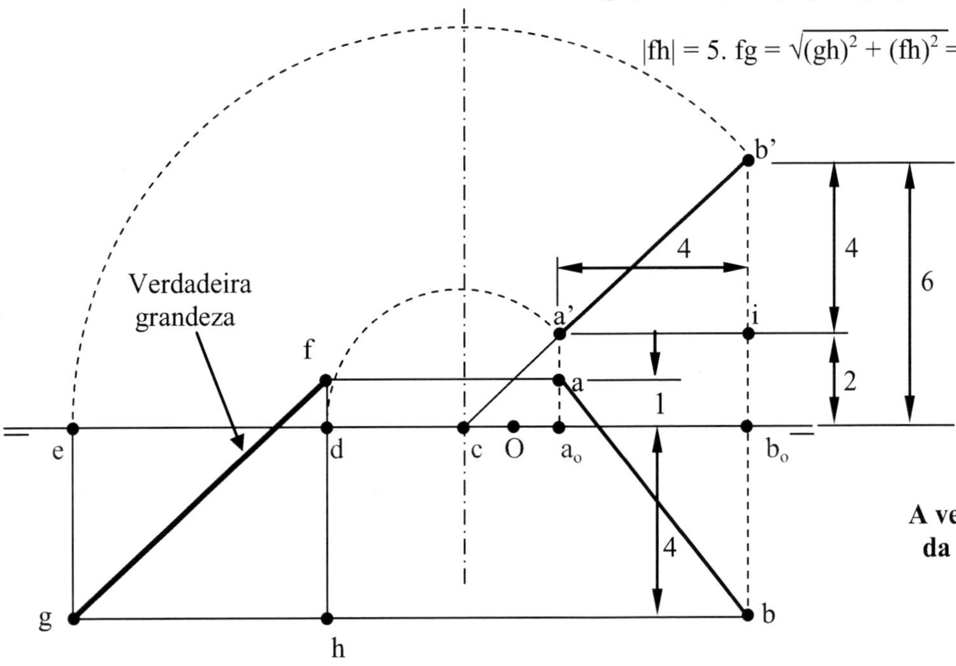

Conclusão:

A verdadeira grandeza da reta AB é 7,55 cm.

3.10 Verdadeira grandeza de ângulos de retas com os planos de projeção

Das sete retas estudadas pela geometria descritiva, algumas são perpendiculares e paralelas aos planos como as: fronto horizontal, vertical e de topo. Nestes casos formam ângulos de 90º e ou 0º com os planos π, π' e π". A reta de perfil, por ser paralela ao plano π" forma ângulos com os planos π e π'. A reta frontal forma ângulos com os planos π e π". A reta horizontal ou de nível forma ângulos com os planos π' e π". A reta genérica ou qualquer é a única que forma ângulos com os três planos de projeções: π, π' e π". A seguir serão estudadas as verdadeiras grandezas das retas que formam ângulos diferentes de 90º e 0º com os planos π, π' e π". Considerar o centímetro como unidade de medida.

3.10.1 Verdadeira grandeza de ângulos formados por uma reta de perfil

Este tipo de reta forma ângulos com os planos π e π'. Estes ângulos são complementares (soma igual a 90º).

(A)(+1; +2; +3); (B)(+1; +3; +1).
A verdadeira grandeza dos ângulos está na projeção em π" (α e ß).

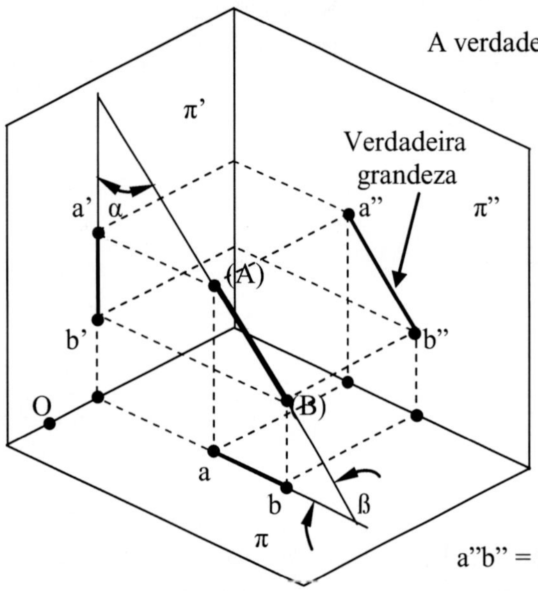

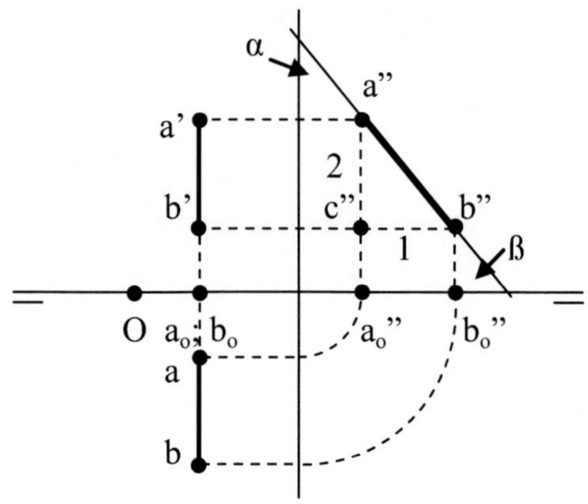

a"b" = $\sqrt{2^2 + 1^2}$ = **2,236 cm**. (Verdadeira grandeza da reta).

Pelo triângulo a"c"b": tg ß = 2/1 => **ß = 63,435º** e **α = 26,565º**.

3.10.2 Verdadeira grandeza de ângulos formados por uma reta horizontal

(A)(+1; +2; +2); (B)(+2,5; +4; +2).

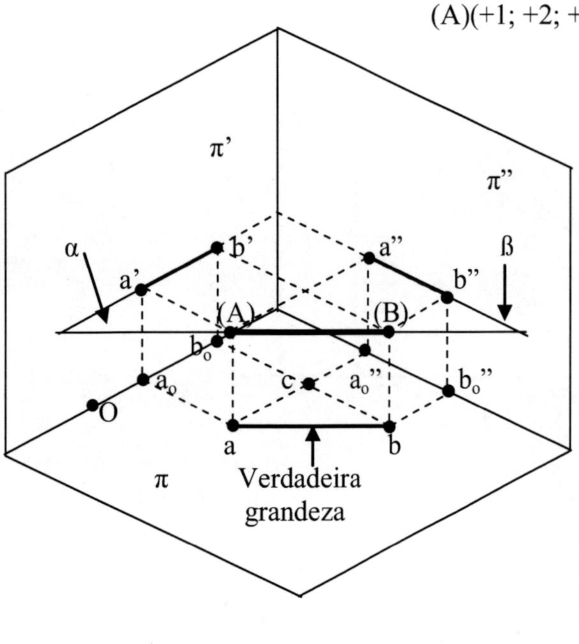

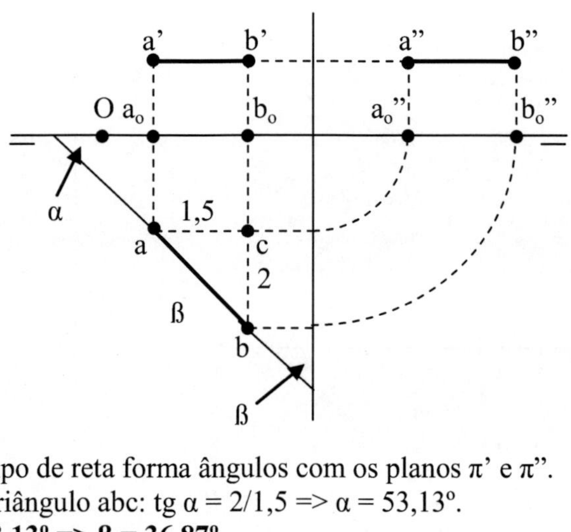

Este tipo de reta forma ângulos com os planos π' e π".
Pelo triângulo abc: tg α = 2/1,5 => α = 53,13º.
α = 53,13º => ß = 36,87º.
ab = $\sqrt{1,5^2 + 2^2}$ => **ab = 2,5 cm**.

3.10.3 Verdadeira grandeza de ângulos formados por uma reta frontal

Este tipo de reta forma ângulos com os planos π e π”. (A)(+2; +4; +0,5); (B)(+4; +4; +3,5).

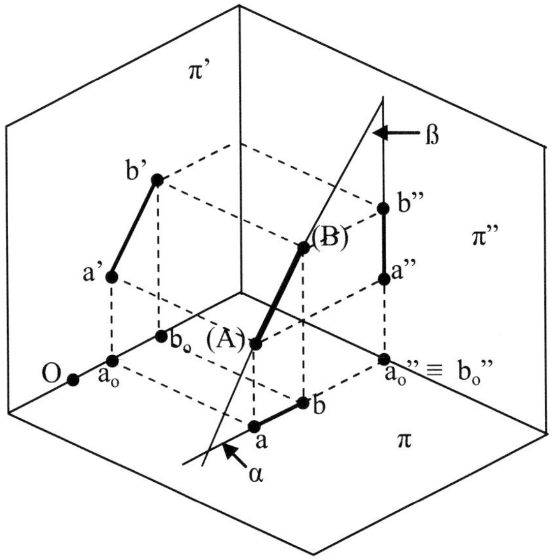

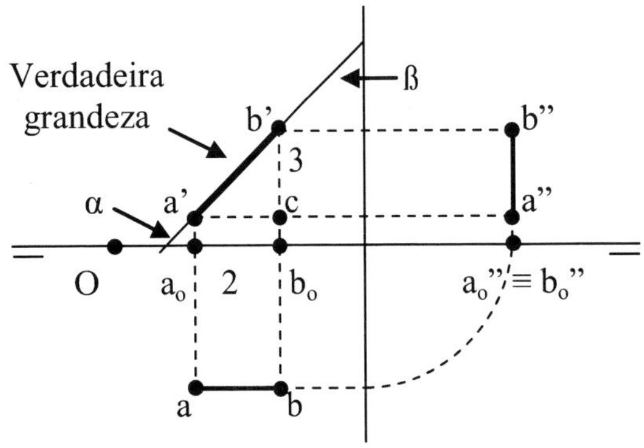

Pelo triângulo a’cb’: tg α = 3/2 => α = 56,31º.

α = 56,31º => ß = 33,69º.

a’b’ = $\sqrt{3^2 + 2^2}$ => a’b’ = 3,606 cm.

3.10.4 Verdadeira grandeza de ângulos formados por uma reta genérica ou qualquer

Este tipo de reta forma ângulos com os três planos. Neste caso não se tem a verdadeira grandeza.

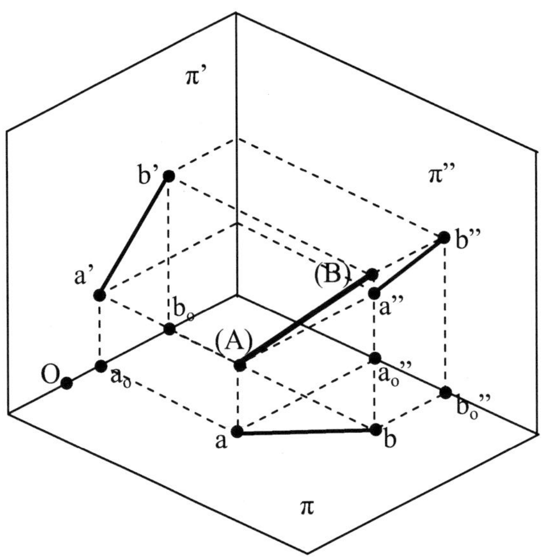

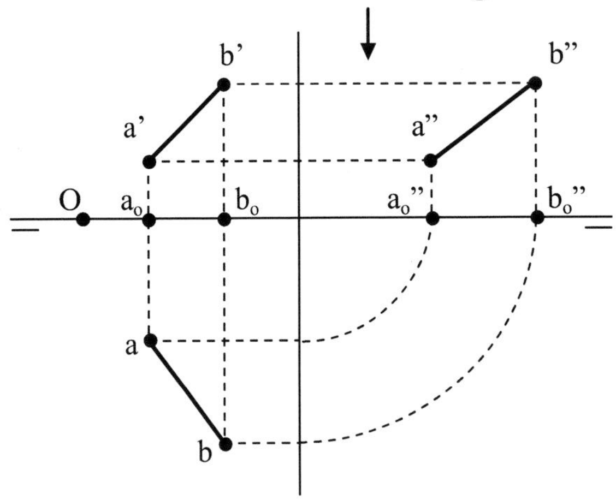

Tanto na visão tridimensional, quanto em épura fica difícil mostrar e calcular os três ângulos α, ß e γ, formados respectivamente com os planos π, π’ e π”. Uma forma prática é imaginar que a reta AB é uma das diagonais principais de um prisma reto de base retangular, onde os lados representam: AD = EH = BG = CF = diferença de cotas entre A e B. CD = BE = AF = GH = diferença de abscissas. AH = FG = DE = CB = diferença de afastamentos.

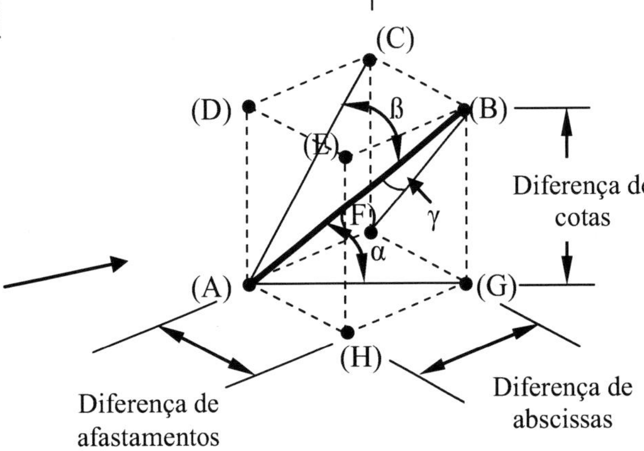

A verdadeira grandeza e os ângulos serão calculados a partir dos triângulos formados.

Exercício resolvido: determinar a verdadeira grandeza da reta AB e dos ângulos formados com os planos, sabendo que: (A)(+1; +3; +2) e (B)(+3; +5; +5). Considerar o centímetro como unidade de medida.

Diferença de abscissas = 2; diferença de afastamentos = 2 e diferença de cotas = 3.
Com estes valores, em verdade, o prisma é um cubo de lado 2 cm.

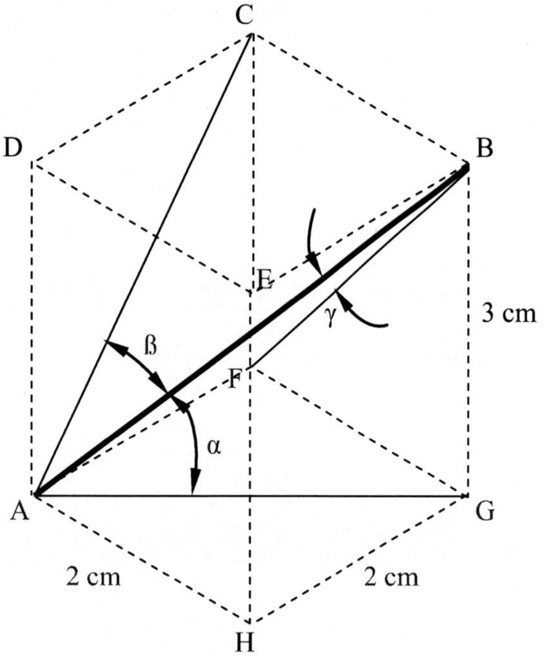

Triângulo AHG: AG = $\sqrt{2^2 + 2^2}$ = 2,828 cm.

Triângulo AGB: AB = $\sqrt{2{,}828^2 + 3^2}$ = 4,123 cm.

AB = 4,123 cm é a verdadeira grandeza da reta.

Triângulo ADC: AC = $\sqrt{2^2 + 3^2}$ = 3,606 cm.

Triângulo BCF: BF = $\sqrt{2^2 + 3^2}$ = 3,606 cm.

Triângulo AGB: tg α = 3/2,828 => α = 46,69°.

Triângulo ABC: tg ß = 2/3,606 => ß = 29,01°.

Triângulo BFA: tg γ = 2/3,606 => γ = 29,01°.

Observa-se que, embora os ângulos ß e γ sejam iguais, a representação tridimensional do prisma causa deformação visual.

Resposta: a verdadeira grandeza da reta AB é 4,123 cm, e os ângulos que a reta forma com os planos π, π' e π" são, respectivamente: α = 46,69°, ß = 29,01° e γ = 29,01°.

3.11 Exercícios complementares resolvidos

3.11.1) As imagens a seguir mostram um cilindro circular reto, maciço, de diâmetro 4 cm, comprimento 10 cm, apoiado no plano vertical π', com eixo a 4 cm do plano horizontal π e cortado por um plano bissetor α, que forma 45° com o plano horizontal. Representar as três projeções em π, π' e π", considerando apenas o tronco do cilindro, da parte apoiada no plano π'. Determinar as medidas dos eixos da figura plana formada pelo corte. Representar a verdadeira grandeza da figura plana gerada.

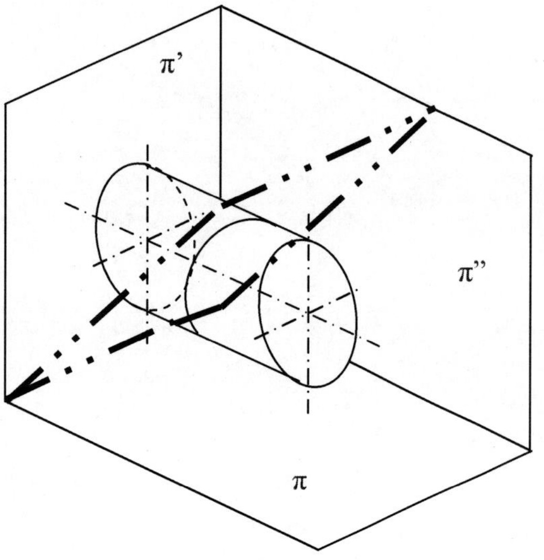

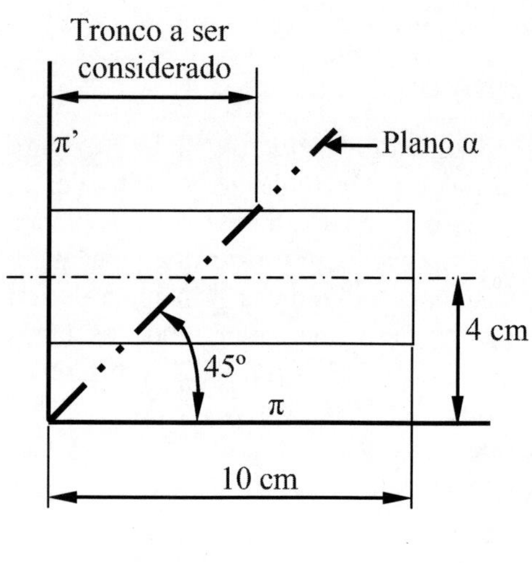

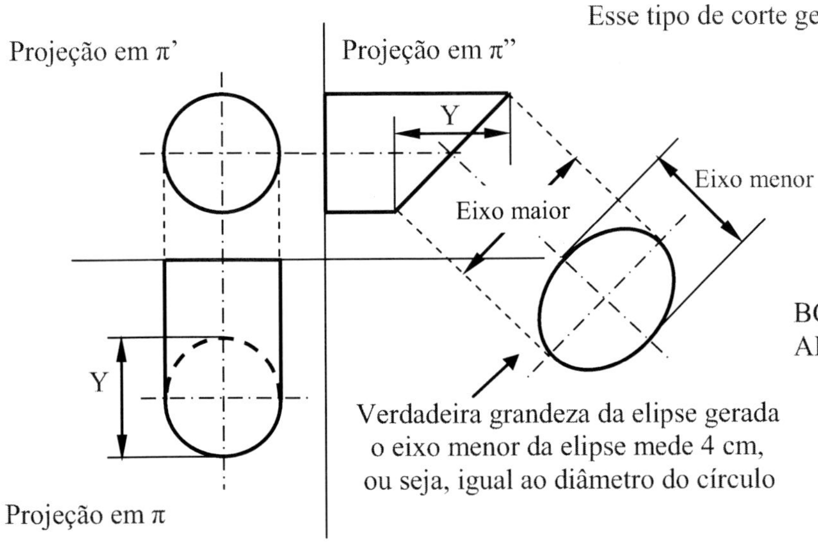

Verdadeira grandeza da elipse gerada o eixo menor da elipse mede 4 cm, ou seja, igual ao diâmetro do círculo

Esse tipo de corte gera uma elipse.

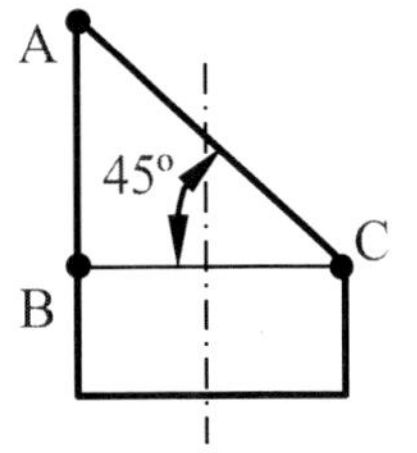

BC igual ao diâmetro, ou seja, 4 cm.
AB = BC. AC = $\sqrt{4^2 + 4^2} = 5{,}657$ cm.

Dimensões da elipse:

Eixo maior 5,657 cm
e eixo menor 4 cm

3.11.2) Determinar a verdadeira grandeza da reta AB, sabendo que: (A)(+2; -2; -3) e (B)(-1; +3; -3). Determinar os ângulos que a reta forma com os três planos de projeções. Usar o centímetro como medida.

Analisando as coordenadas descritivas, constata-se que o ponto A está no 3º diedro e o B no 4º diedro. Como as cotas têm o mesmo valor (-3), significa que a reta AB é paralela ao plano π e inclinada em relação aos planos π' e π'', pois os pontos têm afastamentos diferentes. Trata-se de uma reta horizontal ou de nível.

Visão tridimensional

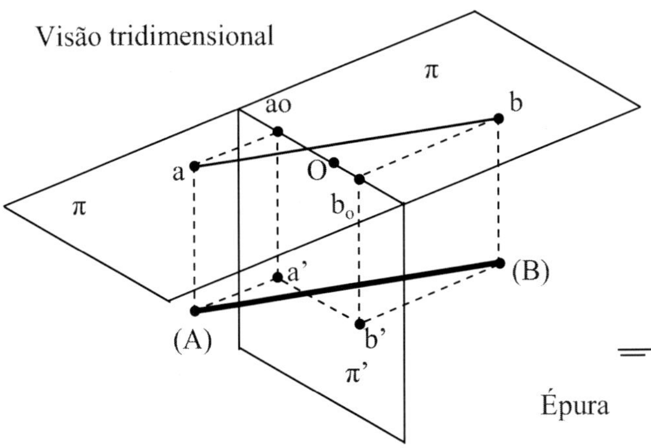

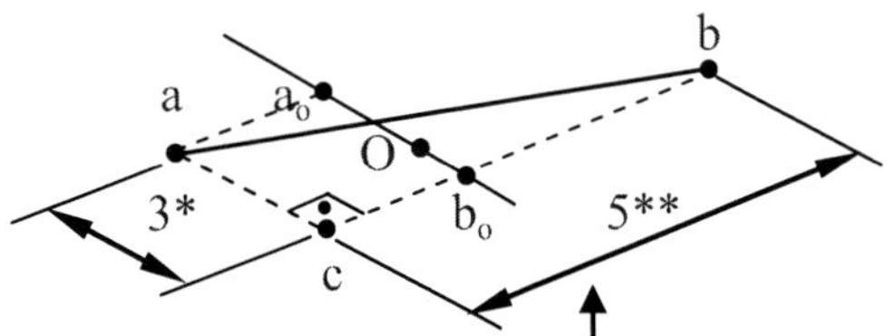

A verdadeira grandeza da reta AB é a hipotenusa do triângulo retângulo abc.

Épura

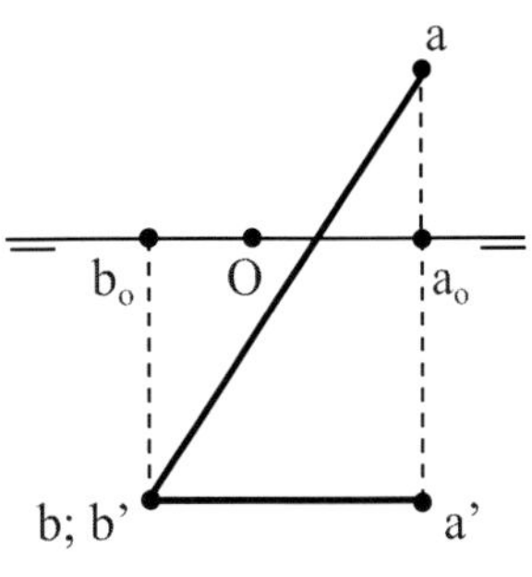

Pela épura fica difícil mostrar a verdadeira grandeza da reta.

3* é o módulo da soma das abscissas.
5** é o módulo da soma dos afastamentos.

Pelo teorema de Pitágoras: $(ab)^2 = (ac)^2 + (bc)^2 \Rightarrow (ab) = \sqrt{(ac)^2 + (bc)^2} \Rightarrow (ab) = \sqrt{34} \Rightarrow (ab) = 5{,}831$ cm.

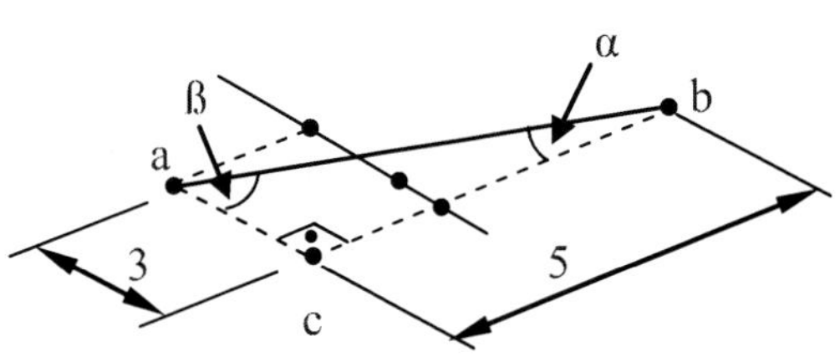

α e ß são ângulos complementares.

α é o ângulo que a reta forma com o plano π''.

ß é o ângulo que a reta forma com o plano π'.

Aqui está sendo usado o conceito de ângulos alternos internos.

tg α = 3/5 = 0,6 => α = arc tg 0,6 => α = 30,964º e ß = 59,036º.

Resposta: a verdadeira grandeza da reta AB é 5,831 cm e os ângulos formados com os planos são: α = 30,964º e ß = 59,036º.

3.12 Exercícios propostos (veja respostas no Apêndice A)

3.12.1) Um prisma reto de base hexagonal é cortado por um plano paralelo à linha de terra, sendo este plano com inclinação de 45º em relação ao plano horizontal π. Baseado nas figuras a seguir, determinar as três projeções do tronco de prisma, considerando-o apoiado no plano horizontal π e no 1º diedro. Mostrar a figura plana do corte em verdadeira grandeza.

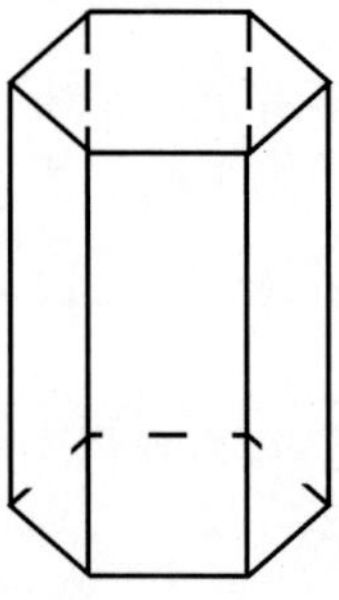

Imagem tridimensional do prisma

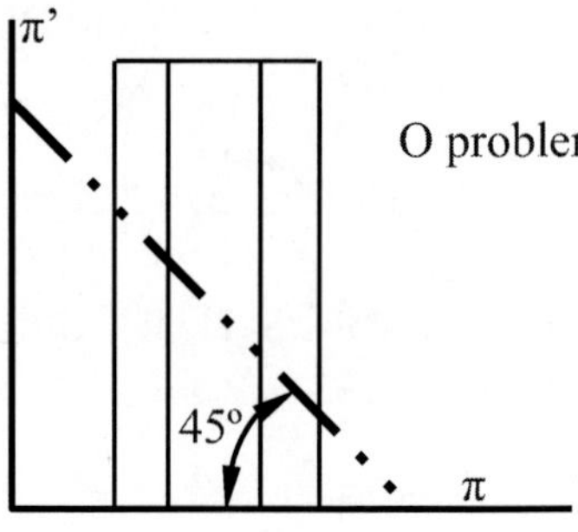

O problema

3.12.2) Determinar a verdadeira grandeza da reta AB, sabendo que: (A)(+2; +4; +3) e (B)(0; +4; -5). Determinar os ângulos que a reta forma com os três planos de projeções. Usar o centímetro como medida.

3.12.3) Considerando a figura a seguir, determinar a projeção no plano π do tronco de prisma reto de base octogonal, bem como a verdadeira grandeza, da face cortada. (A construção do octógono deve ser a partir de um polígono inscrito, com um ângulo central de 45º).

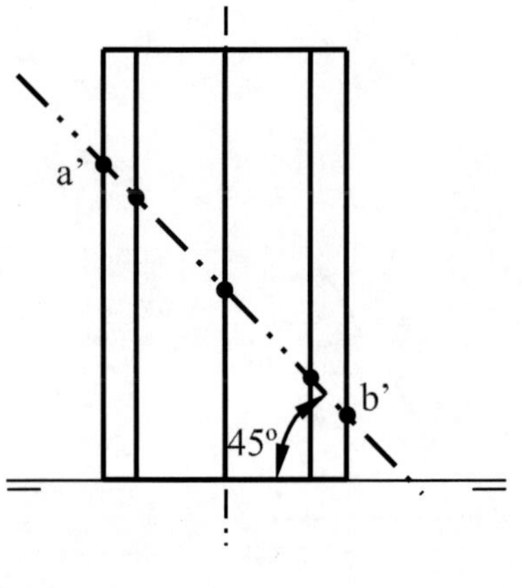

3.12.4) Determinar a verdadeira grandeza da reta AB, sabendo que: (A)(-2; -5; -5) e (B)(-2; +3; +2,5). Determinar os ângulos que a reta forma com os planos π, π' e π".

Capítulo 4
As curvas cônicas: circunferência, elipse, parábola e hipérbole

4.1 Origem das curvas cônicas

O termo cônica significa proveniente ou com origem em uma superfície cônica, que é gerada por uma reta inclinada que se move no espaço, passando sempre por um mesmo ponto fixo, chamado vértice. A superfície cônica compõe-se de duas partes, chamadas de folhas, opostas pelo vértice. Foi o matemático inglês John Walesa (1616-1703), um dos pioneiros a tratar as cônicas como curvas de 2º grau, em vez de considerá-las, apenas, como seções de um cone.

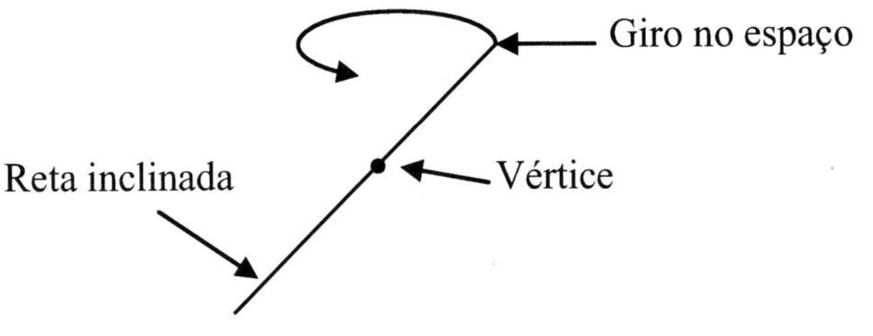

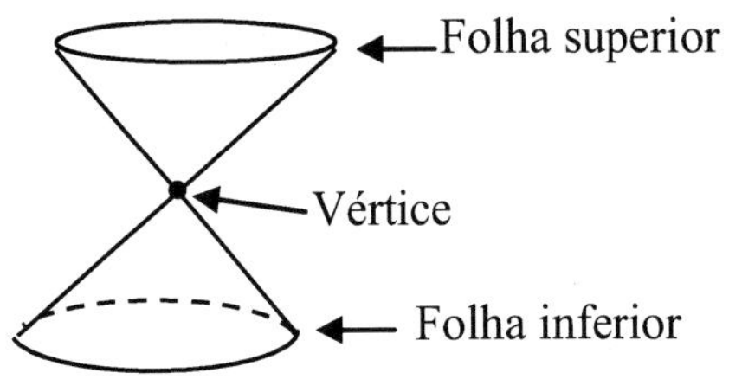

Superfície cônica com duas folhas

Antes de detalhar cada uma das curvas cônicas é importante mostrar as suas origens. Passando-se um plano secante por uma superfície cônica, conforme a posição deste plano, em relação à base do cone, obtém-se as seguintes curvas ou linhas: circunferência, elipse, parábola e hipérbole (ou até um triângulo).

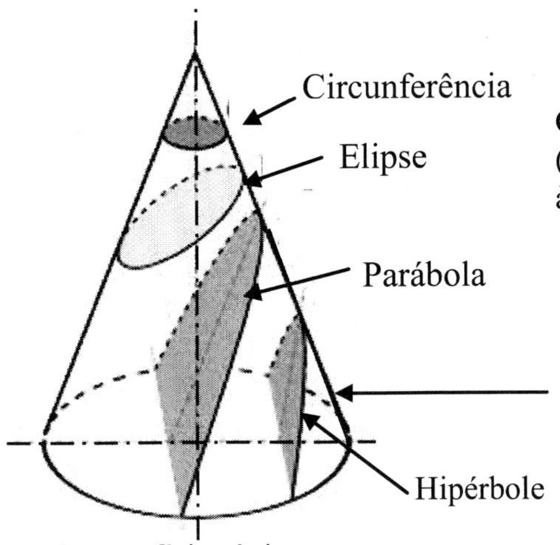

A superfície cônica

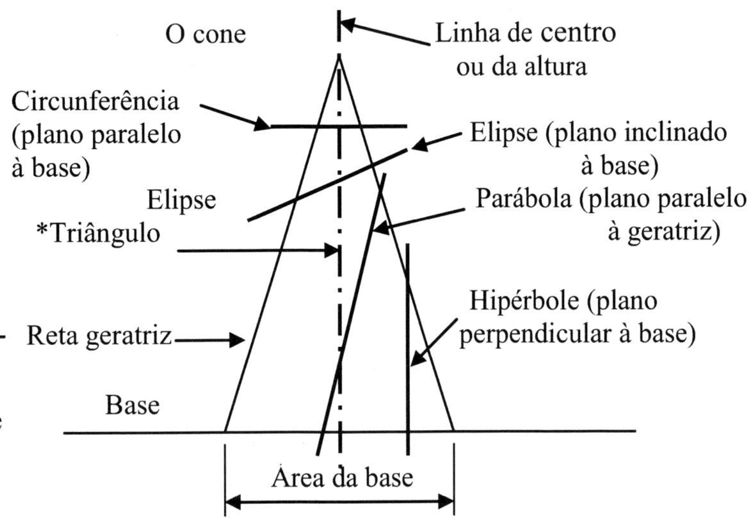

Circunferência: é obtida quando um plano corta a superfície cônica, paralelamente à base.

Elipse: é obtida quando um plano corta a superfície cônica, de forma inclinada à base, mas sem atingir a superfície na área da base. Também se obtém uma elipse ao passar um plano inclinado à base de uma superfície cilíndrica, como mostrado no parágrafo 5.1 e exercício 5.7.

Parábola: é obtida quando um plano corta a superfície cônica, de forma inclinada à base, atingindo a superfície na área da base e paralela à reta geratriz.

Hipérbole: é obtida quando um plano corta a superfície cônica, de forma perpendicular à base, atingindo a superfície na área da base. É a única seção cônica que corta as duas folhas.

***Triângulo**: é obtido quando se passa um plano perpendicular à base e coincidente com a linha de centro ou da altura da superfície cônica.

4.2 A circunferência e o círculo

Circunferência é o lugar geométrico dos pontos equidistantes a um determinado ponto, ou seja, é uma linha, ou melhor, um perímetro. Círculo é a área contida no interior de uma circunferência.

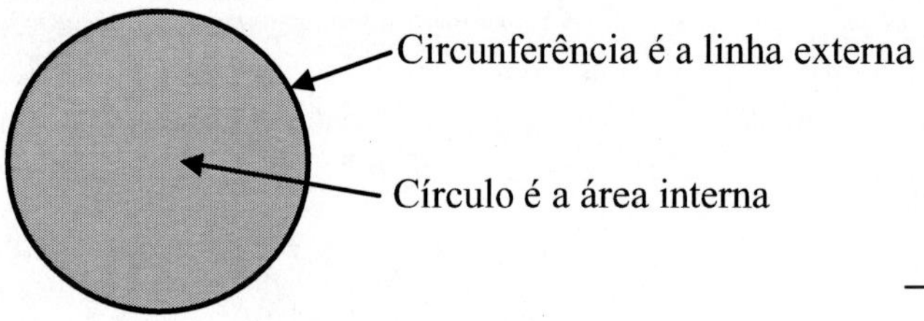

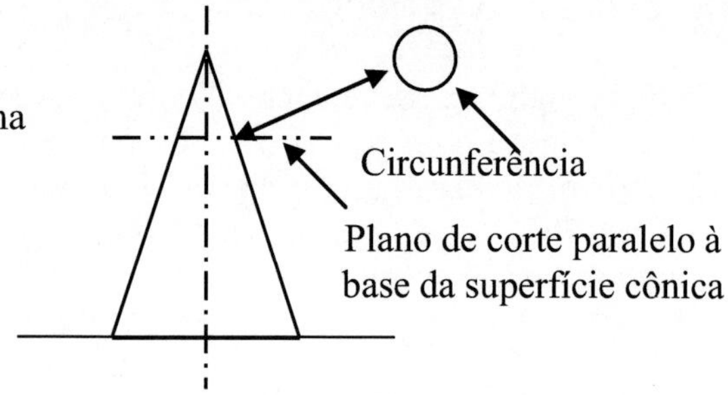

Elementos principais de uma circunferência

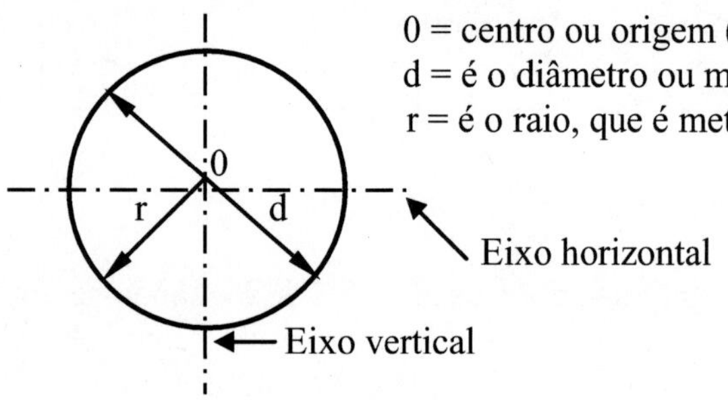

0 = centro ou origem (é o ponto que equidista da linha externa)
d = é o diâmetro ou maior corda
r = é o raio, que é metade do diâmetro: d = 2r

Quando se faz o desenho de uma circunferência, utilizando um compasso, a sua abertura tem que ser igual ao valor do raio.

Elementos característicos

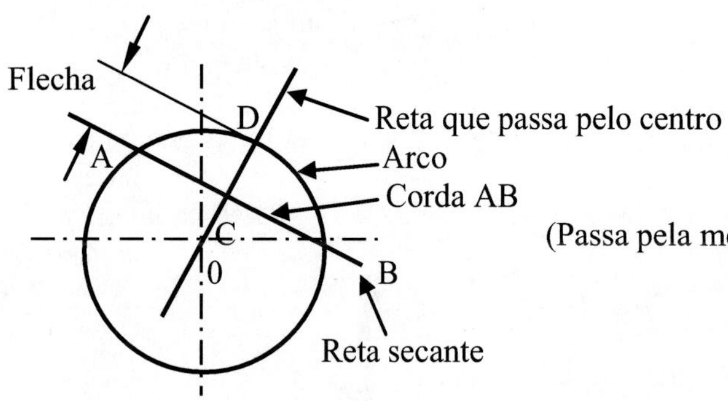

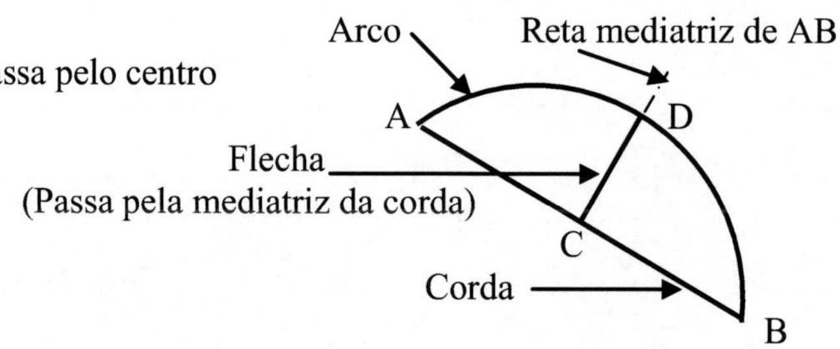

Perímetro (P) ⟶ $P = \pi \cdot d$ ou $P = 2 \cdot \pi \cdot r$ ou retificação da circunferência.

O diâmetro é a maior corda de uma circunferência, e o raio é a maior flecha. Considerando a corda AB, a flecha CD lhe é perpendicular, passando pelo seu ponto médio e pelo centro da circunferência.

Elementos característicos de um círculo

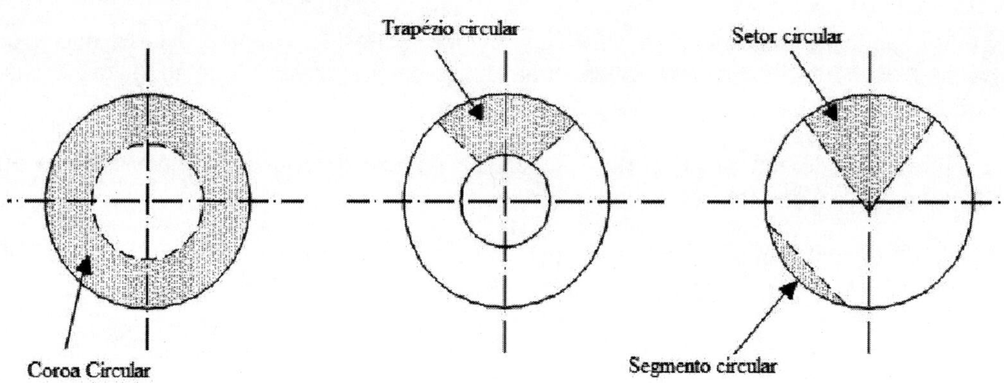

Detalhes e relações geométricas

Área do círculo: $S = \pi \, . \, r^2$ ou $S = \pi . \, d^2/4$

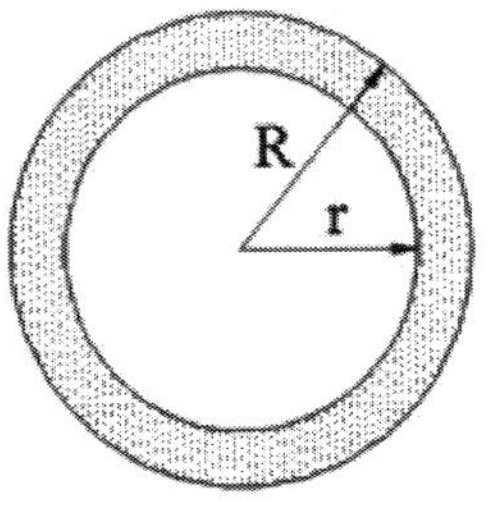

Área da coroa circular = área maior – área menor.

$$\text{Área} = \pi \, (R^2 - r^2)$$

Um exemplo real do conceito de coroa circular, é o seu uso como tubulação (que é um cilindro oco).

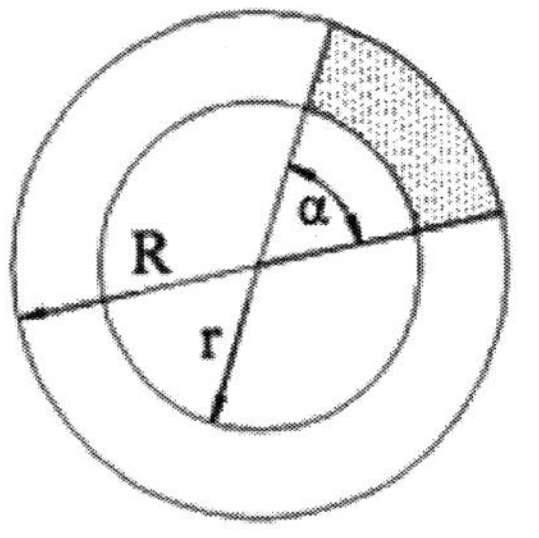

Área do trapézio circular:

$$\text{Área} = \frac{\pi \, . \, (R^2 - r^2) \, . \, \alpha}{360^\circ} \quad (\alpha \text{ em graus})$$

A Arquitetura utiliza o conceito de trapézio circular, em algumas construções. *Designers* também usam esta forma geométrica, por exemplo, em móveis.

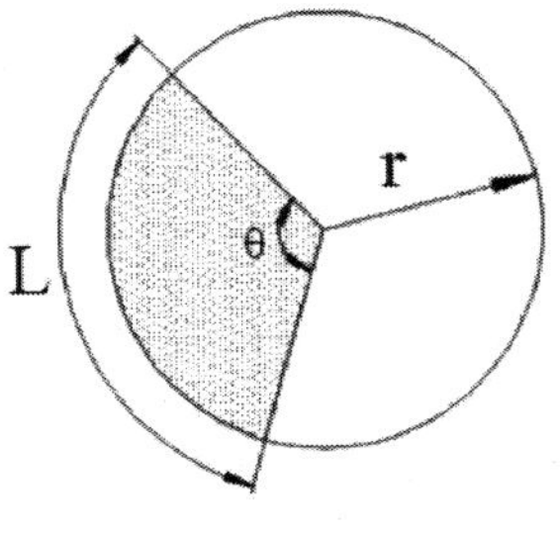

Área do setor circular

$$\text{Área} = \frac{\Theta . \, \pi \, . \, r^2}{360^\circ} \quad (\Theta \text{ em graus})$$

Algumas válvulas, usadas em tubulações industriais, têm o seu sistema de vedação no formato de um setor circular.

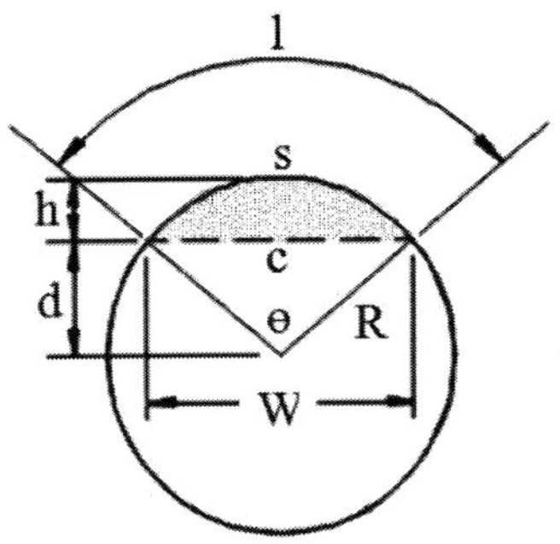

Área do segmento circular

$$\text{Área} = \frac{1}{2} \, . \, R^2 \, . \, \left[\frac{\pi \, . \, \Theta}{180^\circ} - \text{sen } \Theta \right] \quad (\Theta \text{ em graus})$$

Em Engenharia Mecânica, existem peças chamadas chavetas, no formato de segmento circular, do tipo Woodruff, são usadas para unir engrenagens a eixos.

4.2.1 Aplicações práticas de circunferências e círculos

O conceito de circunferência como uma linha (perímetro) é muito utilizado na prática da Engenharia. Por exemplo, se numa construção são utilizadas colunas circulares, existem vergalhões internos que serão dobrados no formato circular. Estes formatos advêm de varas retas de vergalhão, que são dobrados na forma circular. Furos circulares e eixos circulares de máquinas, são exemplos clássicos de usos práticos de circunferências e círculos. Outros: fabricação de panelas e esferas de armazenamento de gases. Placas circulares são utilizadas na Engenharia Mecânica. Por exemplo, quando se fabrica o corpo de uma panela de pressão em alumínio ou aço inoxidável, esse corpo é prensado por um processo chamado embutimento, onde uma placa circular do metal (*blank*), de diâmetro maior que o do corpo da panela, é colocada em uma prensa, onde o par punção/matriz causa uma deformação permanente, gerando o corpo cilíndrico da panela.

Fabricação de panelas

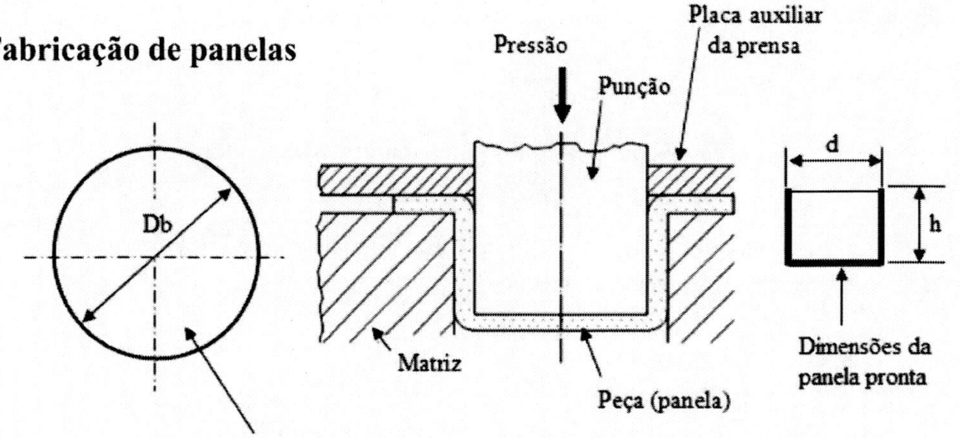

Inicialmente é cortada uma placa ou disco circular que, após prensagem, adquire o formato de um cilindro, no caso uma panela. Essa placa é chamada de "*blank*".

O corpo da panela, sendo embutido. Originalmente era uma placa metálica circular, de diâmetro maior que o do corpo da panela.

É importante observar que, na fabricação dessa panela, transforma-se uma placa circular, ou seja, bidimensional, em um cilindro oco e aberto no topo, ou seja, tridimensional.

4.2.2 Projeções de circunferências e círculos no 1º diedro

Embora uma circunferência ou um círculo possa ser estudado em qualquer posição relativa aos planos π, π' e π", na prática sempre é colocada de forma paralela e ou perpendicular a um dos três planos. As figuras a seguir mostram alguns exemplos.

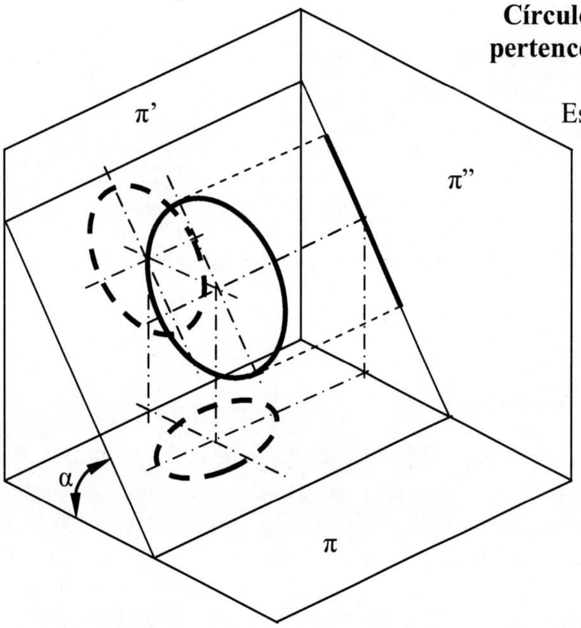

Círculo inclinado a π e π', perpendicular a π" e pertencente a um plano paralelo à Linha de Terra.

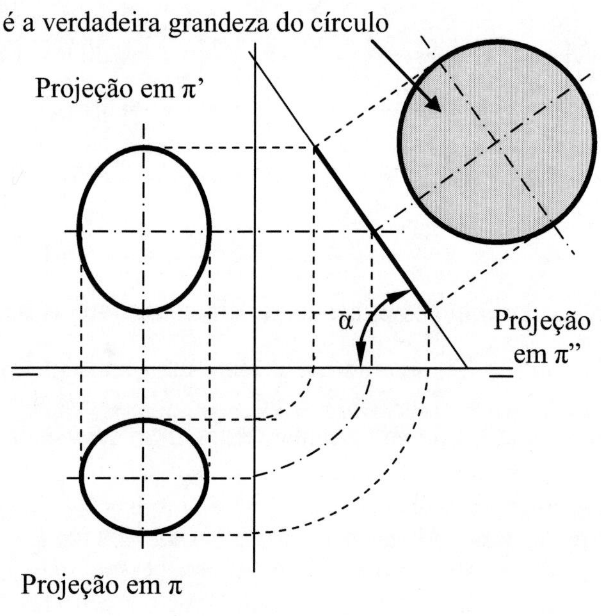

Observa-se que devido inclinação, as projeções em π e π' transformam-se em elipses.

Círculo inclinado a π' e π", perpendicular a π e pertencente a um plano vertical.

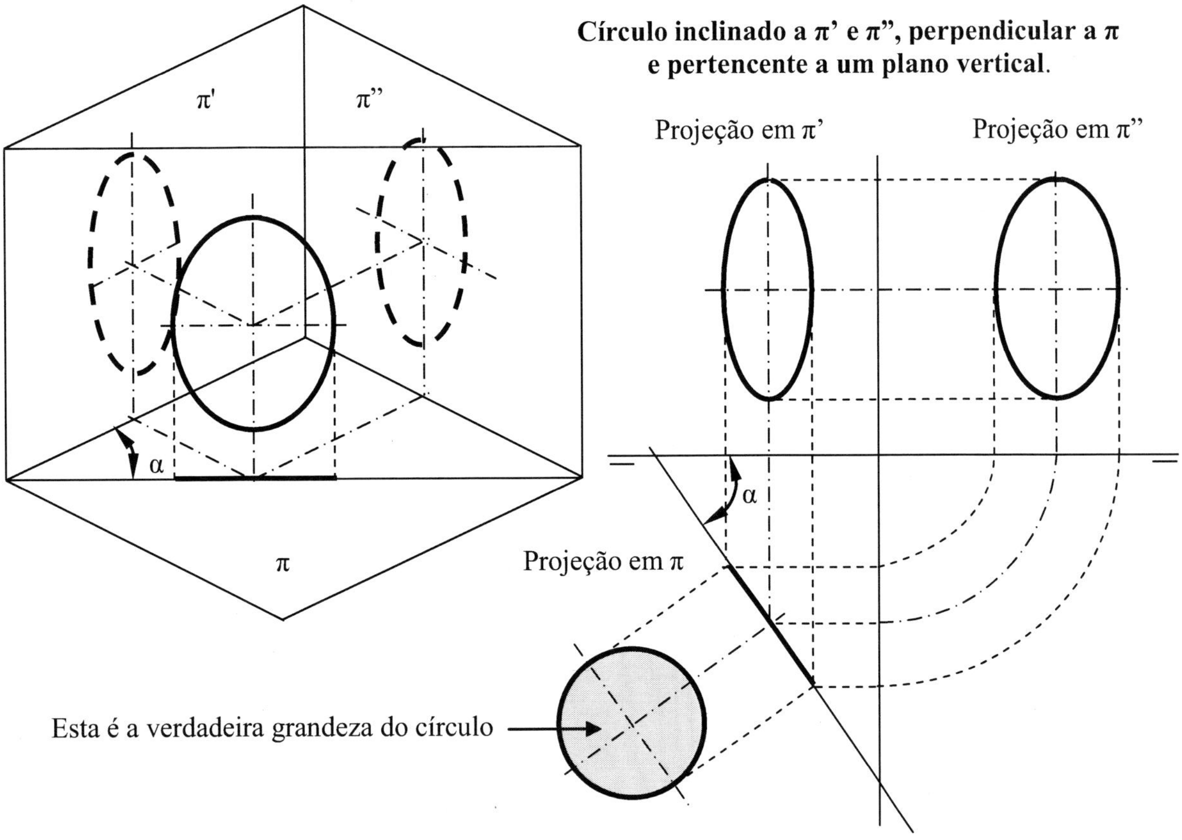

Observa-se que devido inclinação, as projeções em π' e π" transformam-se em elipses.

Círculo pertencente a um plano horizontal, ou seja: paralelo a π e perpendicular a π' e π".

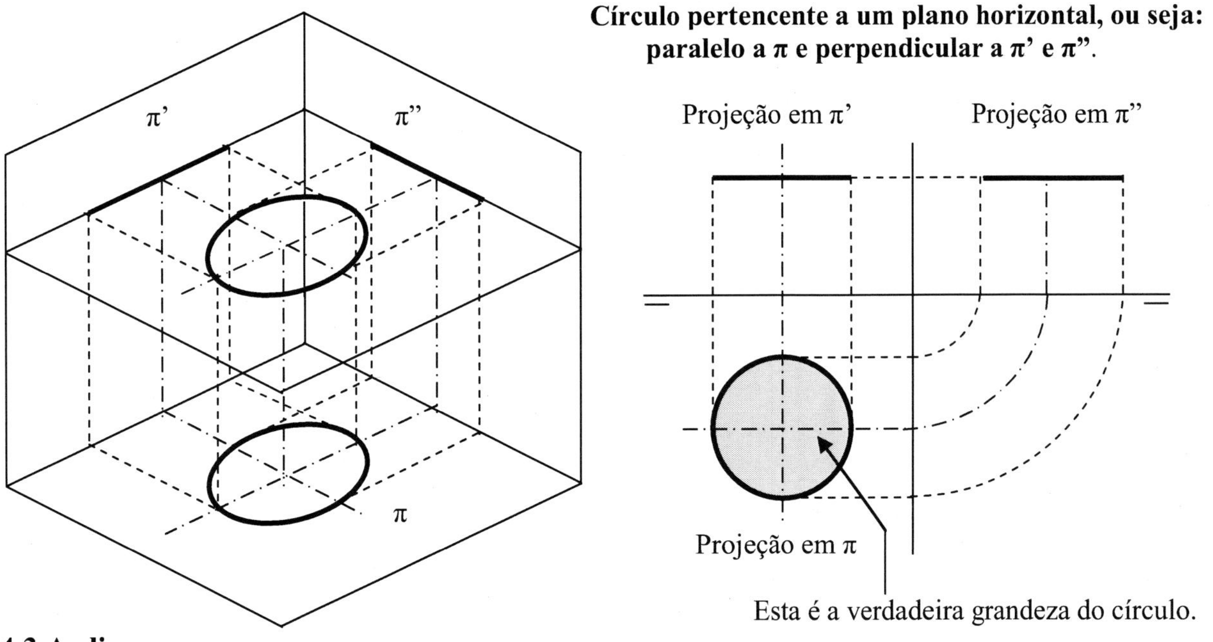

4.3 A elipse

A elipse é conhecida desde a Grécia antiga, sendo inclusive usada em algumas construções do Império Romano. Especialmente a Arquitetura e a Engenharia, utilizam construções e equipamentos no formato elipsoidal. Conchas acústicas, entrada de túneis e tampos de vasos de pressão, são alguns exemplos de aplicações práticas das elipses. Os desenhos a seguir mostram exemplos do uso real de elipses e elipsoides*.

Aplicações práticas de elipses

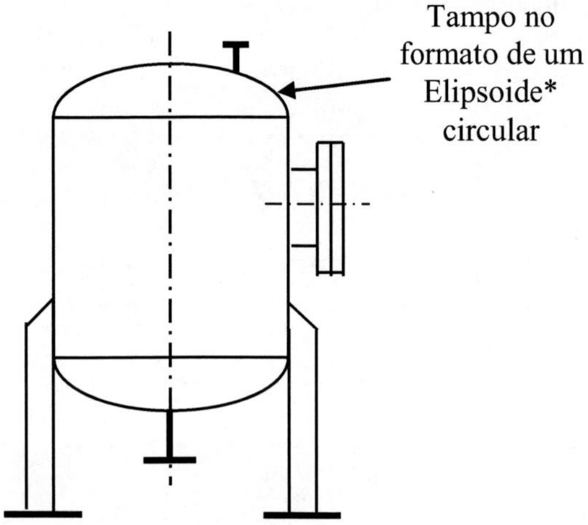

Vaso de pressão, cilíndrico vertical

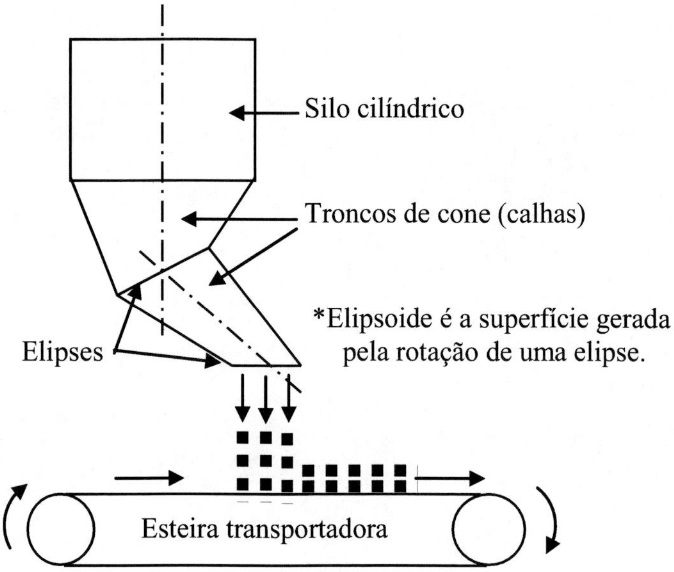

O desenho anterior, e à direita, mostra uma aplicação prática de troncos de cones, normalmente utilizados como calhas de amortecimento, em indústrias de mineração, quando materiais particulados (minérios) devem ser transferidos de um silo para uma esteira transportadora. Os troncos de cones mostrados reduzem a vazão e o impacto. Nesse exemplo, ocorrem duas elipses.
É interessante citar que a grande maioria dos estádios de futebol, tem o formato elíptico, tanto na cobertura, quanto no posicionamento das cadeiras. Isto vem desde o tempo antigo. Mas por que eram, e são, elípticos esses estádios? Porque com as cadeiras no formato elíptico, devido o formato retangular dos gramados de futebol, todas as pessoas têm uma visão melhor. Se o posicionamento das cadeiras fosse circular, muitos torcedores não teriam uma boa visão. Na Engenharia Civil também é comum utilizar-se o conceito de elipse, sendo comum túneis escavados no formato de uma semi elipse.

Definição, elementos e características

Elipse é o lugar geométrico dos pontos P (x_P; y_P) de um plano cujas distâncias a dois pontos fixos, chamados focos (F_1 e F_2) desse plano têm soma constante, igual ao eixo maior "2a" ($PF_1 + PF_2 = 2a$). O segmento de reta que passa pelos dois focos (F_1 e F_2) chama-se eixo maior ($A_1A_2 = 2a$), e o segmento de reta que passa pelo ponto médio do eixo maior, perpendicular a ele, que corta a elipse, chama-se eixo menor ($B_1B_2 = 2b$). As medidas da elipse são dadas pela metade dos eixos maior e menor sendo chamadas, respectivamente, de semi eixo maior (a) e semi eixo menor (b), sendo as outras medidas e características relacionadas a essas.

A elipse e seus elementos

A_1A_2 = eixo maior
B_1B_2 = eixo menor
2a = eixo maior
2b = eixo menor
F_1 e F_2 = focos
$F_1F_2 = 2c$ = distância focal
e = excentricidade = c/a
$DF = 2b^2/a$ (corda focal)
C = centro
A_1, A_2, B_1, B_2 = vértices

DF = corda focal ou *latus rectum*

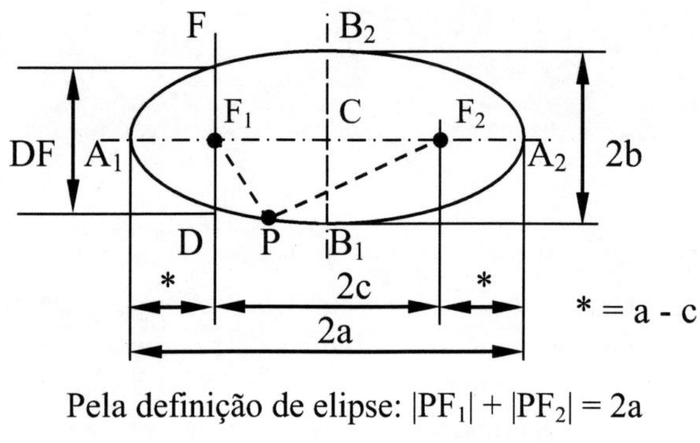

Pela definição de elipse: $|PF_1| + |PF_2| = 2a$

(De fato: $|A_1F_1| + |A_1F_2| = 2a$, pois: $*|A_1F_1| = |A_2F_2|$)

4.3.1 A propriedade refletora da elipse, e suas aplicações práticas

Em qualquer elipse, um raio emitido de um dos seus Focos "reflete-se" na linha da curva, passando pelo outro foco. Essa propriedade pode ser comprovada, por exemplo, quando se está em uma estação de Metrô, onde o túnel seja uma abóbada de forma elíptica. Ouve-se com nitidez a voz de uma pessoa que está do outro lado, na outra plataforma, mesmo que fale em voz baixa. A justificativa é que, devido ao formato elíptico do túnel, o som emitido por alguém que esteja sobre o foco incide na parede, refletindo e passando pelo outro foco, obviamente do outro lado e, também, desde que a segunda pessoa esteja no outro foco. Esta propriedade também tem aplicações na área cirúrgica, com refletores chamados de foco cirúrgico.

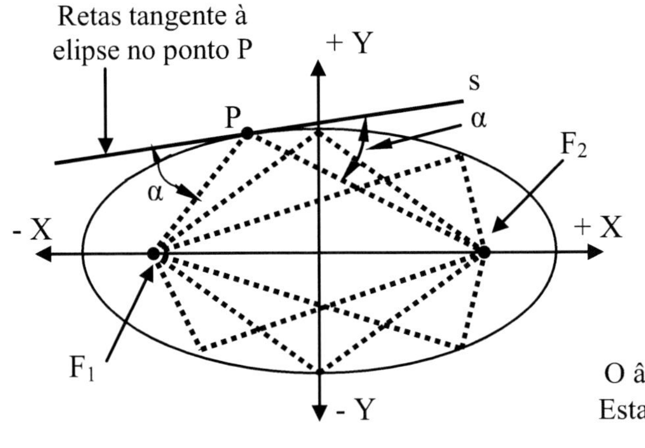

Observe-se que os raios são refletidos, passando pelos focos.

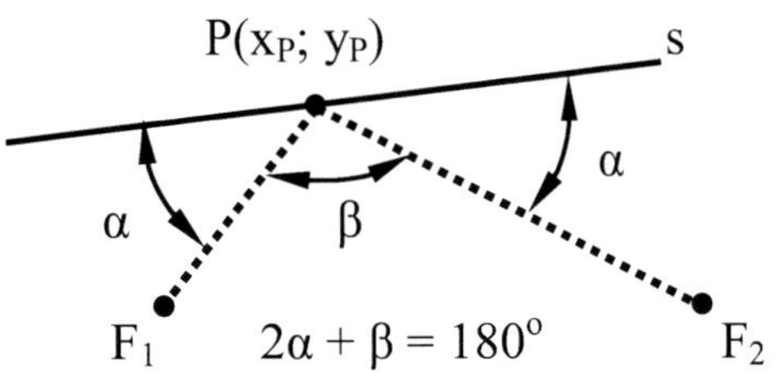

O ângulo α é igual nos dois lados PF_1 e PF_2
Esta é a propriedade refletora de uma elipse

Projeções do tronco de cone reto com corte inclinado à base, gerando uma elipse

Projeções

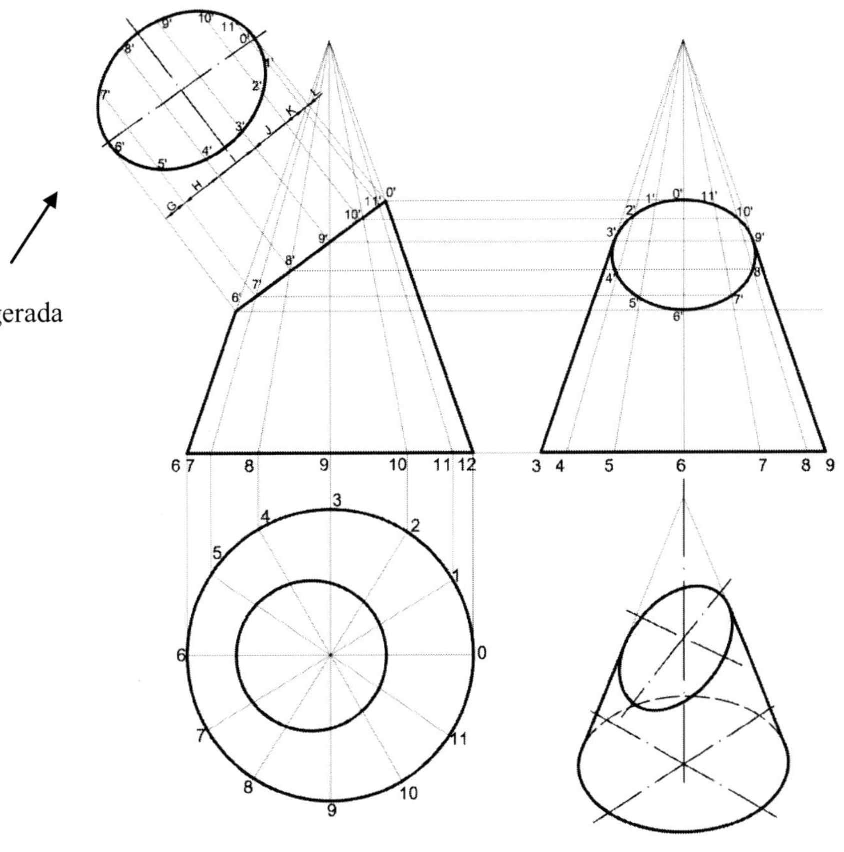

Elipse gerada

Imagem tridimensional do tronco de um cone circular reto

Essas projeções confirmam a Geometria Descritiva como base do desenho técnico projetivo

4.3.2 Traçado geométrico (aproximado) de uma elipse

Existem alguns métodos para o traçado geométrico aproximado de uma elipse, com régua e compasso, sendo os dados de entrada as dimensões dos eixos maior (2a) e menor (2b). Em alguns métodos também se necessita da distância focal (2c). O método a seguir necessita apenas as dimensões dos eixos maior e menor. Embora o foco neste livro seja a imagem ou desenho de uma elipse, é importante ter em conta que toda elipse, dependendo da posição do seu centro C, tem uma equação própria e relações típicas, estudadas na geometria analítica.

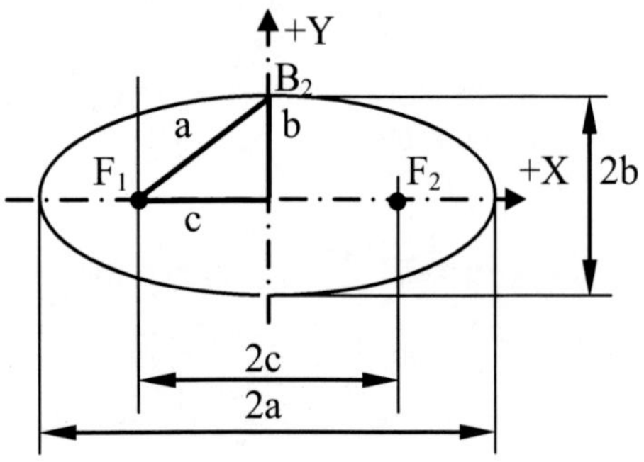

Segundo a geometria analítica:

$F_1B_2 = a.$ $a^2 = b^2 + c^2.$ $\frac{+x^2}{a^2} + \frac{y^2}{b^2} = +1$

Supondo uma elipse com 2a = 8 cm e 2b = 4 cm, tem-se:

$a^2 = b^2 + c^2 \Rightarrow c = \sqrt{a^2 - b^2} = \sqrt{16 - 4} \Rightarrow c = 3{,}464$ cm.

Será feito o traçado geométrico aproximado de uma elipse, conhecendo-se apenas as dimensões dos eixos maior A_1A_2 e menor B_1B_2.

1º Passo: traço os eixos maior A_1A_2 e menor B_1B_2, observando que o eixo menor B_1B_2 é perpendicular ao eixo maior, passando pelo ponto médio do mesmo, ou seja, do centro C da elipse.

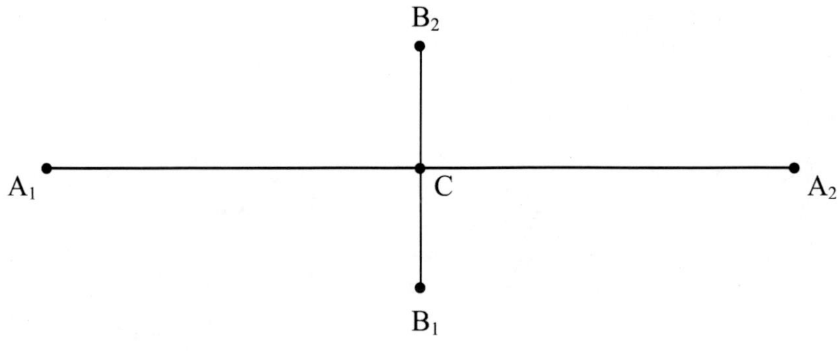

2º Passo: traço circunferências de diâmetros A_1A_2 e B_1B_2.

3º Passo: dividem-se as duas circunferências em partes iguais, no caso serão em 12 partes, ou seja, com 12 ângulos centrais de 30º.

4º Passo: traçam-se retas perpendiculares ao eixo A_1A_2 pelos pontos que dividem a circunferência maior.

5º Passo: traçam-se retas perpendiculares ao eixo B_1B_2 pelos pontos que dividem a circunferência menor.

6º Passo: marcam-se os 12 pontos de interseção das linhas tracejadas verticais e horizontais.

7º Passo: unindo-se os 12 pontos (1 a 12) tem-se a elipse. Quando feito de forma analógica, ou seja, no papel usando compasso, esquadro e régua, o ajuste das curvas da elipse tem que ser feito com um instrumento chamado “curva francesa”.

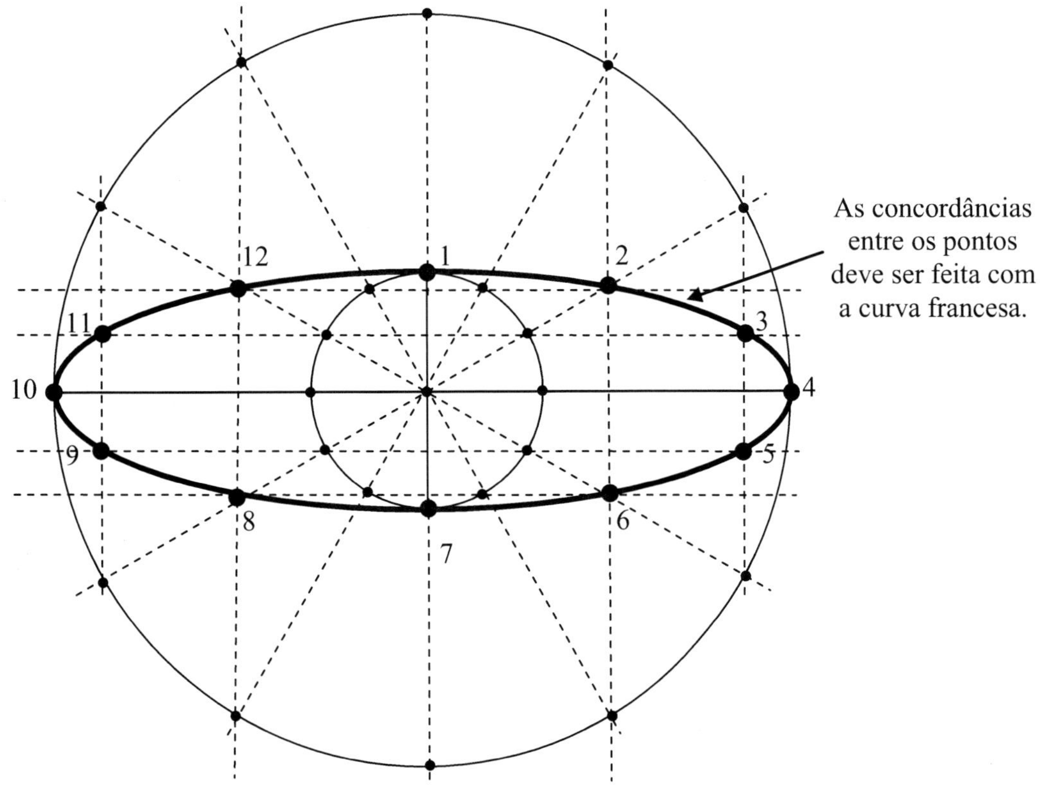

A elipse finalizada

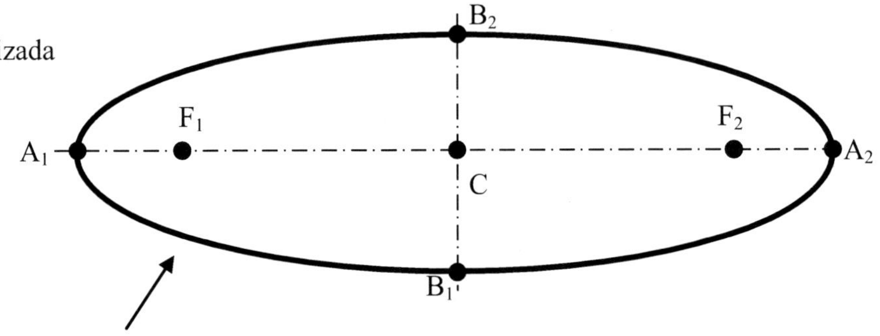

Estas curvas devem ser desenhadas com auxílio de uma curva francesa,

4.4 A parábola

Espelhos, faróis, coberturas de igrejas e antenas, são algumas aplicações práticas da curva parábola. Além das definições matemáticas, este capítulo apresenta exemplos práticos de usos de parábolas, em especial nas áreas de Arquitetura e Engenharia. A seguir é mostrado um exemplo de uma antena parabólica (mostrando sua propriedade refletora). *O receptor de sinal fica no foco (F_1) da parábola.

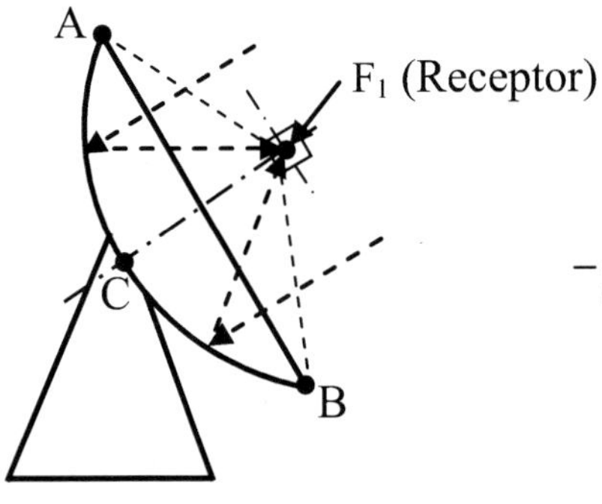

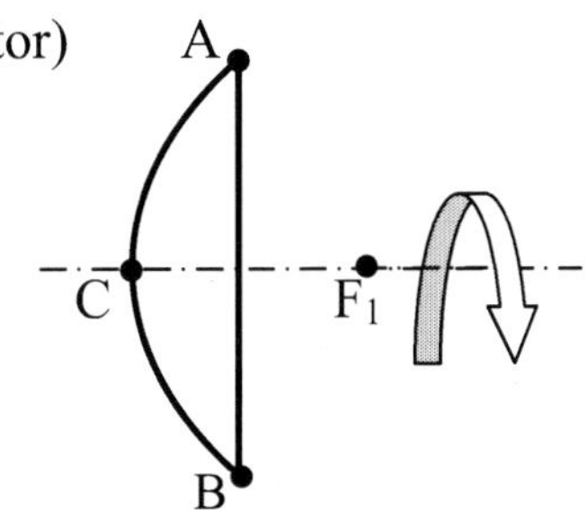

Como será visto no capítulo 5, a superfície da antena parabólica advém da rotação, segundo uma circunferência, de diâmetro AB, da parábola em torno do seu eixo, gerando uma superfície tridimensional chamada de paraboloide.

4.4.1 Definição e elementos

Visualmente uma parábola é obtida quando um plano corta a superfície cônica, de forma inclinada à base, sendo paralelo à reta geratriz e interceptando a superfície cônica na área da base. Analiticamente, parábola é a curva plana aberta definida como o lugar geométrico do conjunto dos pontos que são equidistantes, ao mesmo tempo, de um ponto fixo (chamado de foco F) e de uma reta também fixa, chamada diretriz "d", que é perpendicular ao eixo da parábola. Dessa definição, e segundo a figura a seguir, tem-se que: FP = PP' e FP1 = P1P1'.

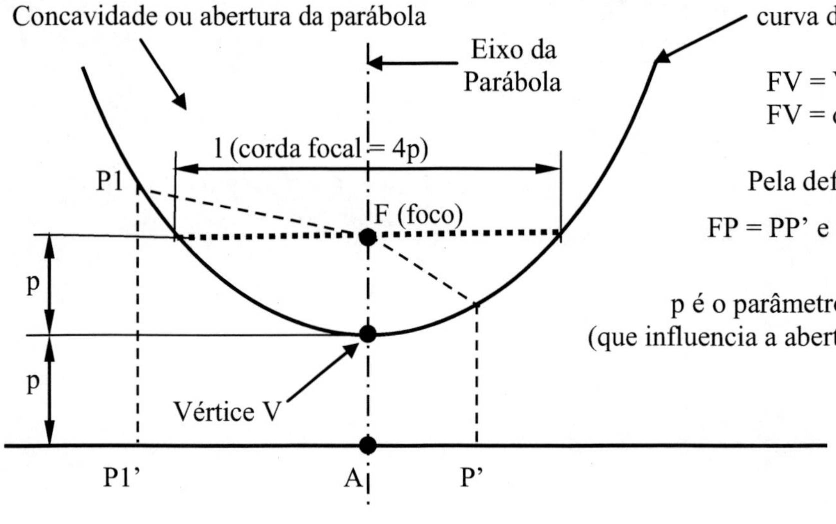

FV = VA = p
FV = distância focal

Pela definição:

FP = PP' e FP1 = P1P'

p é o parâmetro da parábola
(que influencia a abertura ou concavidade)

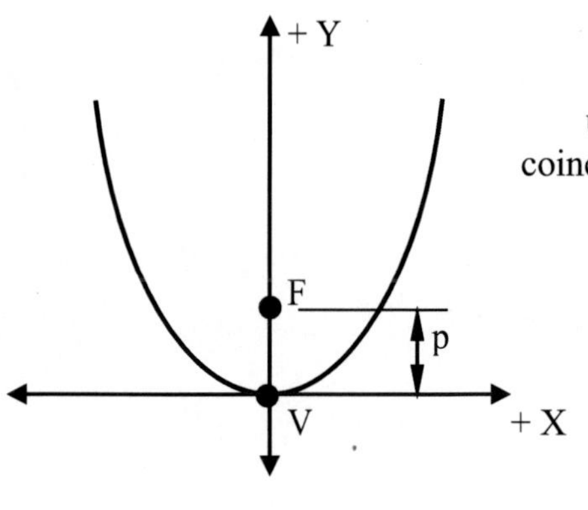

Segundo a geometria analítica,
uma parábola com esta imagem, ou seja, vértice
coincidindo com a origem (0; 0), tem a seguinte equação:

$$x^2 = +4py$$

Uma parábola com p = 8, tem equação: $x^2 = +8y$.
Isto significa que para cada y, tem-se dois x.

Por exemplo: $y = 2 \Rightarrow x^2 = 16 \Rightarrow x = \pm 4$.

Algumas entradas de túneis têm o formato parabólico e algumas construções, especialmente de igrejas, têm a sua cobertura (telhado) no formato de uma parábola, como a Igreja Católica de São Francisco, na Pampulha, Minas Gerais, uma das primeiras obras de Oscar Niemeyer, construída na década de 1940. A abóbada dessa Igreja é no formato parabólico, e toda em concreto armado, sem alvenaria (tijolo).

4.4.2 Aplicações práticas de parábolas

O fogão solar parabólico

A literatura especializada, da área de energias alternativas, cita que, nesses tipos de fogões solares, a temperatura no foco pode variar entre 150° C e 700° C, dependendo do tipo de material usado no revestimento da superfície parabólica. Como exemplo de revestimento tem-se: espelhos, chapas de alumínio e cerâmicas. Várias referências na WEB, mencionam que fogões desses tipos são utilizados em regiões pobres, sem acesso a energia elétrica ou gás. Também existem citações de estudos acadêmicos, sobre o aproveitamento de antenas parabólicas descartadas, revestidas com placas de vidro coladas ou de folhas de alumínio, para a produção desse tipo de fogão solar popular, permitindo o cozimento de alimentos, sem o consumo de eletricidade ou combustíveis ou lenha. A seguir é mostrado um esquema desse tipo de fogão.

Esquema do fogão solar parabólico

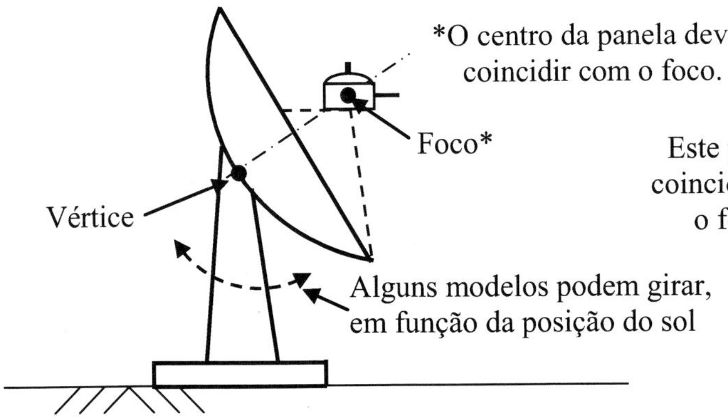

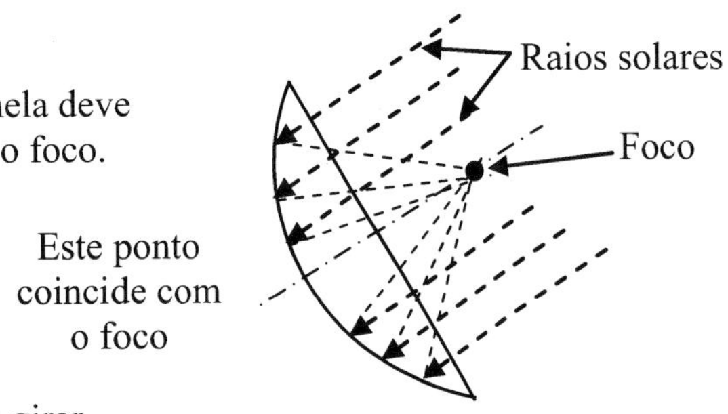

Pela propriedade refletora, todo raio que incide sobre a superfície da parábola, é refletido para o foco da mesma.

4.4.3 Projeções de um tronco de cone circular, obtido por um plano secante paralelo à reta geratriz, gerando uma parábola. (Vistas ortográficas considerando o 3º diedro)

***Observa-se que, a verdadeira grandeza desta parábola é obtida com uma vista ou projeção perpendicular ao plano de corte, conforme mostrado com a seta. Na prática, especialmente em projetos de Engenharia, a vista que mostra a real grandeza de uma face é denominada vista auxiliar. A verdadeira grandeza de uma parábola é mostrada no próximo parágrafo.

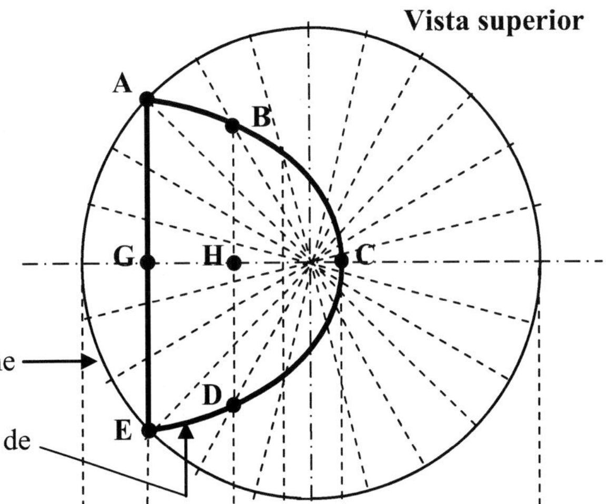

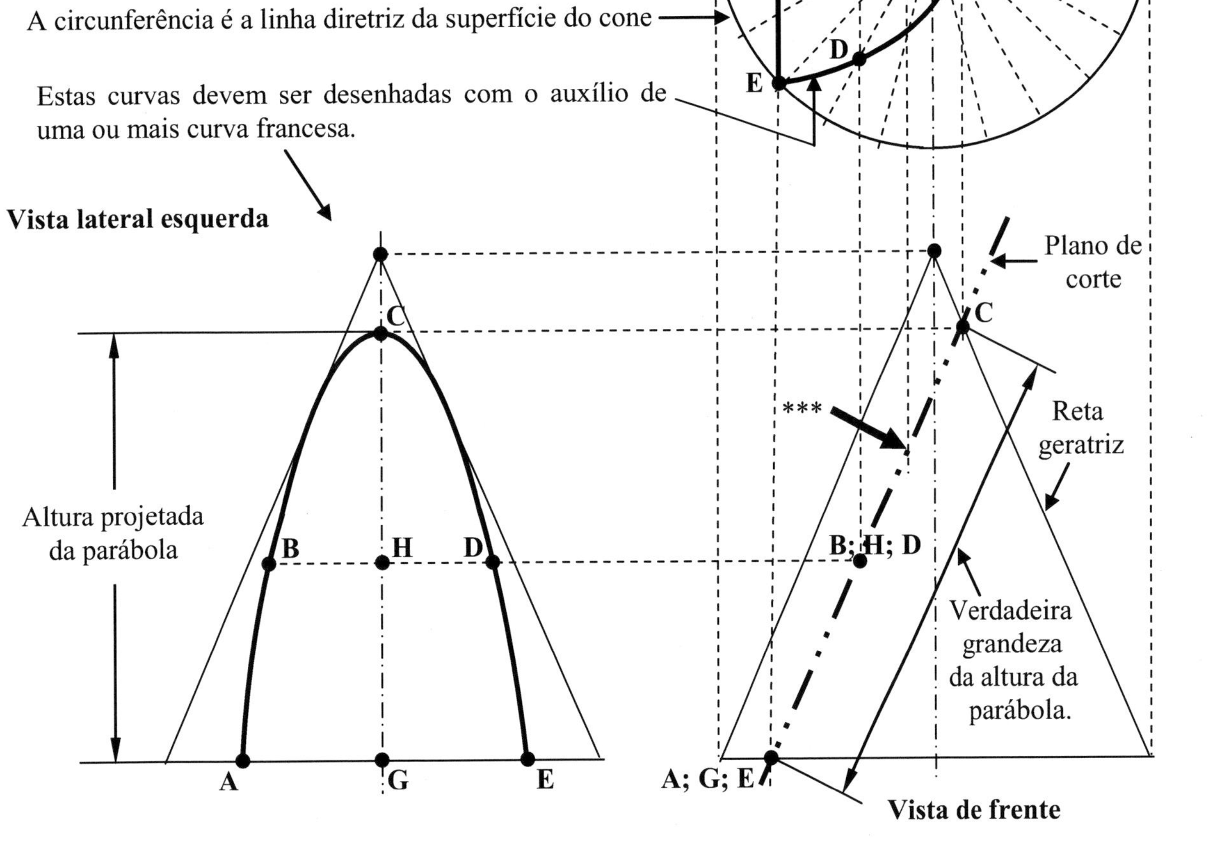

4.4.4 Projeções e verdadeira grandeza de uma parábola

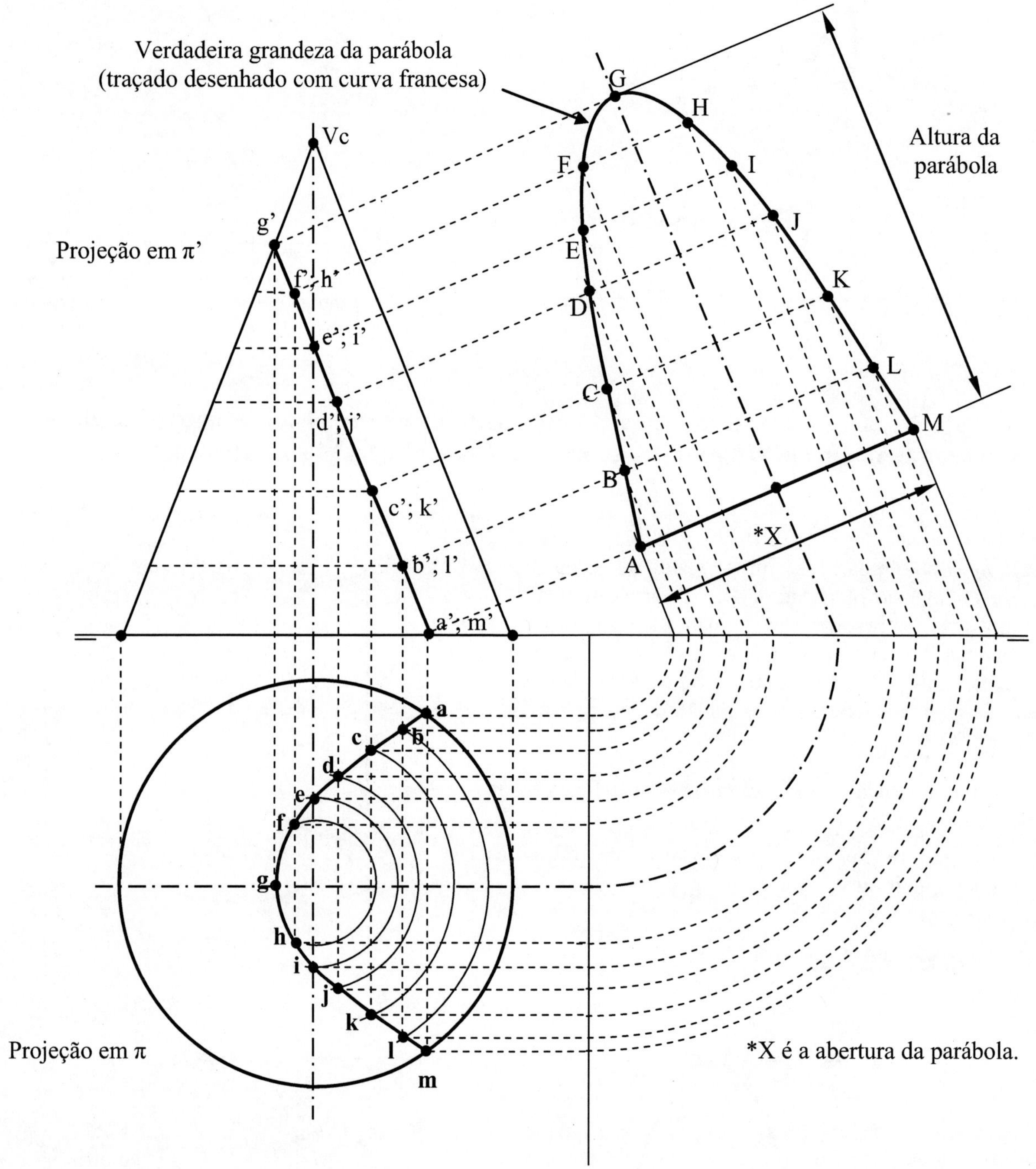

Exercício resolvido: segundo o desenho a seguir, determinar analiticamente as dimensões máximas X e H da parábola gerada. Trata-se de um cone circular reto, cortado por um plano paralelo à geratriz direita.

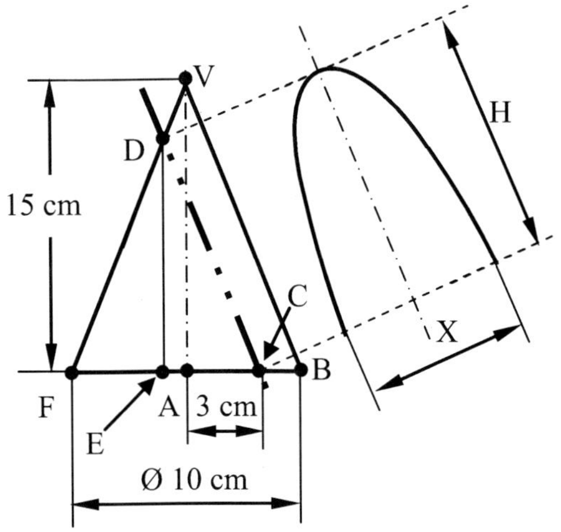

VA = 15 cm e AB = 5 cm. $VB = \sqrt{15^2 + 5^2} \Rightarrow$ VB = 15,811 cm. tg α = 15/3 = 3 => α => 71,565°.

FC = 8 cm, logo FA = AC = 4 cm. tg α = DA/4: DA = 4 tg α = 4 x 3 = 12 cm.

$DC = \sqrt{12^2 + 4^2} \Rightarrow$ **DC = 12,649 cm.**

DC = 12,649 cm é a altura H da parábola.

AG = 5 cm e AI = 3 cm.

$IG = \sqrt{5^2 - 3^2} = 4$ cm.

X = GJ = 2IG = **8 cm.**

Dimensões máximas: X = 8 cm e H = 12,649 cm.

4.4.5 Aplicação prática de superfícies cilíndricas parabólicas na geração de energia elétrica. Concentradores solar ou espelhos parabólicos captando raios solares

Desde a década de 1980, usam-se espelhos no formato cilíndrico parabólico, de forma a gerar energia elétrica, usando a luz solar. Tecnicamente esse processo chama-se "tecnologia heliotérmica". A imagem a seguir mostra como funcionam estes espelhos cilíndricos parabólicos.

Em verdade a luz solar incide sobre a superfície espelhada e parabólica, com os raios sendo refletidos para o foco da parábola. Exatamente sobre a linha do foco, passa um tubo circular (cilindro circular), que contém um fluido térmico (sal fundido), que tem a capacidade de se aquecer bastante e transmitir este aquecimento (nesses casos a temperatura chega a 450° C). Esse fluido térmico aquecido passa por um gerador de vapor (um intercambiador de calor) vaporizando a água. Esse vapor de água é enviado para uma turbina a vapor que, finalmente, gera a energia elétrica. Uma usina heliotérmica desse tipo possuí milhares de cilindros parabólicos.

As placas cilíndricas parabólicas são fabricadas em vidro, revestido com películas de prata ou alumínio. O tubo, por onde circula o fluido térmico, possui duas camadas concêntricas, com um espaço vazio a vácuo. O tubo menor, por onde circula o fluido térmico é metálico e o tubo externo é de um tipo de vidro cristal especial.

Apenas como curiosidade, informa-se que essas superfícies cilíndricas parabólicas são de grandes dimensões, com cordas de até mais de 6 metros e profundidade da parábola de até 2,5 metros. Tanto as placas cilíndricas parabólicas, que refletem a luz do sol, quanto os tubos, por onde circulam o fluido térmico, exigem sofisticados processos de fabricação, de alta tecnologia.

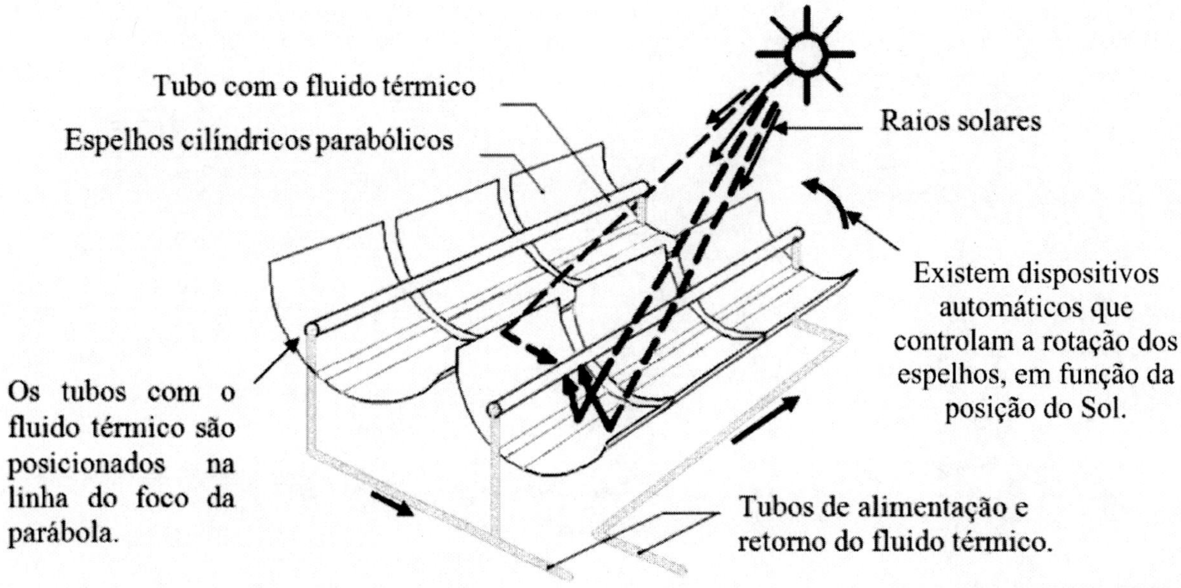

4.4.6 Traçado geométrico (aproximado) de uma parábola

Sabendo que parábola é o lugar geométrico do conjunto dos pontos que equidistantes, ao mesmo tempo, de um ponto fixo (chamado de foco F) e de uma reta também fixa, chamada diretriz "d", perpendicular ao eixo da parábola, e também sabendo que o vértice V é o ponto médio do segmento FA, será feito o traçado geométrico aproximado de uma parábola, considerando as medidas a seguir.

1º Passo: traçar a reta diretriz d e os pontos do foco F, do vértice V e o ponto A.

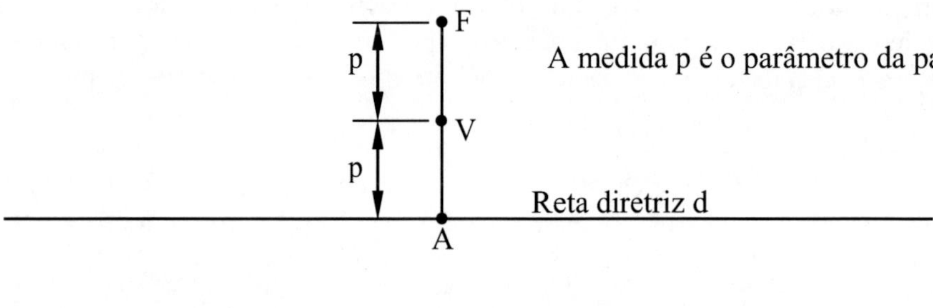

A medida p é o parâmetro da parábola.

2º Passo: traçar uma reta r1 paralela à diretriz d, com distância y de d conforme indicada.

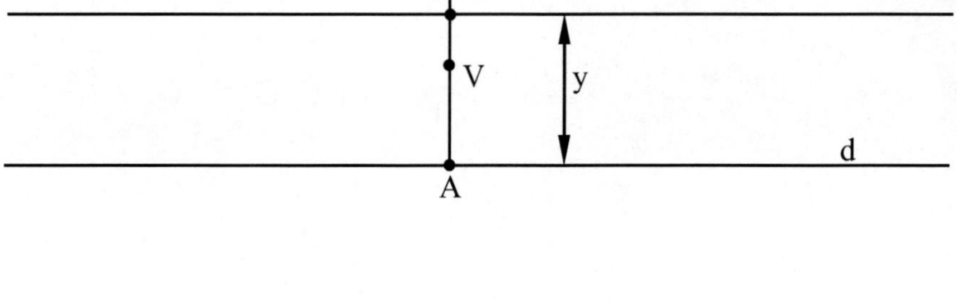

Sugere-se que esse ponto seja médio entre F e V.

3º Passo: traçar mais duas retas r2 e r3, paralelas à r1, com espaçamento igual a y. Podem ser traçadas mais retas paralelas (r4, r5, etc.).

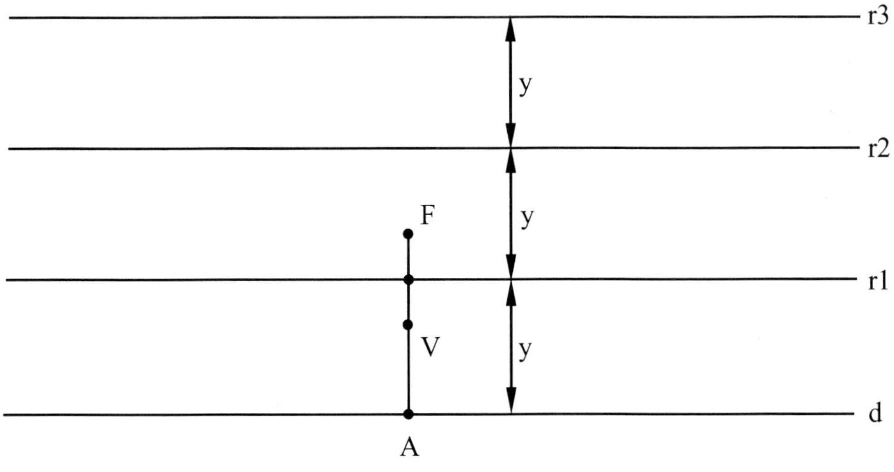

4º Passo: com a ponta seca do compasso no ponto F e raio igual a y, traçar uma circunferência, demarcando os pontos P1 e p1', sobre a reta r1.

5º Passo:Centrando a ponta seca em F, traço circunferências de raios 2y e 3y, demarcando os pontos P2 e P2', P3 e P3', respectivamente sobre r2 e r3. Por esses pontos passa a curva da parábola.

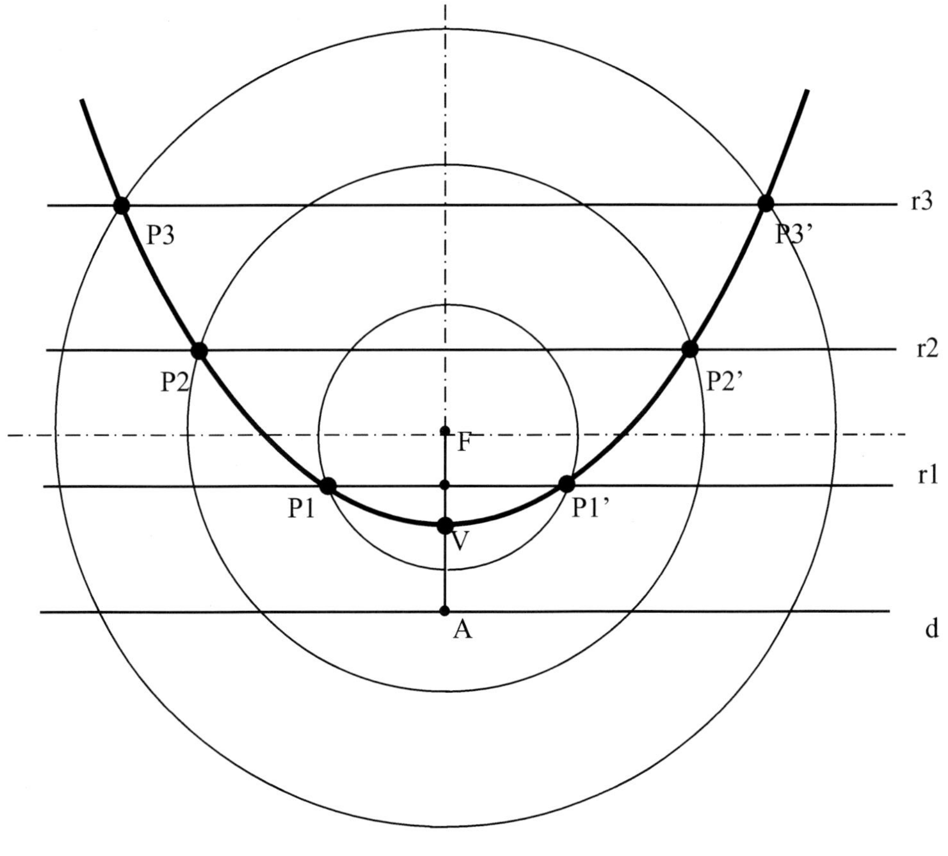

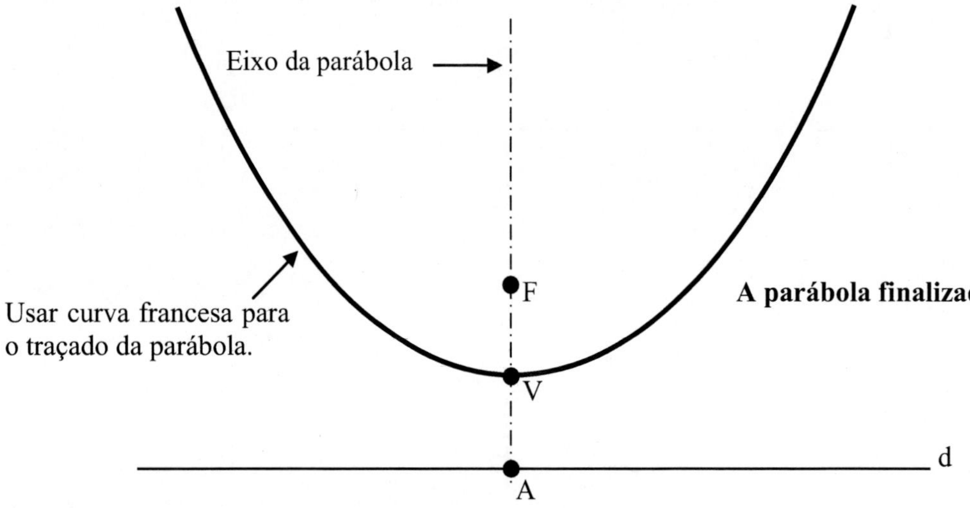

A parábola finalizada.

4.5 A hipérbole

A curva hiperbólica, além de aplicações na Engenharia e Arquitetura, também é utilizada, por exemplo, na explicação de alguns fenômenos físicos, como a Lei de Boyle e Mariotte aplicada aos gases, bem como na conceituação da trigonometria hiperbólica, muito utilizada nos cálculos, em especial para resoluções de problemas da área de Engenharia.

4.5.1 Definição e elementos

Como já citado, se uma superfície cônica for cortada por um plano perpendicular à base, portanto paralelo ao eixo da superfície, são geradas duas curvas ou duas folhas, denominadas hipérboles.
Considerando os focos F_1 e F_2, com distância igual a "2c", os vértices V_1 e V_2, com distância igual a "2a", e o ponto P(x; y), define-se hipérbole como o conjunto dos pontos do plano, ou seja, o lugar geométrico, cuja diferença (em módulo) das distâncias aos focos F_1 e F_2 é a constante "2a" ($|V_1V_2|$). Ou seja: $|PF_1 - PF_2| = 2a$. Observa-se que: $0 < 2a < 2c$. A figura a seguir detalha uma hipérbole, com eixo real coincidente com o eixo cartesiano X e centro C coincidente com a origem (0; 0).

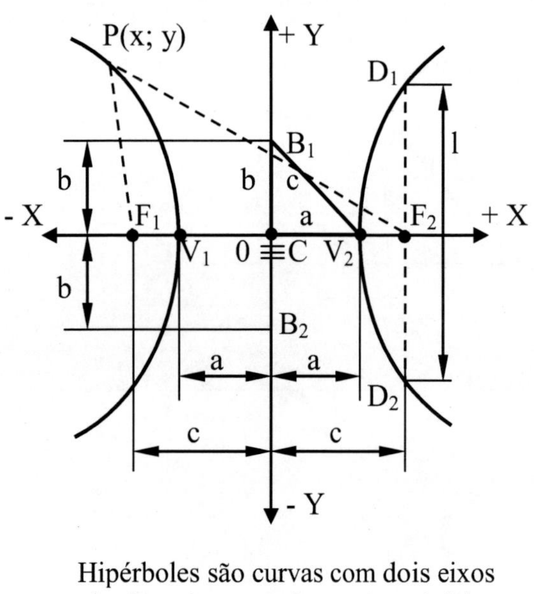

Hipérboles são curvas com dois eixos de simetria um real e um imaginário. Nesse caso: -XC+X e -YC+Y.

Elementos de uma hipérbole

C = Centro (nesta figura $C \equiv 0$)
F_1 e F_2 = Focos
V_1 e V_2 = Vértices
F_1, V_1, C, V_2, F_2 = Eixo real ou transverso
B_1, C, B_2 = Eixo imaginário ou reverso
$|D_1D_2| = l$ = Corda focal ou corda principal
CB_1V_2 = Triângulo fundamental (lados a, b, c)
e = Excentricidade
a = distância do centro ao vértice V_1 ou V_2
b = distância do centro C ao ponto B_1 ou B_2

Relações geométricas de uma hipérbole

$|V_1V_2| = 2^a$; $|B_1B_2| = 2b$; $|F_1F_2| = 2c$
$c^2 = a^2 + b^2$ (relação fundamental)
$|D_1D_2|$ = Corda focal $l = |2b^2/a|$; $e = c/a$
*Quando a = b a hipérbole é eqüilátera

*Observa-se que "a" pode ser maior, menor ou igual a "b".

4.5.2 Aplicações práticas de hipérboles

Cobertura de um pavilhão de exposições

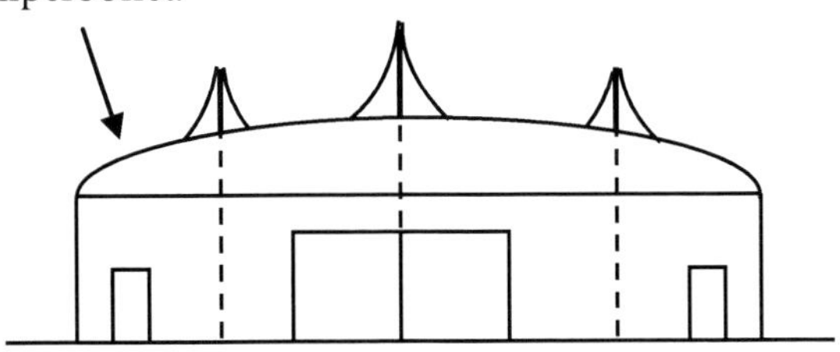

Nesse caso, a curva hiperbólica ao ser girada, segundo uma circunferência, gera uma superfície no formato de um hiperboloide, constituindo uma cúpula de belo aspecto visual.

Pontilhão sobre um rio

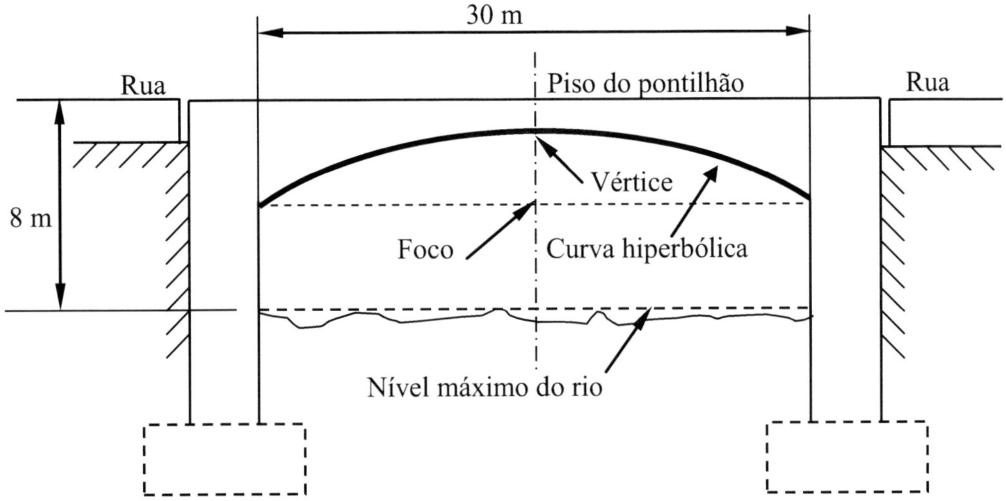

4.5.3 Traçado geométrico (aproximado) de uma hipérbole

Será feito o desenho geométrico (aproximado) de uma hipérbole, como abaixo mostrada, conhecendo-se as distâncias, em relação ao centro C, dos vértices (a) e focos (c). Lembra-se que a distância b é inerente ao tratamento algébrico de uma hipérbole, sem aplicação no desenho geométrico da curva.

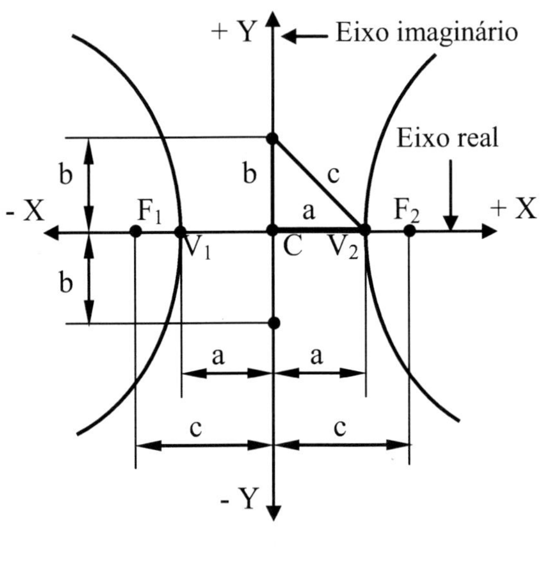

Este tipo de hipérbole tem a seguinte equação:

$\frac{+x^2}{a^2} - \frac{y^2}{b^2} = +1$. Pelo triângulo de ouro: $c^2 = a^2 + b^2$.

$c^2 = a^2 + b^2 \Rightarrow c = \sqrt{a^2 + b^2}$.

$\frac{+x^2}{36} - \frac{y^2}{16} = +1 \Rightarrow a = \pm 6$ e $b = \pm 4$. $c = \sqrt{36 + 16} \Rightarrow$

$c = \pm 7{,}211$.

1º Passo: traço os eixos real e imaginário, marcando centro C, focos F_1, F_2 e vértices V_1 e V_2.

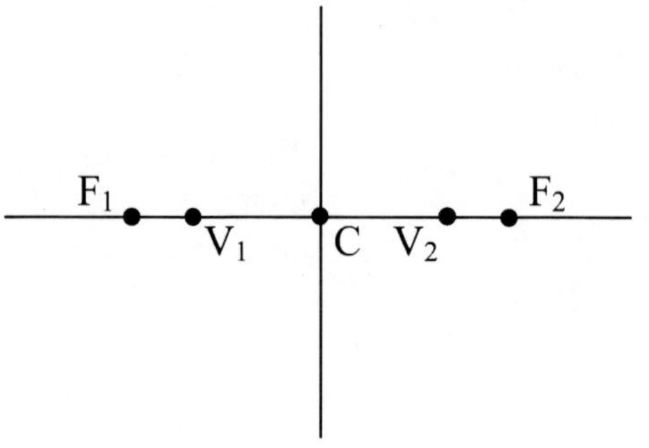

2º Passo: no ramo da esquerda, com a ponta seca do compasso em F_1 e raio qualquer menor que F_1C, marco o ponto g_1 e com mesma abertura com a ponta seca em g_1, marco g_2 e do mesmo modo marco g_3. Para o ramo da direita procedo da mesma forma, sendo $F_2h_1 = F_1h_1$.

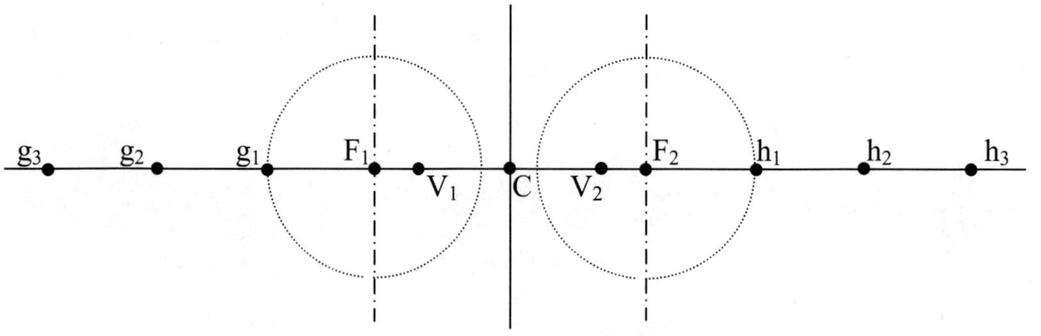

3º Passo: com centro em F_1 e aberturas iguais a V_1g_1, V_1g_2 V_1g_3, trace os arcos indicados. Para o ramo da direita, faça da mesma forma com centro em F_2.

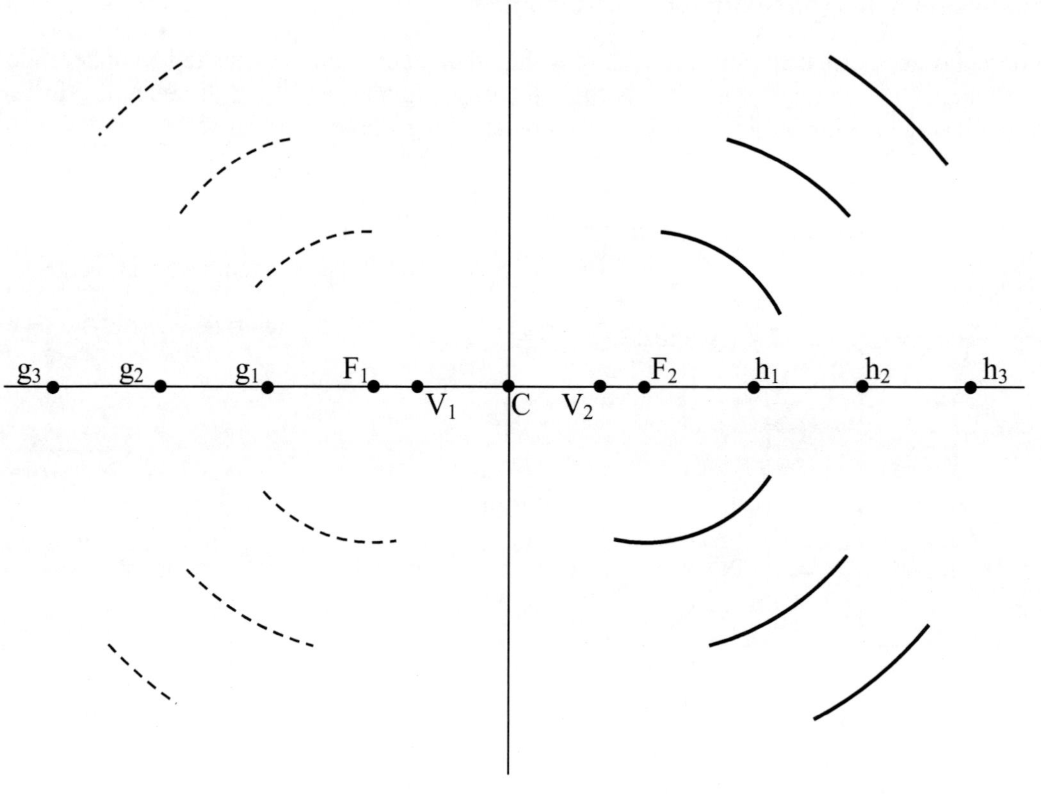

4º Passo: com a ponta seca do compasso em F_1 e abertura igual a V_1h_1, V_1h_2 e V_1h_3, descreva arcos interceptando os arcos traçados na etapa anterior; Com centro em F_2, proceda da mesma forma. A hipérbole passa pelos vértices e pelos pontos marcados.

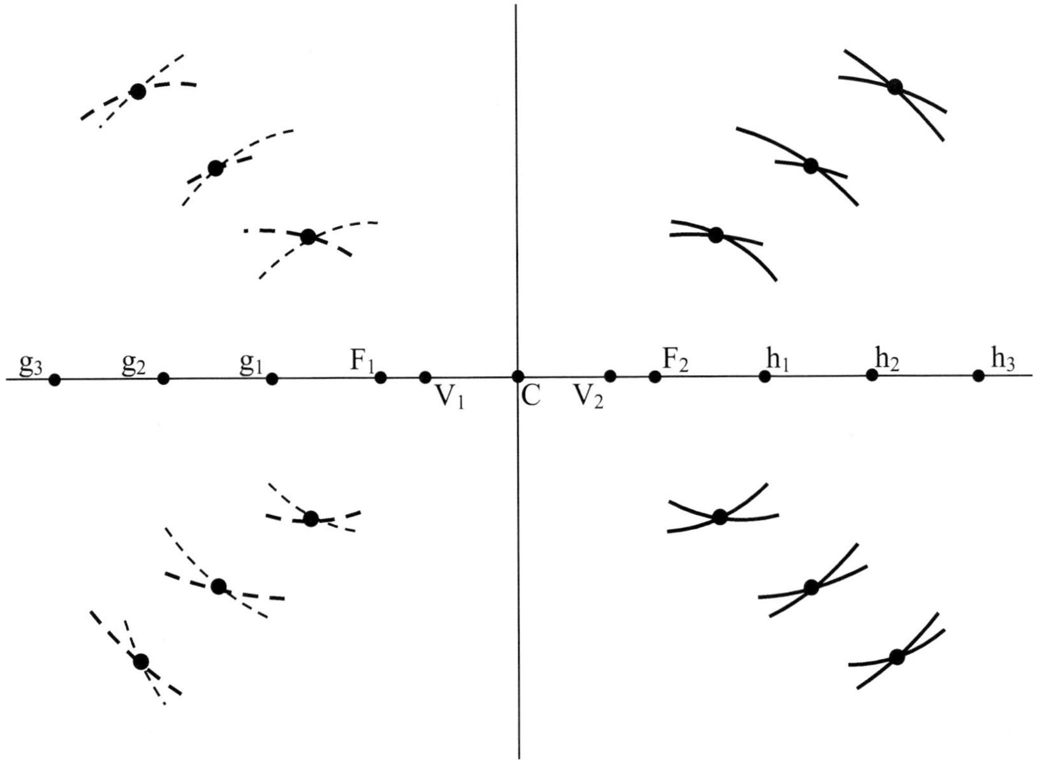

5º Passo: traçar a hipérbole, passando pelos pontos marcados e pelos vértices.

Usar curva francesa para o traçado da hipérbole.

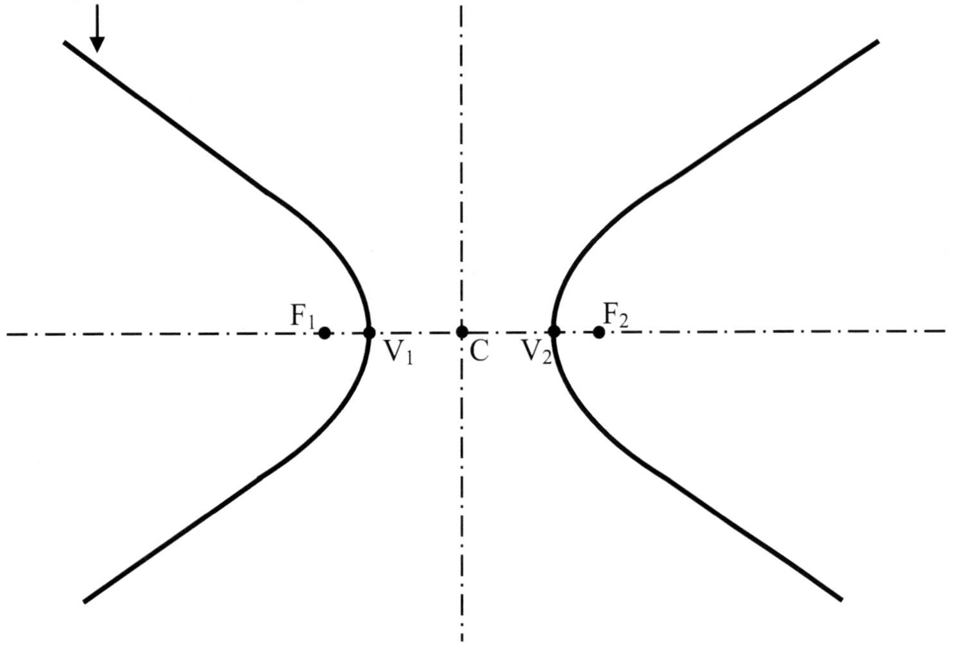

A hipérbole finalizada

4.5.4 Projeções de um tronco de cone circular, obtido por um plano perpendicular à base, gerando uma hipérbole de duas folhas. (Vistas ortográficas considerando o 3º diedro)

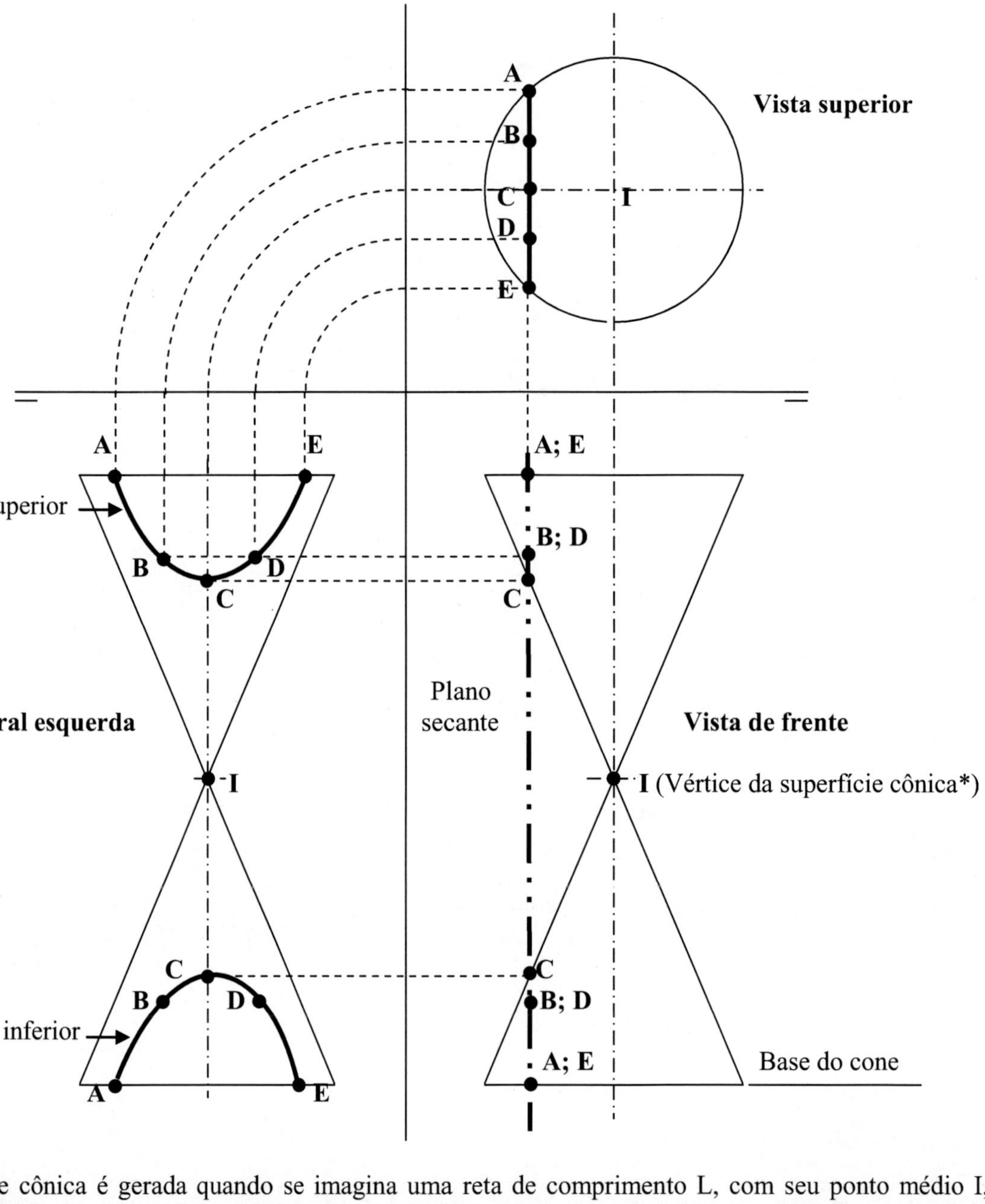

Uma superfície cônica é gerada quando se imagina uma reta de comprimento L, com seu ponto médio I, onde ao se inclinar a reta e girar segundo uma geratriz (no caso uma circunferência), se obtém uma superfície com duas partes iguais: a superior e a inferior. As duas curvas geradas são chamadas de folhas.

*O vértice I da superfície cônica, aqui mostrada, não pode ser interpretado como o vértice geométrico das duas folhas hiperbólicas, já que o vértice das folhas é o ponto básico para a definição geométrica (e dedução algébrica), de uma hipérbole como: "Considerando os focos F_1 e F_2, com distância igual a "2c", os vértices V_1 e V_2, com distância igual a "2a", e o ponto P(x; y), define-se hipérbole como o conjunto dos pontos do plano, ou seja, o lugar geométrico, cuja diferença (em módulo) das distâncias aos focos F_1 e F_2 é a constante "2a" ($|V_1V_2|$)".

4.5.5 A geometria descritiva de uma hipérbole

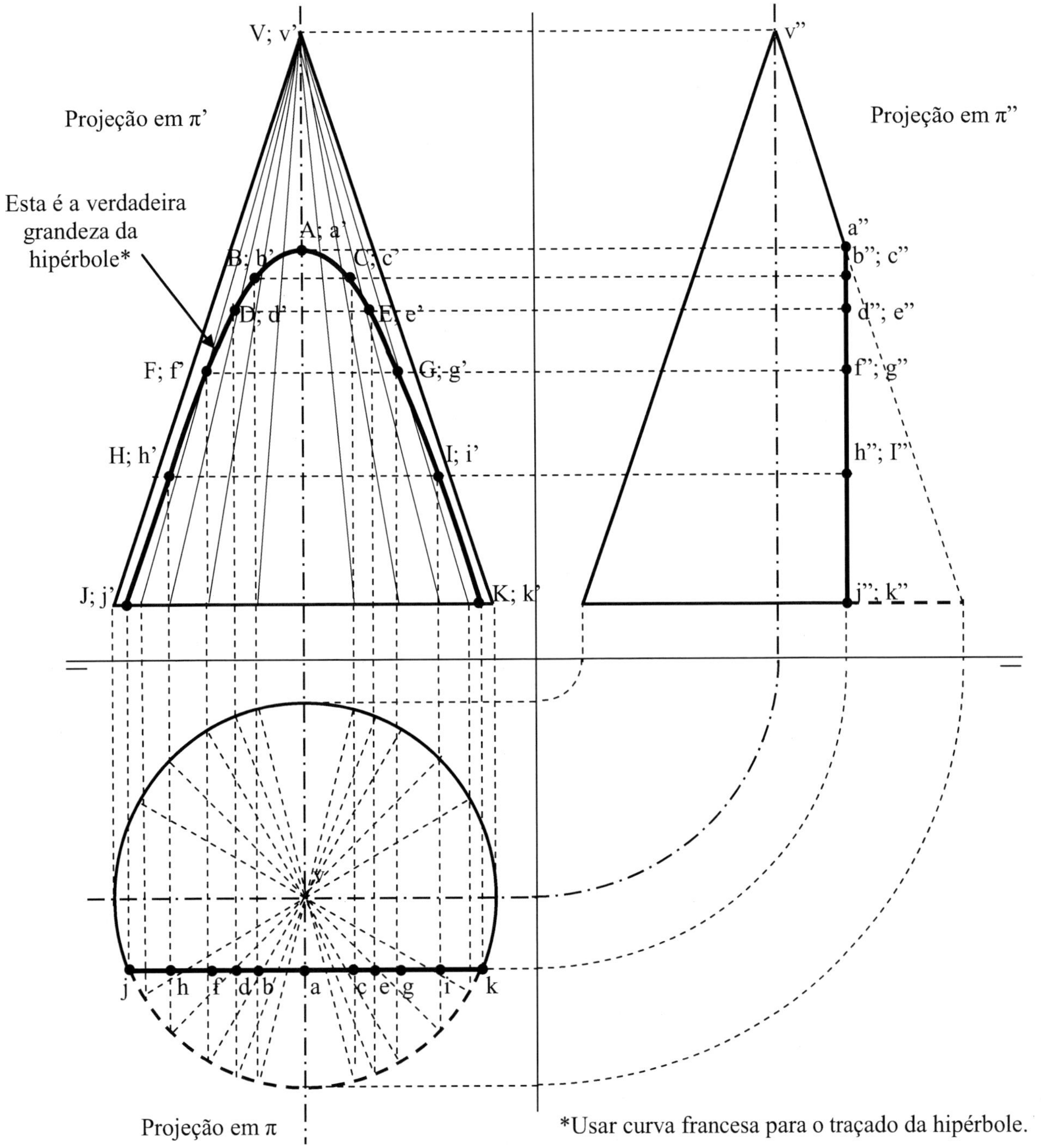

*Usar curva francesa para o traçado da hipérbole.

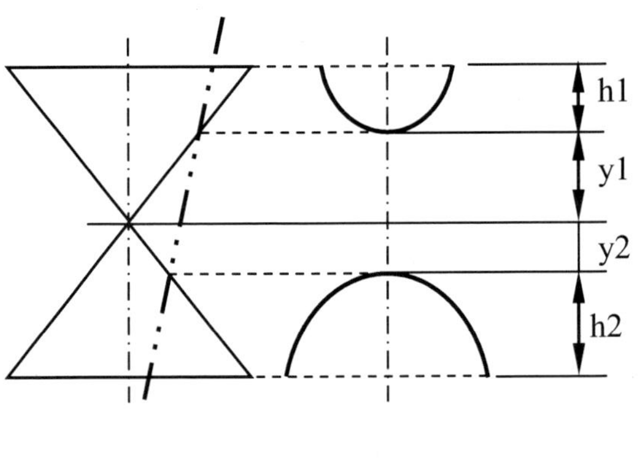

Quando o plano de corte não é perpendicular à base, mas passa por ela, tem-se uma hipérbole de duas folhas não simétricas. (h2 > h1). (y1 > y2).

4.5.6 Análise gráfica e cálculos de uma hipérbole, gerada a partir de um tronco de cone reto

Um cone circular reto tem ângulo de vértice de 30°, altura de 9,33 metros e diâmetro de base igual a 5 metros. Supondo que um plano vertical à linha de base corte o cone, a uma distância de 1,25 metros do centro, Pede-se: a) A imagem geométrica do cone, com o plano de corte e as características dimensionais da hipérbole gerada e b) A imagem tridimensional com as dimensões da hipérbole.

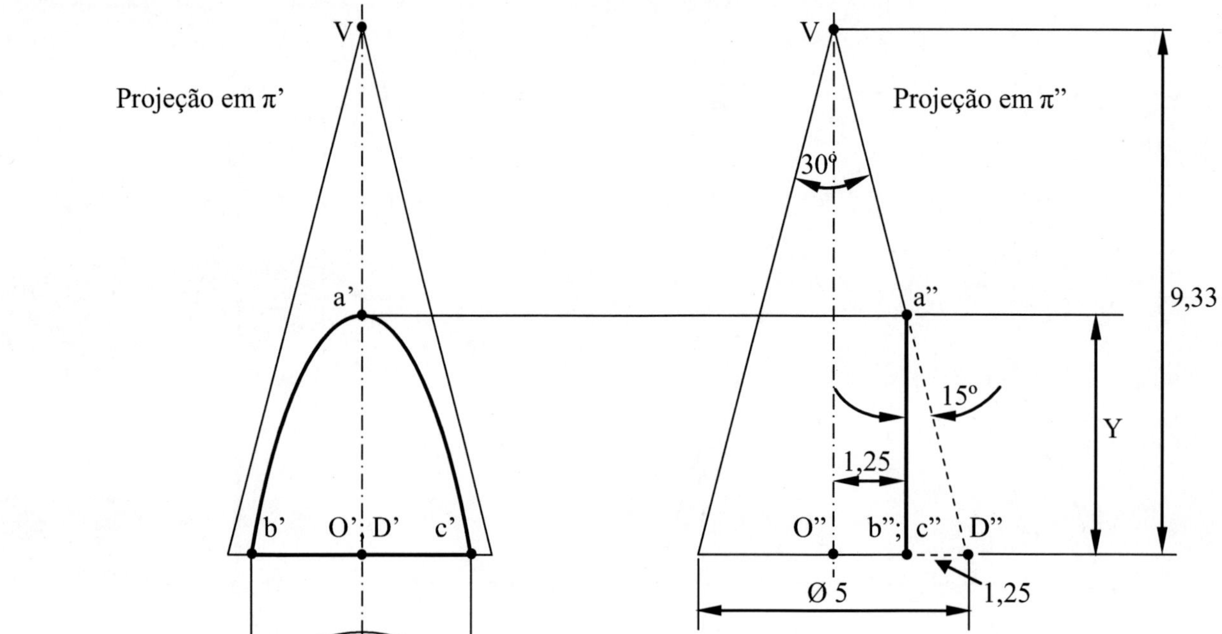

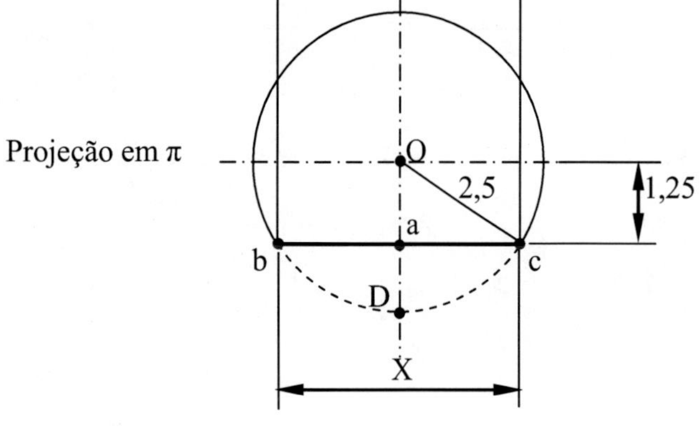

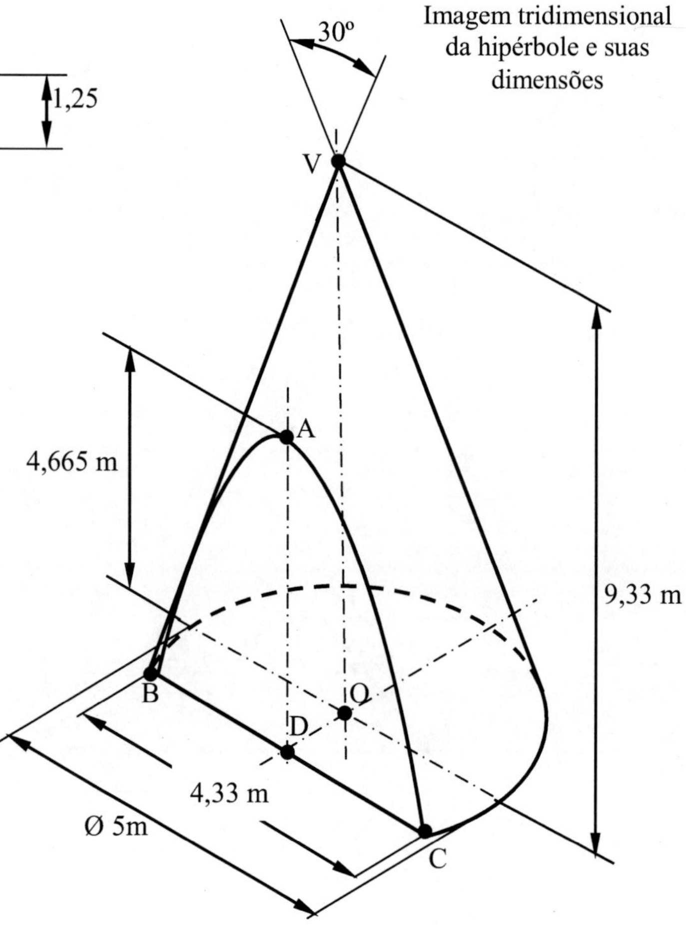

$X = bc = 2ac.$

$(Cc)2 = (aC)^2 + (ac)^2 \Rightarrow ac = \sqrt{(Cc)^2 - (aC)^2} \Rightarrow$

$ac = \sqrt{(2{,}5)^2 - (1{,}25)^2} = \sqrt{6{,}25 - 1{,}563} \Rightarrow$

$ac = 2{,}165.$

$X = 2ac \Rightarrow X = 4{,}33$ m.

Como triângulos VC"D" e a"b"D" são semelhantes:

$$\frac{VC"}{a"b"} = \frac{C"D"}{b"D"} \Rightarrow \frac{9{,}33}{Y} = \frac{2{,}5}{1{,}25} \Rightarrow$$

$Y = (1{,}25)(9{,}33)/2{,}5 = 4{,}665$ m.

4.6 Exercícios resolvidos sobre curvas cônicas (e superfícies)

4.6.1 Análise gráfica e cálculos de uma elipse, gerada a partir de um tronco de cone reto

Um cone reto tem ângulo de vértice de 30° e diâmetro de base igual a 5 metros. Supondo que um plano corte o cone, segundo um ângulo de 30°, com a linha de base, e passando pelo centro do cone, numa altura de 4 metros, em relação à base. Pede-se: a) A imagem geométrica do cone, com o plano de corte e todas as características dimensionais. b) a altura total H do cone e c) A equação reduzida da elipse gerada.

a) Imagem geométrica

b) Cálculo da altura total H:

Segundo os triângulos LBI ou LBJ:

$\text{tg } 75° = \dfrac{H}{2.5\text{m}}$ ou seja: H = tg 75°. 2,5 m. H = 9,33m.

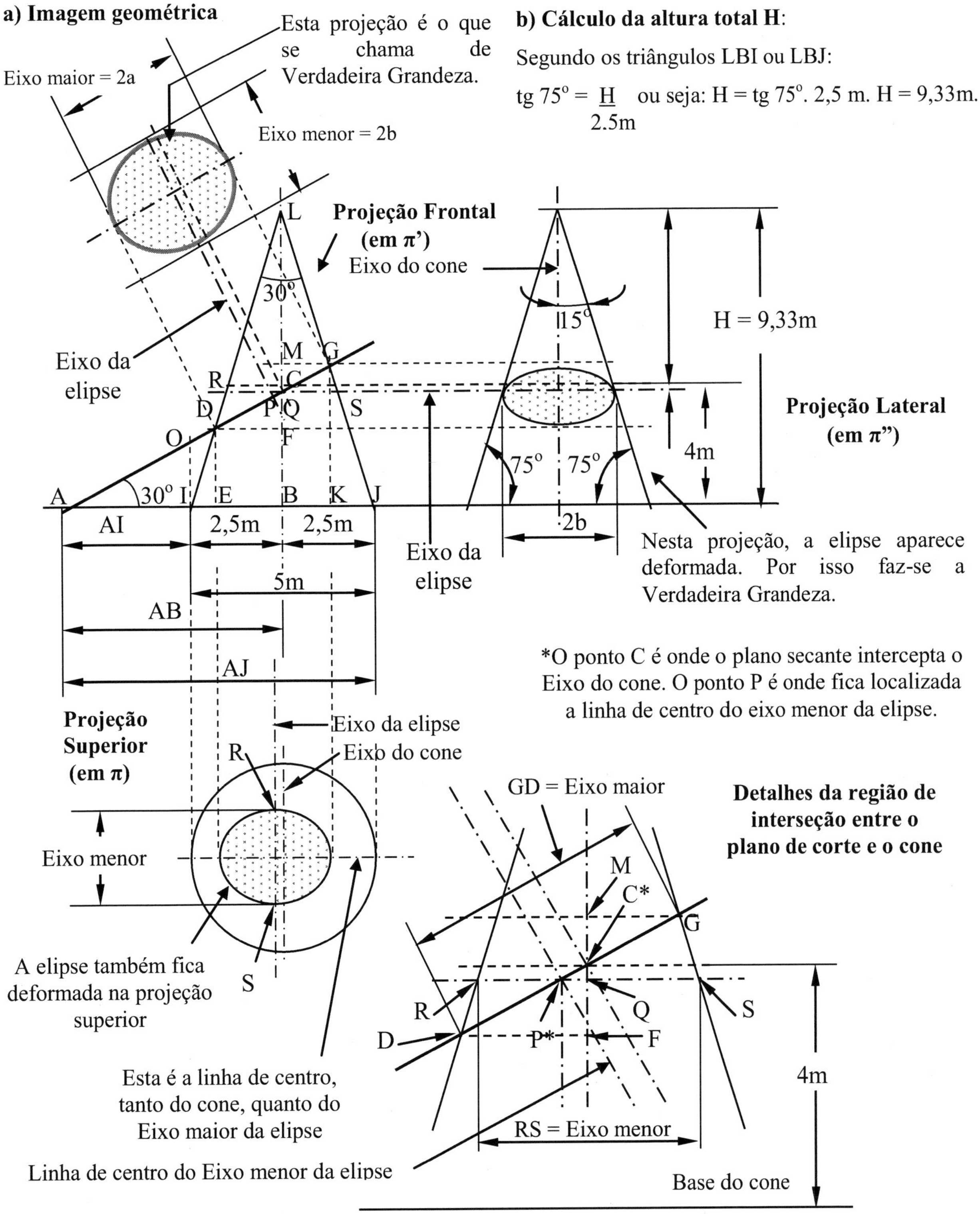

*O ponto C é onde o plano secante intercepta o Eixo do cone. O ponto P é onde fica localizada a linha de centro do eixo menor da elipse.

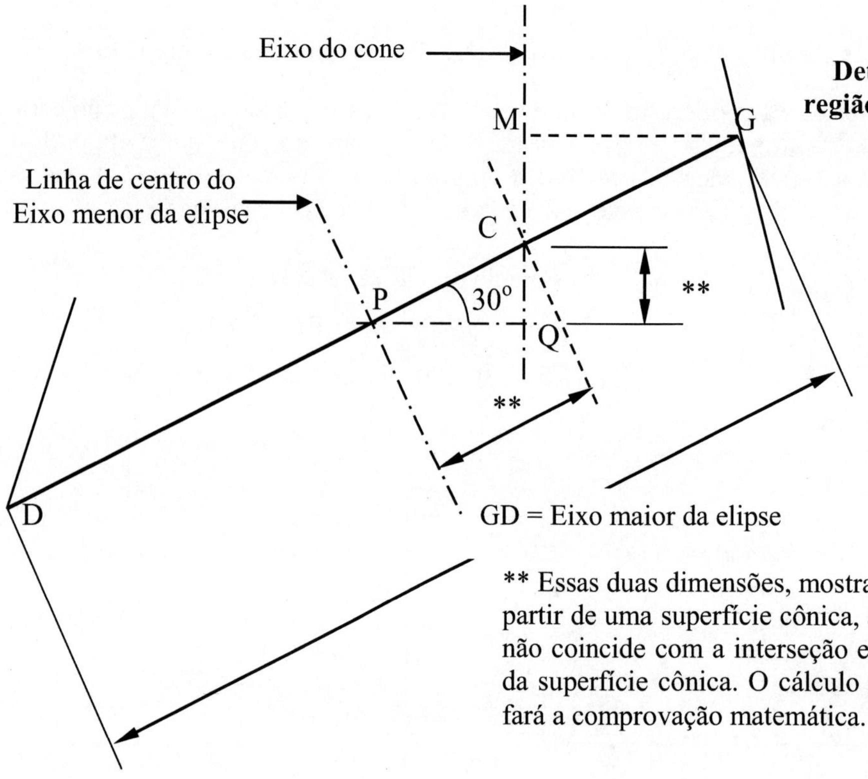

Detalhes ampliados da região de interseção entre o plano e o cone

** Essas duas dimensões, mostram que em uma elipse gerada, a partir de uma superfície cônica, a linha do eixo menor da elipse não coincide com a interseção entre um plano secante e o eixo da superfície cônica. O cálculo analítico, adiante desenvolvido fará a comprovação matemática.

Nesse caso, e como já mostrado, os eixos maior e menor da elipse, não coincidem com a interseção com o eixo do cone. Essa coincidência só ocorre em elipses geradas a partir de um tronco de cilindro reto. Para se determinar as dimensões dos eixos maior e menor, torna-se necessária a resolução de alguns cálculos e semelhanças com triângulos, como a seguir detalhados.

Triângulo ABC:

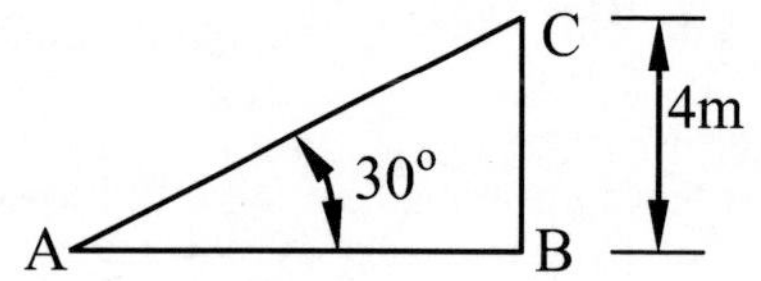

tg 30° = BC/AB; AB = BC/tg 30°.
AB = 4m/0,57737 => AB = 6,928m.
AI = AB – BI => AI = 4,428m.

Triângulo AGJ:

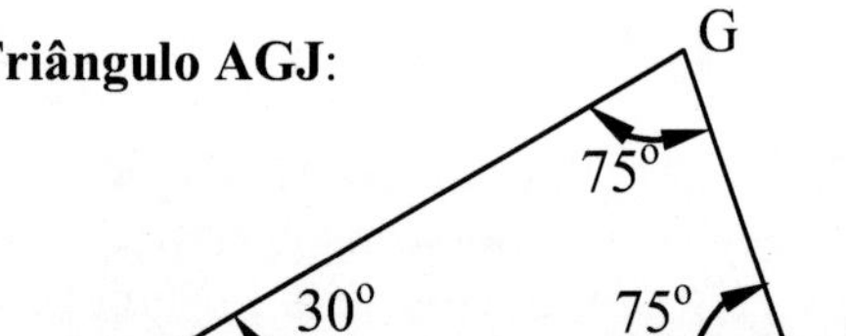

AJ = AB + BJ: AJ = 6,928 + 2,5 => AJ = 9,428m.
Como o triângulo é isósceles: AJ = AG = 9,428m.
$GJ^2 = AG^2 + AJ^2 - 2.AG.AJ.\cos30° \Rightarrow GJ = 4,88m.$

Triângulo LBJ:

LB = 9,33m
tg 75° = LB/LJ;
LJ = LB/tg 75°;
LJ = 9,659m.

Triângulo LGM:

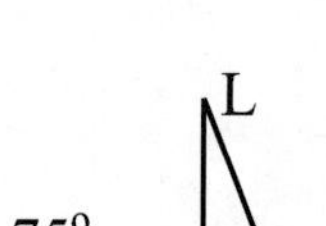

LG = LJ - GJ = 9,659 - 4,88.
LG = 4,779m.
cos75° = GM/LG;
GM = LG.cos75°:
GM = 1,237m.
$LG^2 = LM^2 + GM^2$;
$LM = \sqrt{(LG^2 - GM^2)}$;
LM = 4,616m.

Triângulo CGM:

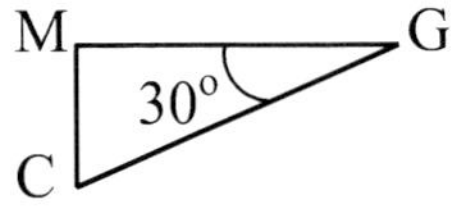

CM = BL - (LM + BC): BL = 9,33; LM = 4,616 e BC = 4.
CM = 0,714m.
tg 30° = CM/GM; GM = CM/ tg 30° => GM = 1,237m.
$CG^2 = CM^2 + GM^2$; CG = $\sqrt{(CM^2 + GM^2)}$ => CG = 1,428m.

Triângulos AIO e EIO:

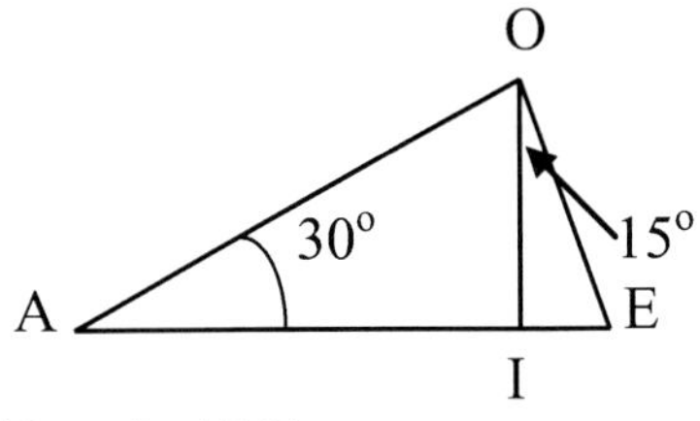

AI = 4,428m. tg 30° = OI/AI; OI = tg 30°. AI => OI = 2,557m.
tg 15° = IE/OI; IE = tg 15°. OI => IE = 0,685m.
$OE^2 = OI^2 + IE^2$; OE = $\sqrt{(OI^2 + IE^2)}$ => OE = 2,647m.
cos 30° = AI/AO; AO = AI/ cos 30° => AO = 2,953m.

Triângulo ADE:

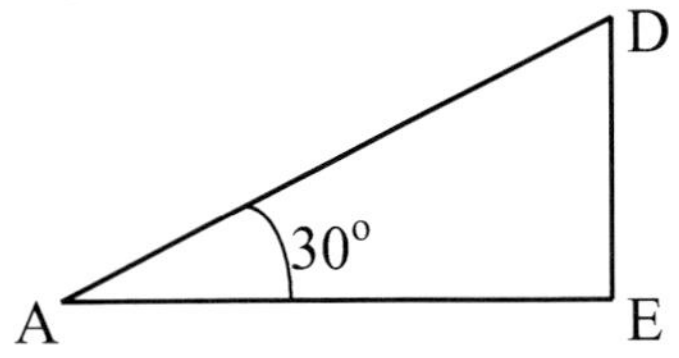

$AD^2 = AE^2 + DE^2$; AD = $\sqrt{(AE^2 + DE^2)}$; AE = AI + IE.
AE = 5,113m.
tg 30° = DE/AE; DE = tg 30°. AE => DE = 2,952m.
AD = 5,904m.

BE = BI - IE; BI é o raio da base, logo: BI = 2,5m. Como IE = 0,685m; portanto: BE = 1,815m.

Triângulo CDF:

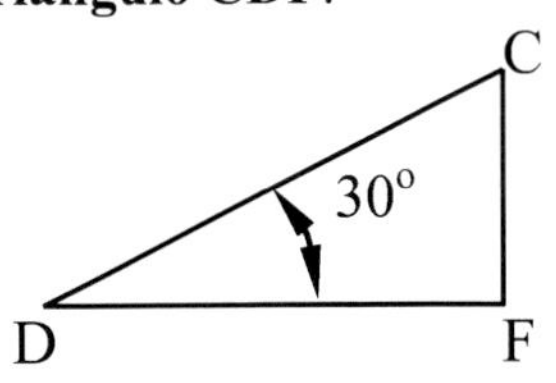

BE = DF = 1,815m.
tg 30° = CF/DF; CF = tg 30°. DF => CF = 1,048m.
$CD^2 = DF^2 + CF^2$; CD = $\sqrt{(DF^2 + CF^2)}$ => CD = 2,096m.

Triângulo AGK:

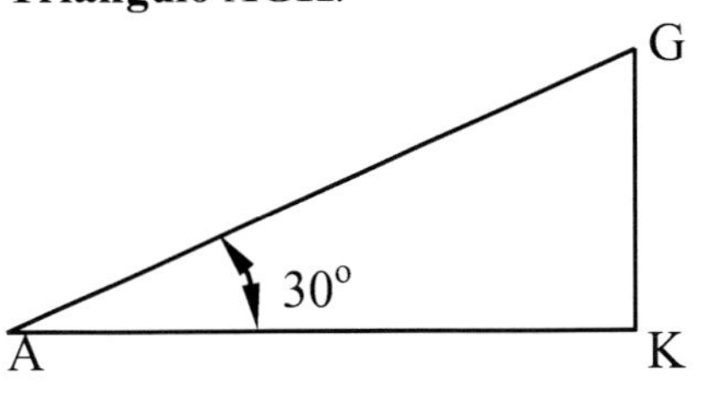

AK = AB + BK; BK = GM = 1,237m. AB = 6,928m.
AK = 8,165m.
tg 30° = GK/AK; GK = tg 30°. AK => GK = 4,714m.

Análise do Triângulo CPQ:

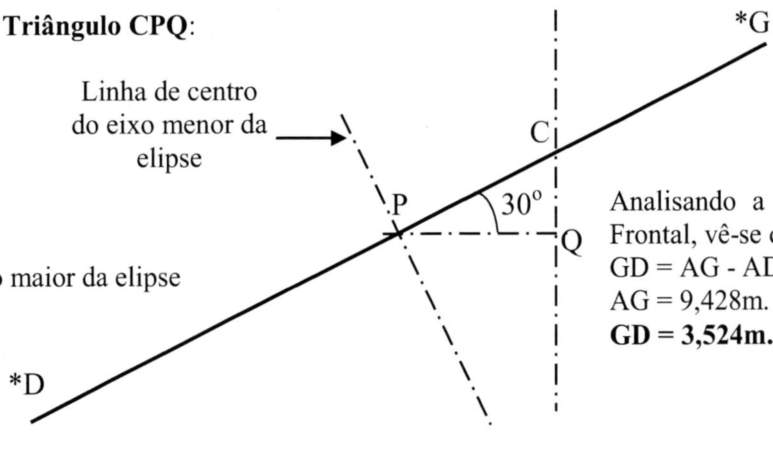

*GD = eixo maior da elipse

Analisando a imagem da Projeção Frontal, vê-se que:
GD = AG - AD.
AG = 9,428m. AD = 5,904m.
GD = 3,524m. É o eixo maior.

CP = (GD/2) - CG. Como: GD = 3,524m e CG = 1,428m; portanto: CP = 0,334m.

No triângulo CPQ:

sen 30° = CQ/CP; CQ = sen 30°. CP; portanto: CQ = 0,167m.

cos 30° = PQ/CP; PQ = cos 30°. CP; portanto: PQ = 0,289m.

Análise dos triângulos semelhantes LIJ e LRS:

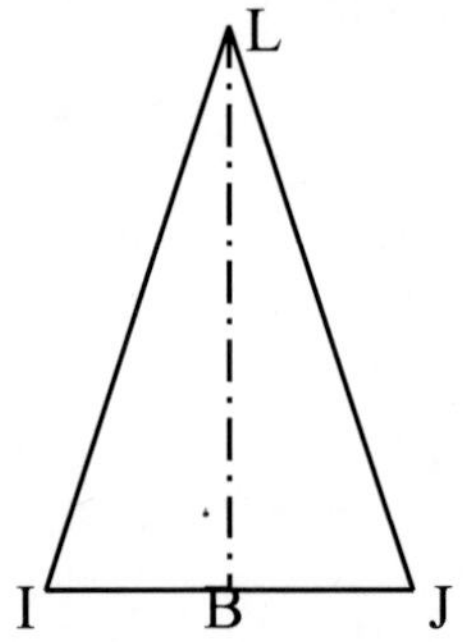

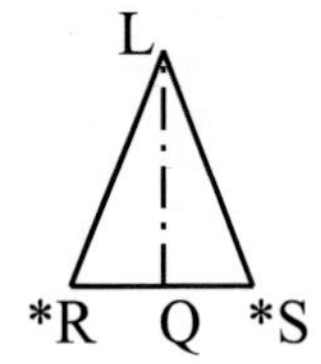

*RS é o eixo menor da elipse

LQ = H - 4m + CQ.

LB = H = 9,33m e CQ = 0,167m.

LQ = 5,497m.

BJ = BI = 2,5m. Com as semelhanças:

$\frac{LB}{LQ} = \frac{BJ}{QS}$; logo: $QS = \frac{LQ.BJ}{LB}$

QS = (5,497.2,5)/9,33; QS = 1,473m.

Como RS = 2QS: RS = 2,946m.

Eixo menor da elipse = 2,946m.

IJ = 5m, ou seja, o diâmetro da base do cone.

Finalmente tem-se: eixo maior: 2a = 3,524m e eixo menor 2b = 2,946m.

Considerando a equação reduzida da elipse como: $\frac{x^2}{a^2} + \frac{y^2}{b^2} = +1$

Com a = 1,762m e b = 1,473m, tem-se a equação da elipse:

$$\frac{x^2}{3,1m^2} + \frac{y^2}{2,17m^2} = 1$$

Imagem geométrica, análise e comentários sobre a elipse calculada

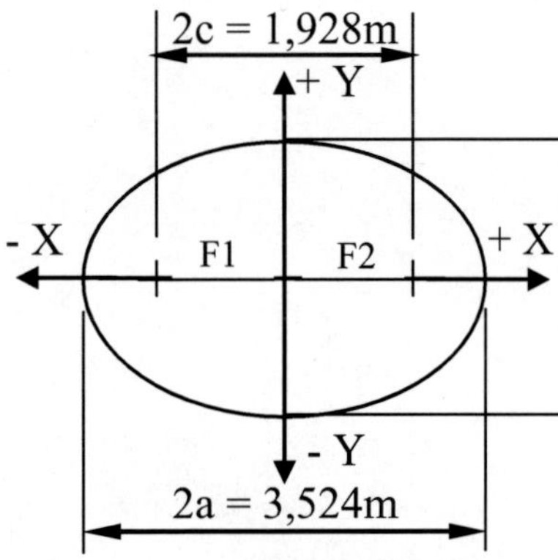

$a^2 = b^2 + c^2 \Rightarrow c = \sqrt{(a^2 - b^2)} \Rightarrow c = 0,964m$.

2c = 1,928m.

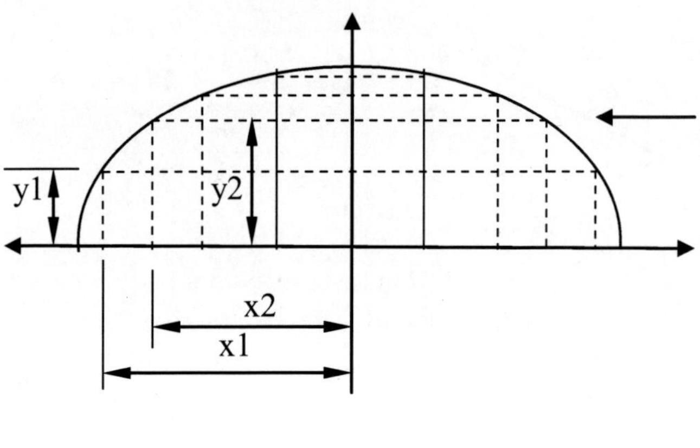

Nas aplicações reais e práticas, por exemplo, quando usada como a abertura ou boca de um túnel (Engenharia Civil), a elipse é estudada nessa posição. São gerados Desenhos Técnicos Projetivos, quando são definidos pontos da elipse, segundo as coordenadas x e y, de forma a permitir a marcação na montanha, escavação inicial e construção do túnel.

4.6.2) Dado o cilindro circular reto a seguir, cortado por um plano α, como mostrado, desenhar as projeções em π e π', bem como a verdadeira grandeza da curva gerada pelo corte. Supondo que o ângulo ß do plano com a linha de terra seja de 60º, que o cilindro tenha diâmetro de 5 cm, altura de 20 cm, e supondo que a interseção do plano com a linha de terra esteja a 5 cm da linha de simetria do cilindro, determinar as dimensões máximas da curva gerada pelo corte.

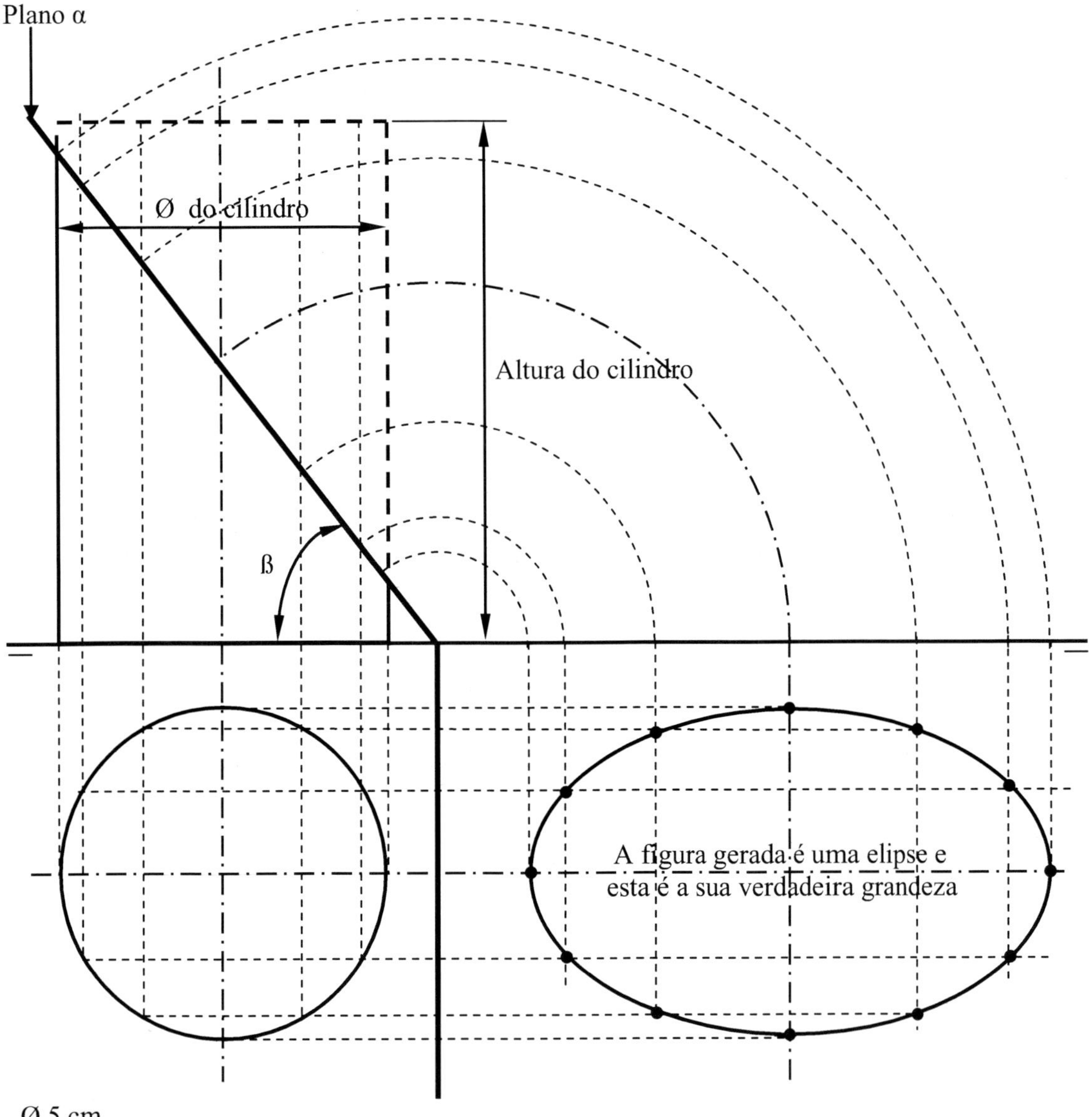

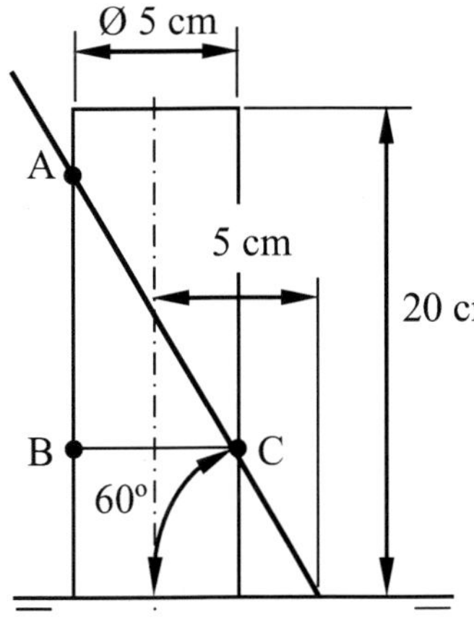

Pelo triângulo ABC: cos 60º = BC/AC => AC = BC/cos 60º.

cos 60º = 0,5. AC, hipotenusa do triângulo é o eixo maior da elipse.

AC = 5 cm/0,5 = 10 cm. O eixo menor da elipse é 5 cm.

Dimensões máximas da elipse:
eixo maior 19 cm e menor 5 cm.
Observa-se que, num cilindro, o eixo menor da elipse é igual ao diâmetro do cilindro.

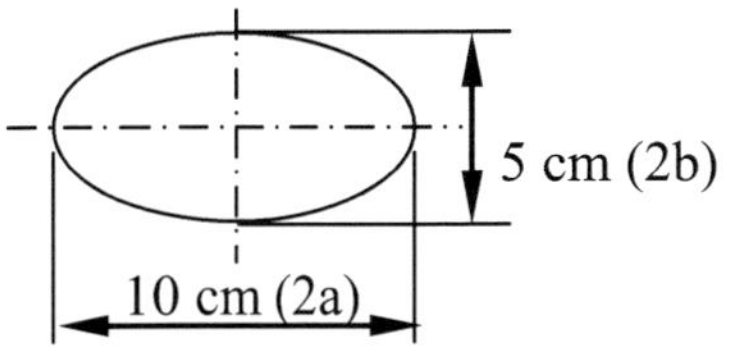

Usando-se a relação: $a^2 = b^2 + c^2$, é possível calcular a distância 2c e definir a equação desta elipse.

4.6.3) Dada a esfera a seguir, cortada por um plano α, como mostrado, desenhar as projeções em π e π'. Explicar qual figura ou superfície advém dessa interseção.

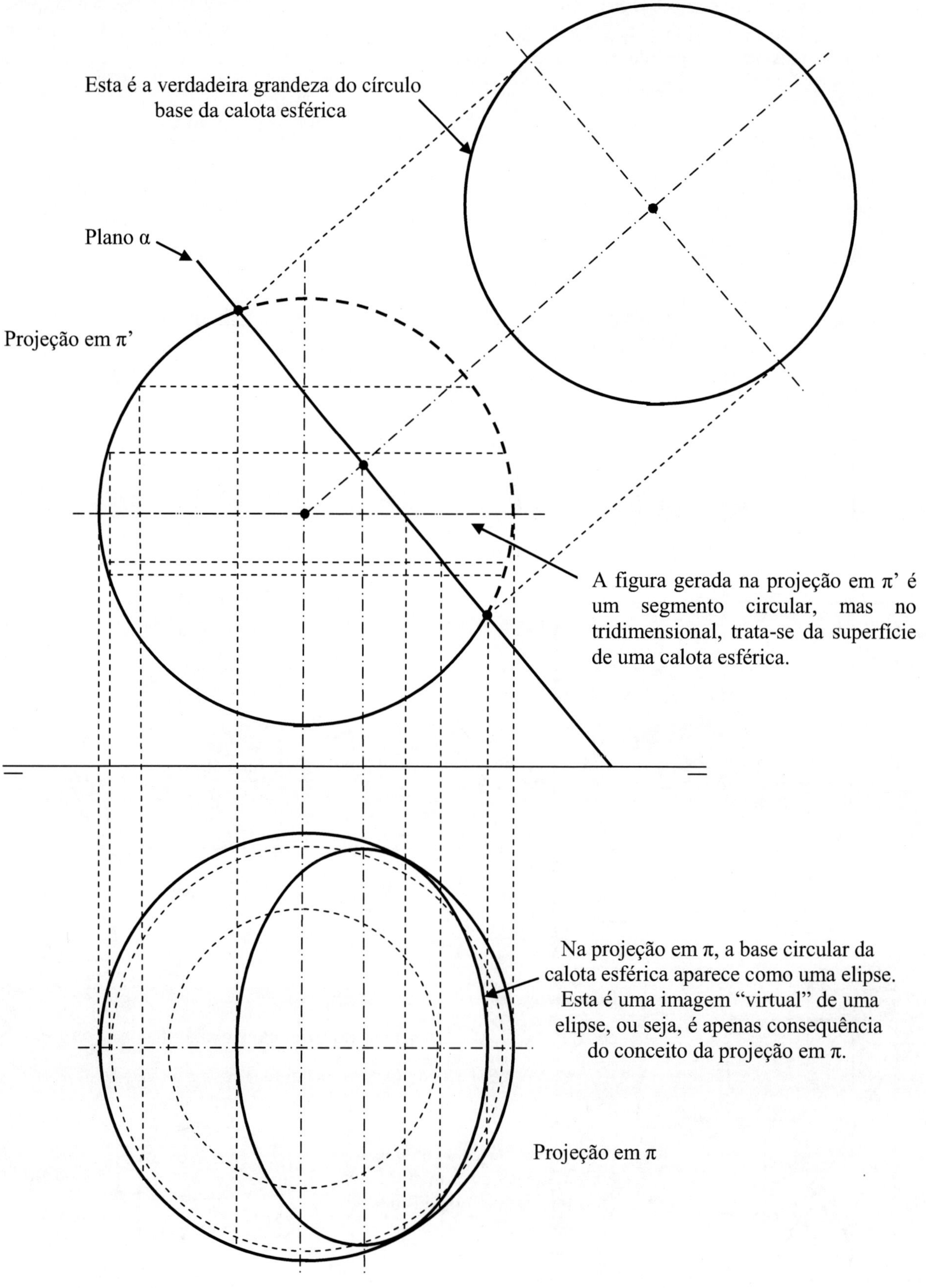

4.6.4) A figura a seguir mostra uma esfera de diâmetro 10 cm, cortada por um plano α inclinado a 60°, como mostrado. Com esses dados pede-se: as projeções simplificadas em π e π', bem como o cálculo analítico da verdadeira grandeza da superfície gerada.

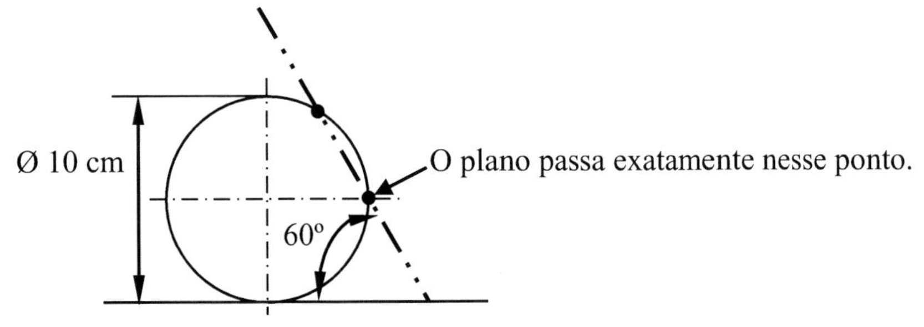

Interpretação gráfica simplificada

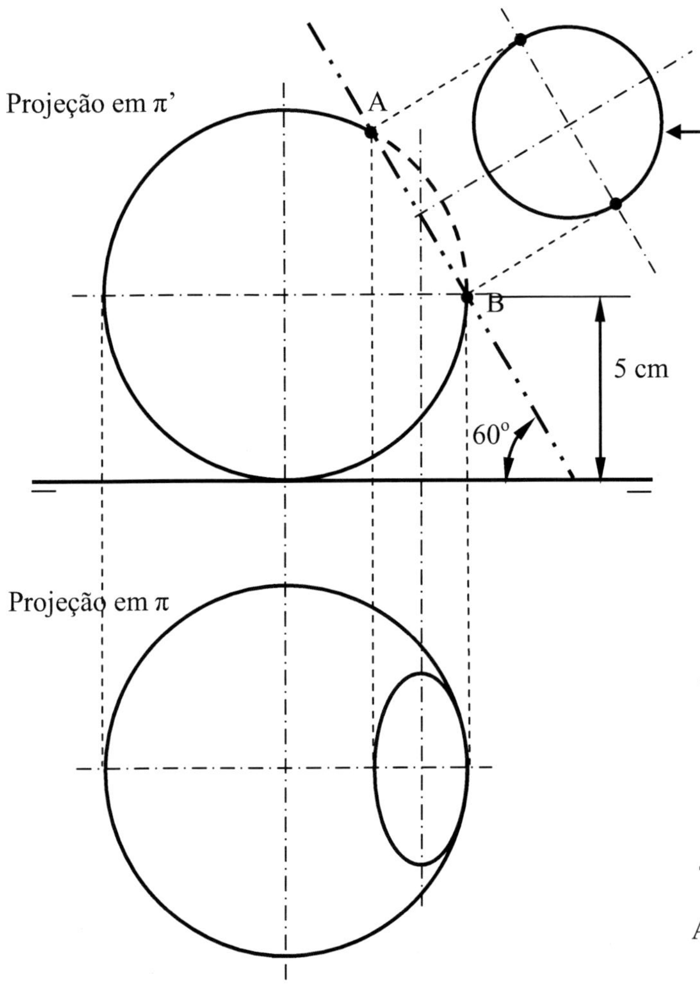

Cálculos analíticos

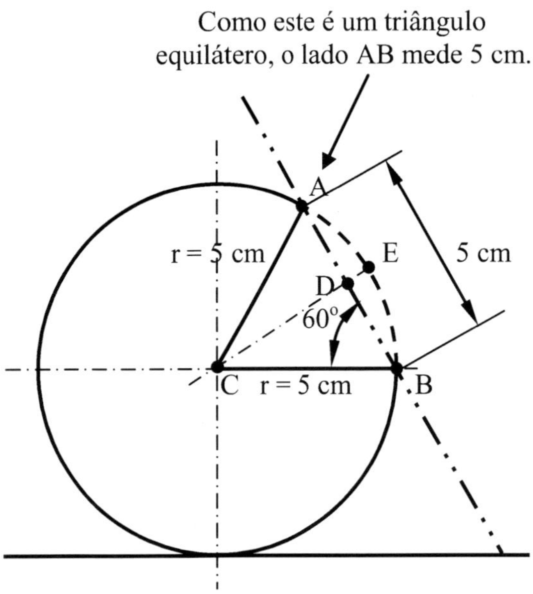

AB igual a 5 cm corresponde ao diâmetro do círculo da base da calota esférica.

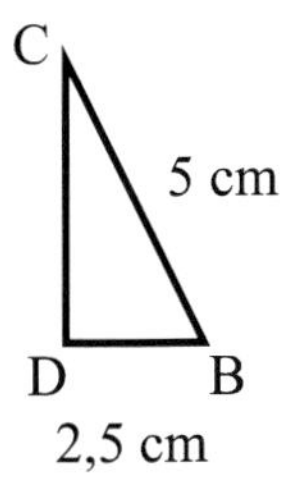

$CB^2 = CD^2 + DB^2 \Rightarrow CD = \sqrt{CB^2 - DB^2} \Rightarrow CD = \sqrt{25 - 6{,}25} \Rightarrow CD = 4{,}33$ cm.

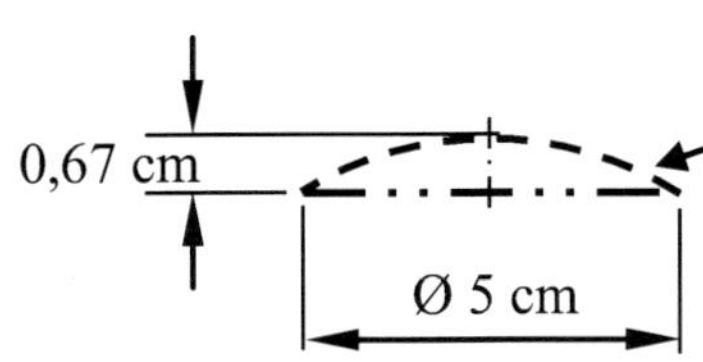

Dimensões do segmento circular.

DE = 5 cm - 4,33 cm = 0,67 cm.

4.7 Exercício proposto (veja resposta no Apêndice A)

4.7.1) Dado o cone circular reto a seguir pede-se: a) Determinar a altura H do cone; b) Definir a curva gerada pela interseção do plano α, perpendicular à base do cone e que passa a 3 metros à direita do eixo de simetria do cone; c) Determinar a altura H1 da curva gerada pelo plano α; d) Definir a curva gerada pela interseção do plano ß, paralelo à reta diretriz da esquerda; e) Considerando que na sua verdadeira grandeza a curva gerada pelo plano ß, tem a mesma altura H1, da curva gerada pelo plano α, determinar o ponto D onde a curva gerada pelo plano ß intercepta a base do cone e f) Determinar as medidas máximas de cada curva (altura H1 e abertura Y), comparando as duas geometrias. Fazer as seguintes considerações: sen 30º = cos 60º = +0,5; sen 60º = cos 30º = +0,866; tg 30º = +0,577 e tg 60º = +1,732.

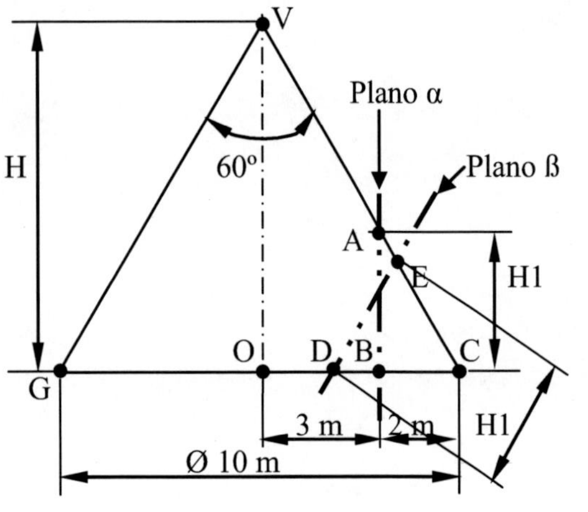

Capítulo 5
As superfícies quádricas e suas aplicações

5.1 Classificação geral

Superfície quádrica é o conjunto dos pontos do espaço tridimensional R^3 (X, Y, Z) ou planos π, π', π", cujas coordenadas formam um polinômio de segundo grau, de no máximo três variáveis (x, y, z). Quando uma superfície quádrica é cortada por um plano a curva de interseção será uma cônica (circunferência, elipse, parábola e hipérbole). A interseção de uma superfície com um plano é chamada de traço da superfície no plano. As superfícies quádricas, para além de aplicações matemáticas, têm muitos usos práticos. Por exemplo, o fogão solar, citado no capítulo 4, é um exemplo de um elipsoide de revolução, assim como o uso de espelhos parabólicos para aquecimento de água ou fluidos térmicos, também citados no capítulo 4, são exemplos de cilindros parabólicos.

Classificação geral das superfícies no espaço R^3

- Cilíndricas
  - Circular: cilindro circular
  - Elíptica: cilindro elíptico
  - Parabólica: cilindro parabólico
  - Hiperbólica: cilindro hiperbólico
- Cônicas
  - Cone (superfície cônica)
  - Elipsoide (esferóide e esfera)
  - Elipsoide de revolução
  - Paraboloide elíptico
  - Paraboloide de revolução
  - Paraboloide hiperbólico
  - Hiperboloide de uma folha
  - Hiperboloide de duas folhas
- Especiais
  - Toroide (Toro)
  - Helicoide (Hélice)
    - Cilíndrico
    - Cônico
    - Esférico

(Cilíndricas e Cônicas: Superfícies quádricas)

5.2 Cilindros circulares, elípticos, parabólicos e hiperbólicos

Cilindros circulares: podem ser retos ou oblíquos, conforme seus eixos sejam perpendiculares ou inclinados em relação ao plano de base. g = geratriz; h = altura; r = raio e d = diâmetro.

Eixo inclinado: cilindro oblíquo

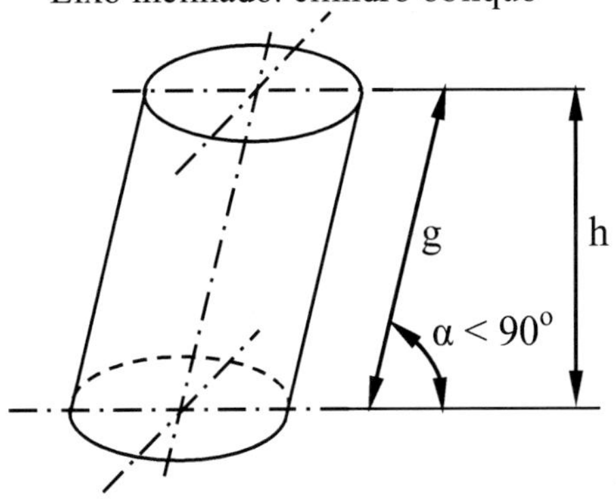

Eixo vertical: cilindro reto

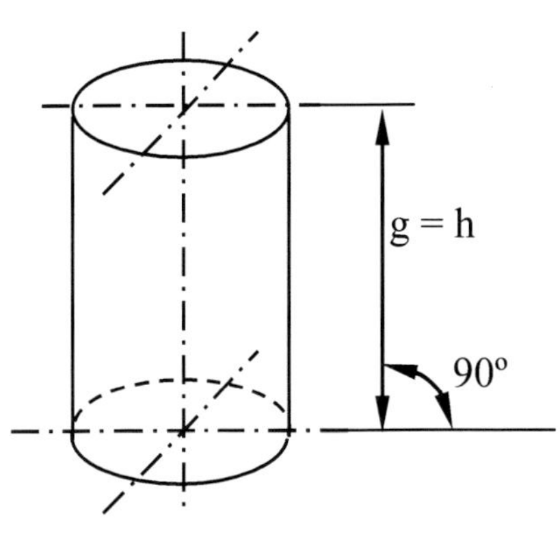

Cilindros elípticos: do Ponto de vista visual, a diferença entre uma superfície cilíndrica elíptica e uma circular está na geratriz, que é uma elipse. Na prática profissional, especialmente da Engenharia, cilindros elípticos são utilizados ou como dutos ou como tubos para sistemas de exaustão de gases ou de ar condicionado. Na Arquitetura, às vezes, projetos arrojados usam pilares ou colunas elípticas, bem como prédios construídos como cilindros elípticos. Na área do Desenho Industrial ou *Design*, é comum o uso de cilindros elípticos, por exemplo, como frascos de perfumes e até de bebidas.

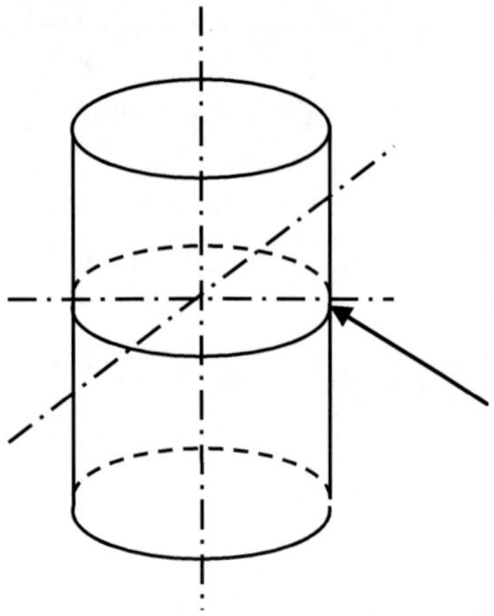

A exemplo da superfície cilíndrica circular, a elíptica também pode assumir várias posições no espaço, especialmente as três clássicas com a base elíptica paralela a um dos três planos: π, π', π''.

Ao ser cortado por um plano paralelo a um dos três π, π', π'', obtém-se uma elipse.

Cilindro parabólico

É uma lâmina ou folha ou construção cilíndrica, cuja geratriz é uma curva parabólica que, em princípio pode ocupar diversas posições no espaço, como algumas mostradas adiante.

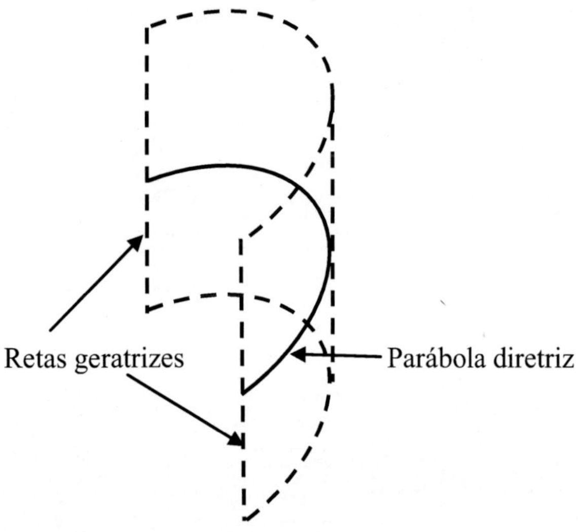

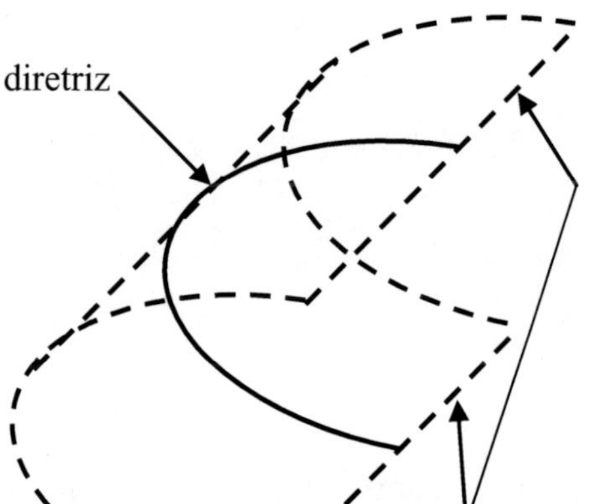

Cilindro hiperbólico

É formado a partir de folhas de uma hipérbole. Tal como as outras, a superfície cilíndrica hiperbólica, em princípio pode assumir qualquer posição no espaço, embora na prática, especialmente na Arquitetura e Engenharia Civil, seja usada como cobertura ou telhado de construções modernas, principalmente em museus e igrejas.

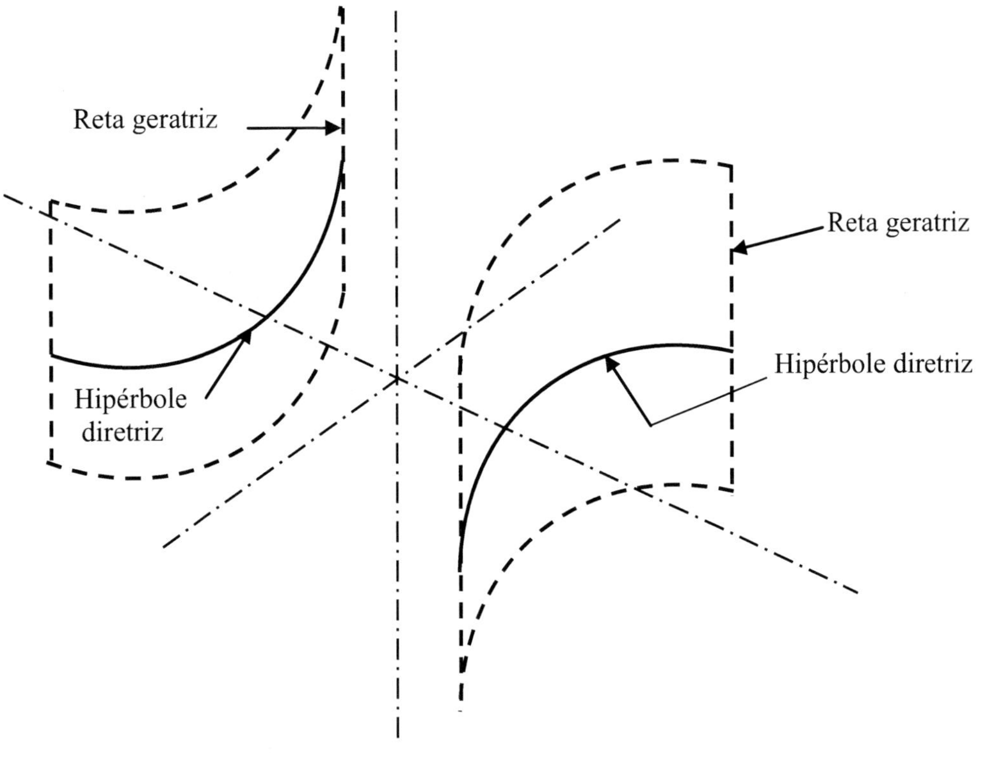

Imagens de duas folhas cilíndricas hiperbólicas

5.3 Superfícies quádricas cônicas: cone (ou conoide), elipsoide, paraboloide e hiperboloide

São as regiões formadas quando as seções cônicas (circunferência, elipse, parábola e hipérbole) são rotacionadas, ou seja, as cônicas pertencem ao espaço R^2, já as superfícies quádricas pertencem ao espaço R^3. Especialmente a Arquitetura e a Engenharia muito utilizam superfícies quádricas, tanto como telhados e fachadas, quanto como equipamentos. Um pavilhão de exposições com telhado tipo paraboloide hiperbólico, pode muito bem ser classificado como um elemento de Arte Geométrica. Muitos equipamentos de indústrias químicas e petroquímicas são construídos a partir de cones e tampos elipsoidais.

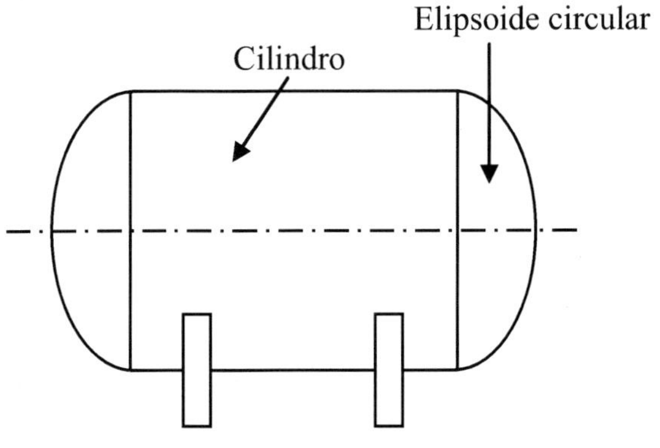

Exemplo de um vaso de pressão, cilíndrico horizontal, com tampos no formato de elipsoides circulares. São utilizados em vários tipos de indústrias. Em verdade, esses tampos semi elípticos são esferoides oblatos ou achatados.
Na prática são utilizados tampos toroesféricos, pois são mais econômicos do que os semi elípticos.

5.3.1 Superfície cônica (cone)

Uma superfície cônica (genericamente um cone) é uma superfície gerada por uma reta que se move ao longo de uma curva e que passa por um ponto fixo, fora da curva. A reta móvel é chamada de geratriz, a curva denominada de diretriz e o ponto fixo de vértice do cone. Ou seja, um cone é a reunião de retas passando por pontos de uma curva e por um ponto fixo (vértice) fora da curva. O vértice separa o cone em duas partes opostas pelo vértice, denominadas folhas embora, usualmente, representa-se apenas uma das folhas. A superfície cônica assume diversas formas, segundo sua diretriz, podendo-se ter cones: circulares, parabólicos, elípticos ou hiperbólicos.

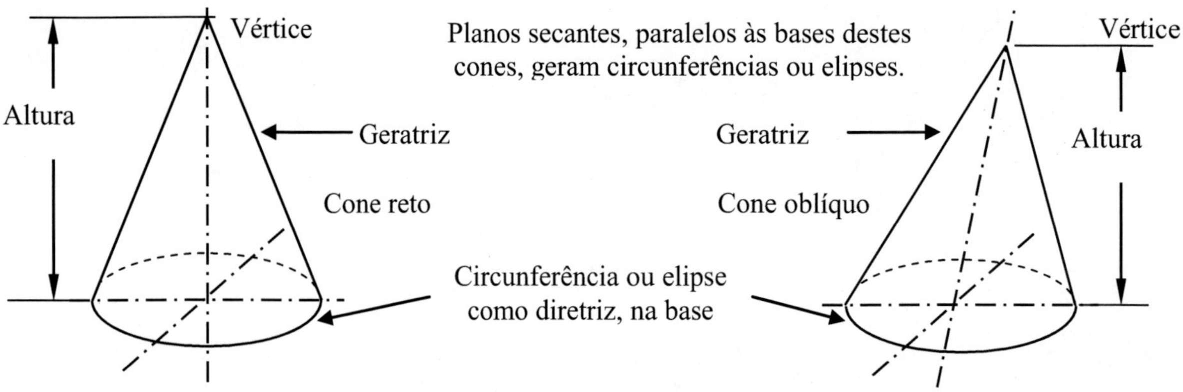

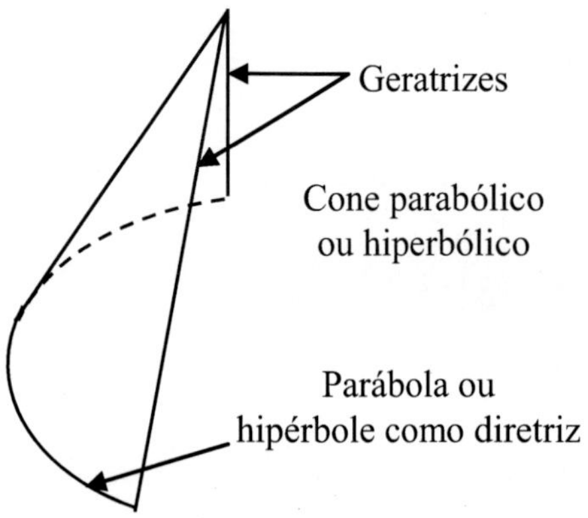

Na prática, superfícies cônicas circulares são usadas como funis e como recipientes para estocagem de graus e particulados. Superfícies cônicas elípticas, parabólicas e hiperbólicas são usadas em Arquitetura, esculturas, monumentos e em objetos especiais do desenho industrial.
Planos secantes, paralelos às bases desses cones, geram parábolas ou hipérboles

5.3.1.1 Exemplo de aplicação prática de superfície cônica, como tanque de estocagem

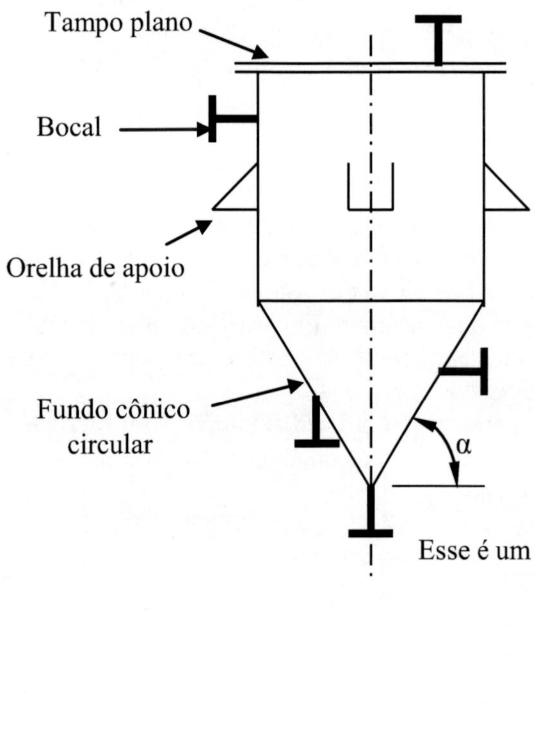

Esse é o desenho esquemático de um tanque cilíndrico vertical, com tampo plano e fundo cônico circular, muito utilizado para a estocagem de materiais granulados ou em pó, inclusive cereais como milho, soja, feijão, etc. O ângulo α é definido em função da maior ou menor facilidade que o material estocado tem para escoar.

Na prática são engenheiros mecânicos calculistas de equipamentos de caldeiraria, que desenvolvem o projeto, cálculo e detalhamento de fabricação desses tipos de equipamentos, também chamados de silos.

Esse é um exemplo da junção de superfícies quádricas circular e cônica.

5.4 Imagem geométrica de um cone parabólico, com a parábola paralela ao plano XY (π)

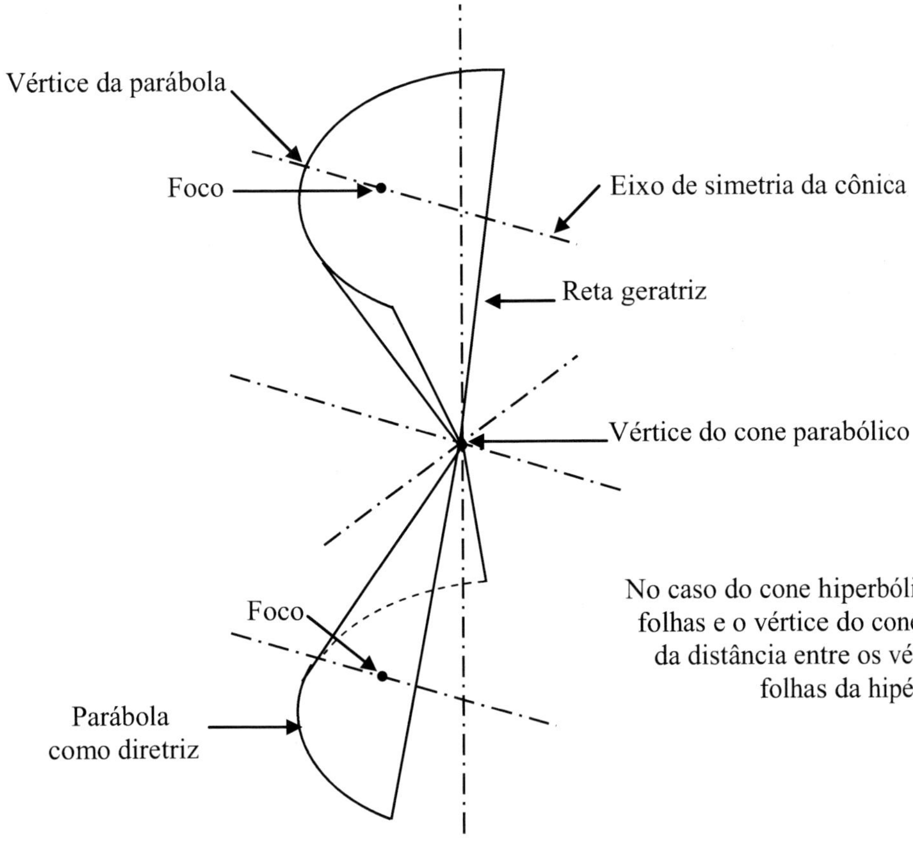

No caso do cone hiperbólico, existem duas folhas e o vértice do cone fica na metade da distância entre os vértices das duas folhas da hipérbole

5.5 Os elipsoides

O elipsoide (em verdade um esferoide) é um sólido que se pode obter pela rotação de uma elipse pelo seu semi eixo menor ou do semi eixo maior, como mostrado na figura a seguir. O elipsoide pode ser alongado ou achatado, conforme a rotação se efetue em torno do eixo maior ou do eixo menor. Apenas como curiosidade, cita-se que a "bola de futebol americano" é um ovoide (formato de uma oval específica) e não um elipsoide alongado.

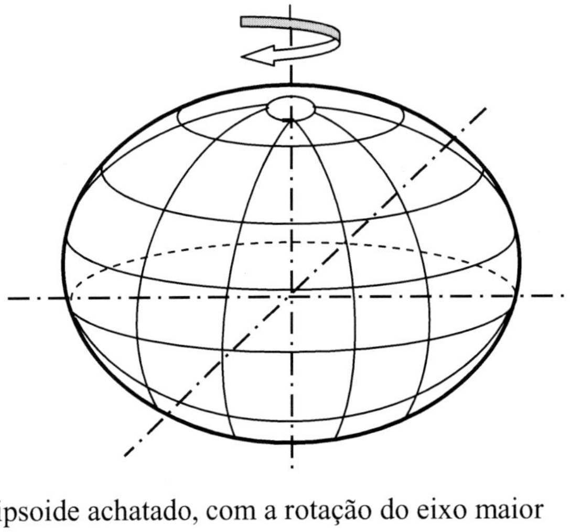

Elipsoide alongado ou ovalado, com a rotação do eixo menor

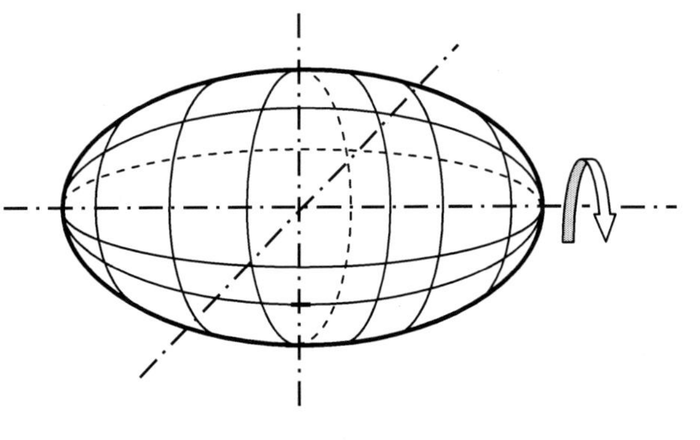

Elipsoide achatado, com a rotação do eixo maior

Observa-se que, num elipsoide alongado, uma seção ou corte por um plano perpendicular ao eixo maior (em qualquer distância), gera uma circunferência. Ou seja, uma seção ou corte no sentido transversal (eixo menor) gera uma circunferência, já uma seção ou corte no sentido longitudinal (eixo maior) gera uma elipse.

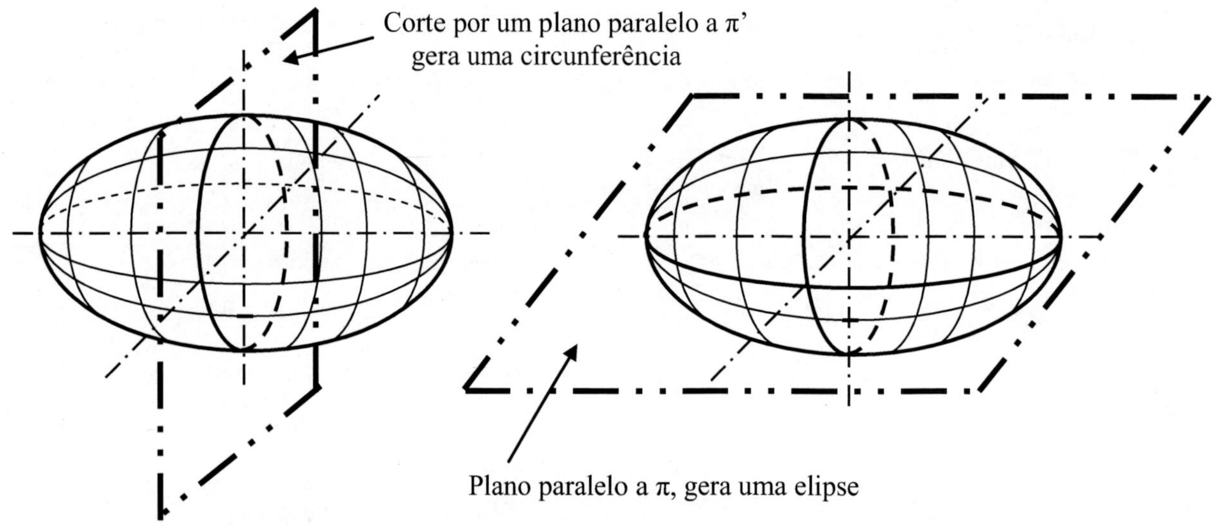

Girando-se a elipse segundo o seu semi eixo maior, também se obtém um elipsoide achatado (mais volumoso). Nesse caso, observa-se que uma seção ou corte por um plano perpendicular ao eixo menor (em qualquer distância), gera uma circunferência. Ou seja, uma seção ou corte no sentido longitudinal (eixo maior) gera uma circunferência, já uma seção ou corte no sentido transversal (eixo menor) gera uma elipse.

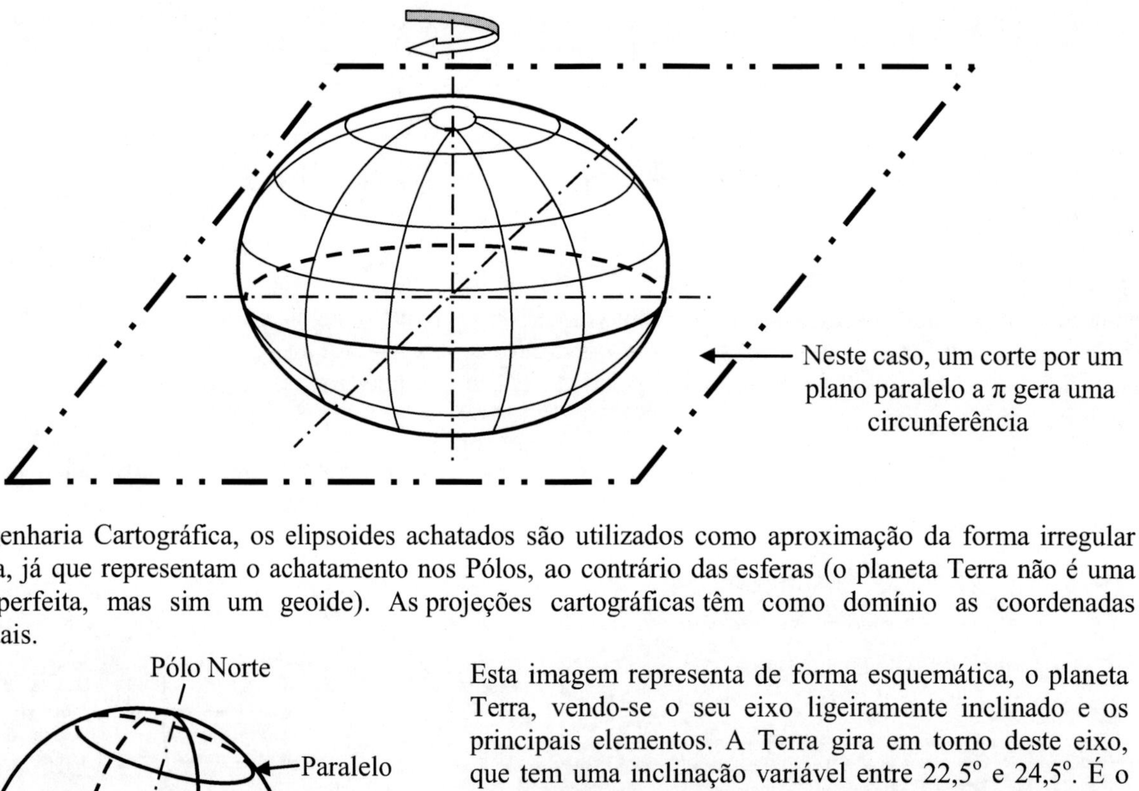

Na Engenharia Cartográfica, os elipsoides achatados são utilizados como aproximação da forma irregular da Terra, já que representam o achatamento nos Pólos, ao contrário das esferas (o planeta Terra não é uma esfera perfeita, mas sim um geoide). As projeções cartográficas têm como domínio as coordenadas elipsoidais.

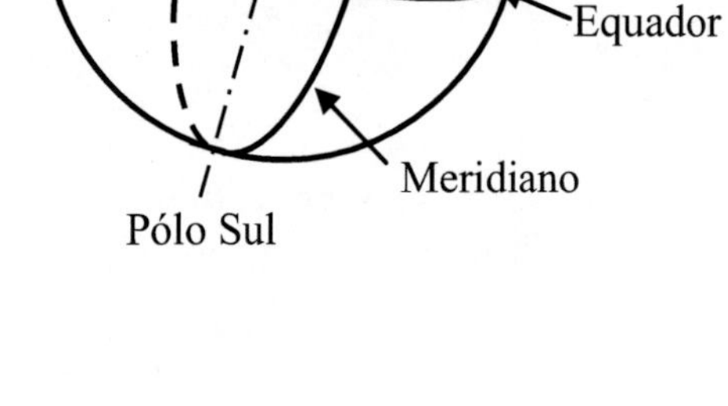

Esta imagem representa de forma esquemática, o planeta Terra, vendo-se o seu eixo ligeiramente inclinado e os principais elementos. A Terra gira em torno deste eixo, que tem uma inclinação variável entre 22,5° e 24,5°. É o giro completo ou rotação, e constante, em torno deste eixo que define o dia e a noite. Este giro completo dura exata e precisamente: 23 horas, 56 minutos, 4 segundos e 9 centésimos. Além da rotação, a Terra gira segundo uma elipse em torno do Sol, determinando as estações do ano. Este giro completo dura365 dias, 6 horas e 48 minutos, sendo que a cada quatro anos ocorre uma correção, que são os anos bissextos, quando fevereiro tem 29 dias.

5.5.1 Tipos de elipsoides: escaleno, esferoide prolato, esferoide oblato e esfera

Esferoide é uma superfície quádrica em três dimensões obtida através da rotação de uma elipse ao redor de um de seus eixos principais. Se a elipse for rotacionada ao redor de seu eixo maior, a superfície gerada é chamada de esferoide prolato ou alongado. Se a rotação for ao redor do eixo menor, a superfície gerada é chamada de esferoide oblato ou achatado. Um esferoide prolato ou alongado possui o semi eixo de rotação menor que os demais semi-eixos (a > b, c), podendo se assemelhar a um "kibe", e o esferoide oblato ou achatado possui seu semi eixo de rotação mais longo que os demais semi eixos (a < b, c), podendo se assemelhar a uma "abóbora". A esfera é um caso especial do esferoide no qual a "elipse" rotacionada é um círculo.

Além da Engenharia, essas superfícies prolatas e oblatas Permitem o uso tanto na área de Desenho Industrial, quanto nas artes, por exemplo, com esculturas.

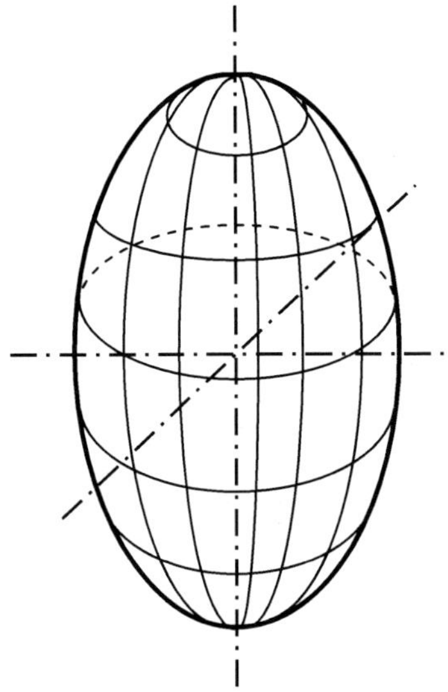

Esferoide prolato ou alongado

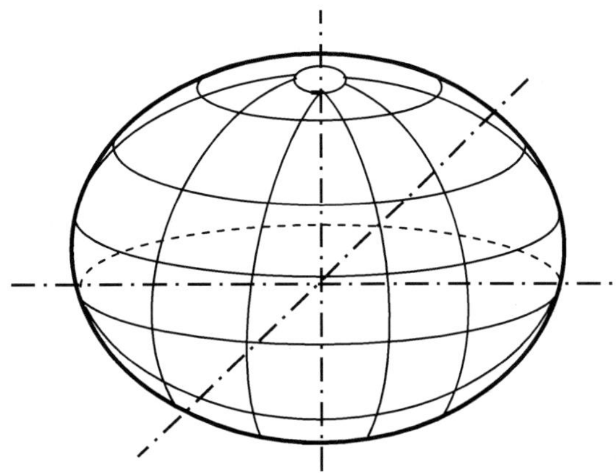

Esferoide oblato ou achatado

5.6 Estudo dos paraboloides: circular, elíptico e hiperbólico

Um paraboloide é obtido girando-se uma parábola no espaço. Dependendo da forma como se faz o giro no espaço, podem existir três tipos de paraboloides: circular (ou de revolução), elíptico e hiperbólico. O giro pode ser feito em relação a um dos três eixos: X, Y, Z.

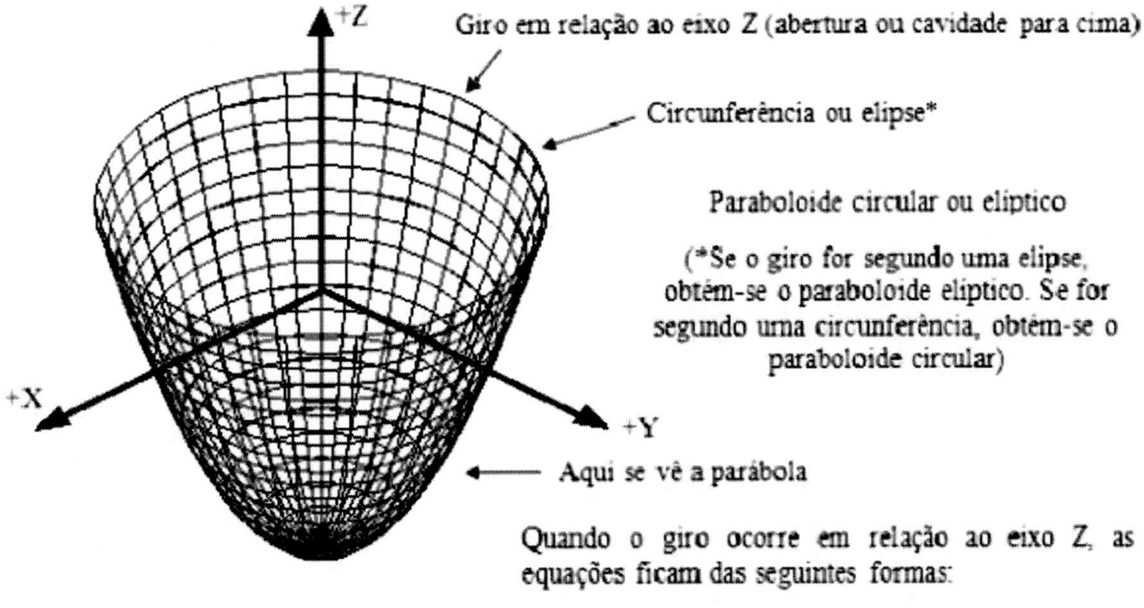

Quando o giro ocorre em relação ao eixo Z, as equações ficam das seguintes formas:

5.6.1 Paraboloide hiperbólico

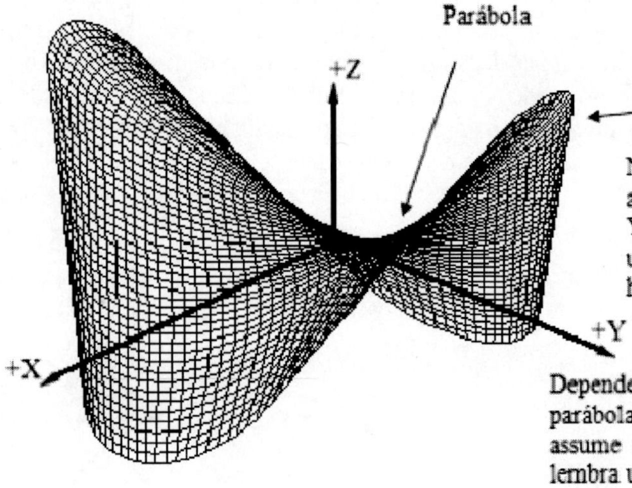

A equação do paraboloide hiperbólico é:

$$+\frac{y^2}{b^2} - \frac{x^2}{a^2} = +\frac{z}{c}$$

Neste paraboloide hiperbólico, aqui mostrado, um corte no Plano YZ gera uma parábola, enquanto um corte no Plano XZ gera uma hipérbole.

Dependendo das excentricidades da parábola e da hipérbole, esta superfície assume uma imagem tridimensional, que lembra uma "sela de cavalo".

O paraboloide hiperbólico pode ser entendido ou como uma folha de uma hipérbole que gira segundo a curva de uma parábola ou uma parábola que gira, segundo uma folha de uma hipérbole.
O formato do paraboloide de revolução pode ter aplicações no projeto de aviões (o bico, onde fica a cabine) e também tem aplicações em arquitetura, por exemplo, como cobertura (telhado) de grandes centros de exposições. O Centro de Tradições Nordestinas, antigo Pavilhão de São Cristóvão, no Rio de Janeiro, projetado e construído na década de 1970, tinha a sua cobertura original no formato de um paraboloide hiperbólico. O saudoso arquiteto Oscar Niemeyer utilizou coberturas no formato de paraboloides hiperbólicos, em diversas de suas obras, tanto no Brasil, quanto no exterior.

5.6.2 Os hiperboloides (de uma e duas folhas)

São obtidos pelo giro de uma hipérbole no espaço. Dependendo da forma como se faz o giro, podem ser obtidos dois tipos de hiperboloides: de uma folha e de duas folhas, como mostrados a seguir. Também em função de como se gira pode-se ter o hiperboloide circular ou elíptico. Como exemplos práticos do uso de hiperboloides circulares, podemos citar um tipo de banco de sentar, as grandes chaminés de usinas termoelétricas, a belíssima estrutura da Catedral de Brasília e a estrutura metálica mostrada adiante.

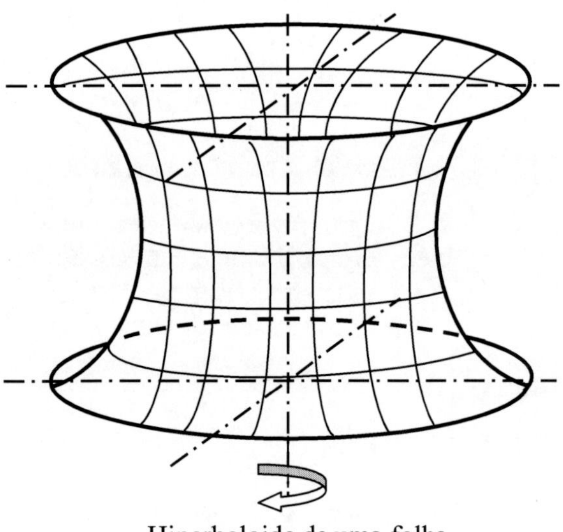

Hiperboloide de uma folha
Rotação em plano paralelo ao plano π

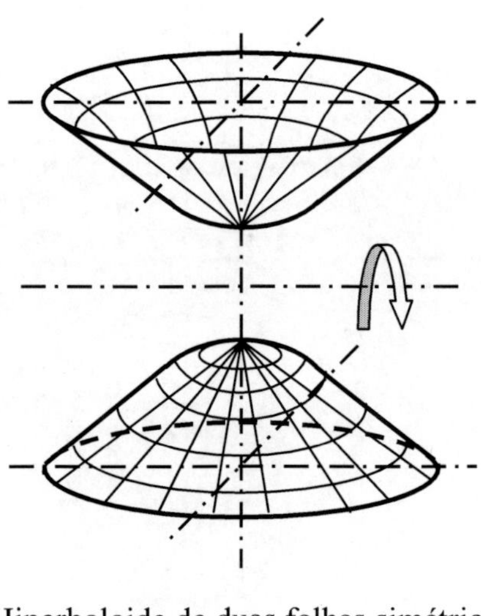

Hiperboloide de duas folhas simétricas
Rotação em plano paralelo ao plano π’

5.6.3 Planificação de uma estrutura metálica no formato de um hiperboloide circular

O desenho a seguir mostra as dimensões gerais do conjunto esfera/hiperboloide, de uma estrutura metálica utilizada como suporte de uma esfera, também em metal. Tanto a esfera, quanto o hiperbolóide, foram fabricados a partir de chapas de aço que foram cortadas, curvadas e soldadas. O professor José Abrantes participou desse projeto e cálculo estrutural na década de 1980. Todas as dimensões estão em metros.

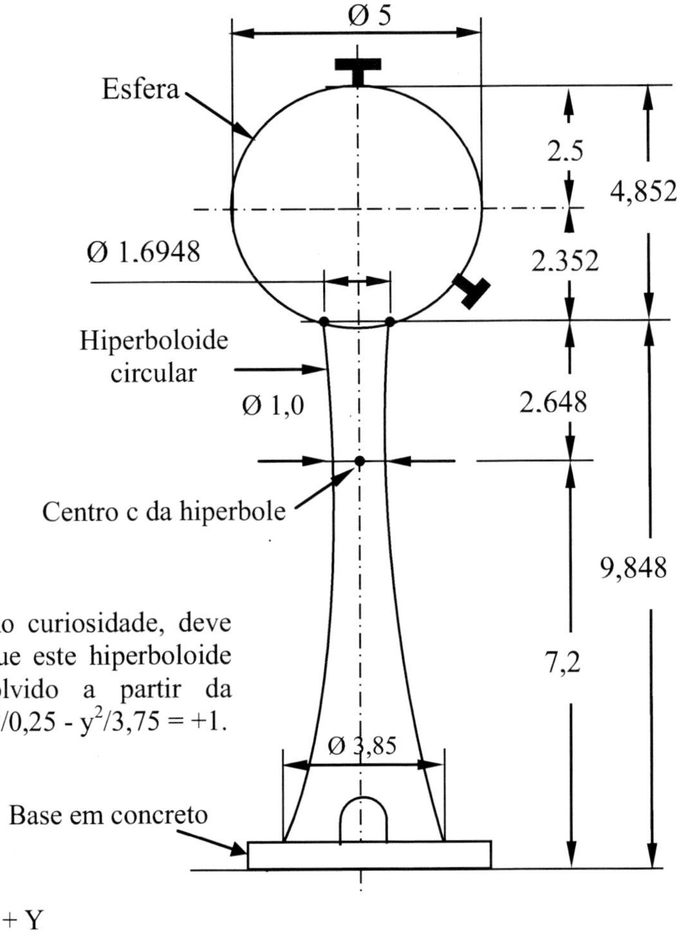

Essa esfera metálica foi utilizada como reservatório de água.

Apenas como curiosidade, deve ser citado que este hiperboloide foi desenvolvido a partir da equação: $+x^2/0,25 - y^2/3,75 = +1$.

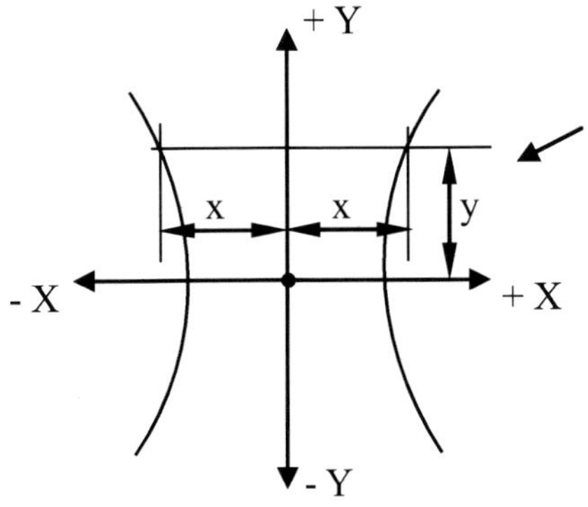

Este é o modelo matemático da hipérbole, que originou o hiperboloide. da equação: $+x^2/0,25 - y^2/3,75 = +1$, resulta: $x = \pm \sqrt{0,25 + 0,0667y^2}$, ou seja, para cada valor de y, se tem dois de x, por isto o ±. Para cada valor de y corresponde um diâmetro que, multiplicado por π resulta em um comprimento ou perímetro ou retificação, naquele ponto.

Tabela de retificações

y	x (raio)	Retificação (π.2x)
-2.400	796	5.002,8
-4.800	1.336	8.396,7
-7.200	1.925	12.095,4
0,0	500 (a)	3.141,5
+2.200	756,7	4.754,3
+2.648	847	5.321,7

Os desenhos a seguir mostram os estudos sobre o aproveitamento de chapas, considerando cada chapa tendo 2.400 mm de largura, por 6.100 mm de comprimento. Observa-se que, por mais que se analise, de forma evitar desperdícios (retalhos ou sobras) de chapas, os mesmos ocorrerão. Observa-se que cada chapa de aço de dimensões 2.400 mm x 6.100 mm, na espessura de 9,5 mm (3/8"), pesa 1.070 Kg.

5.6.3.1 Desenho da planificação matemática do hiperboloide circular ou de revolução

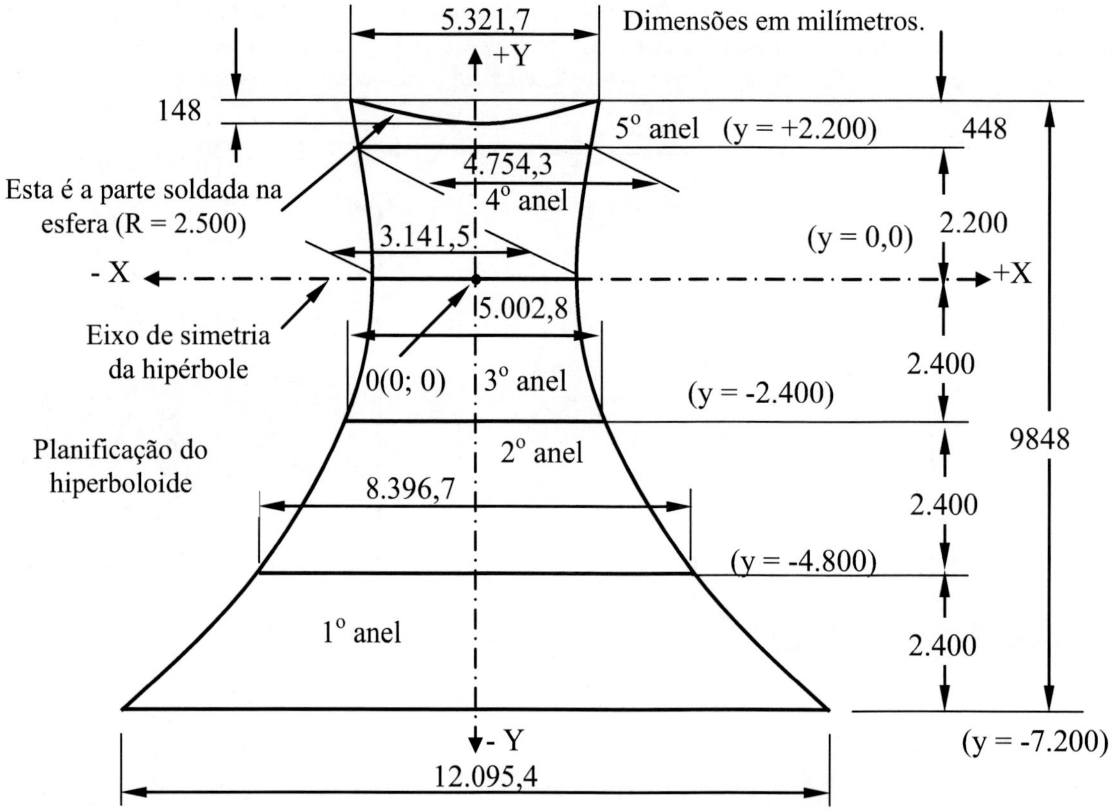

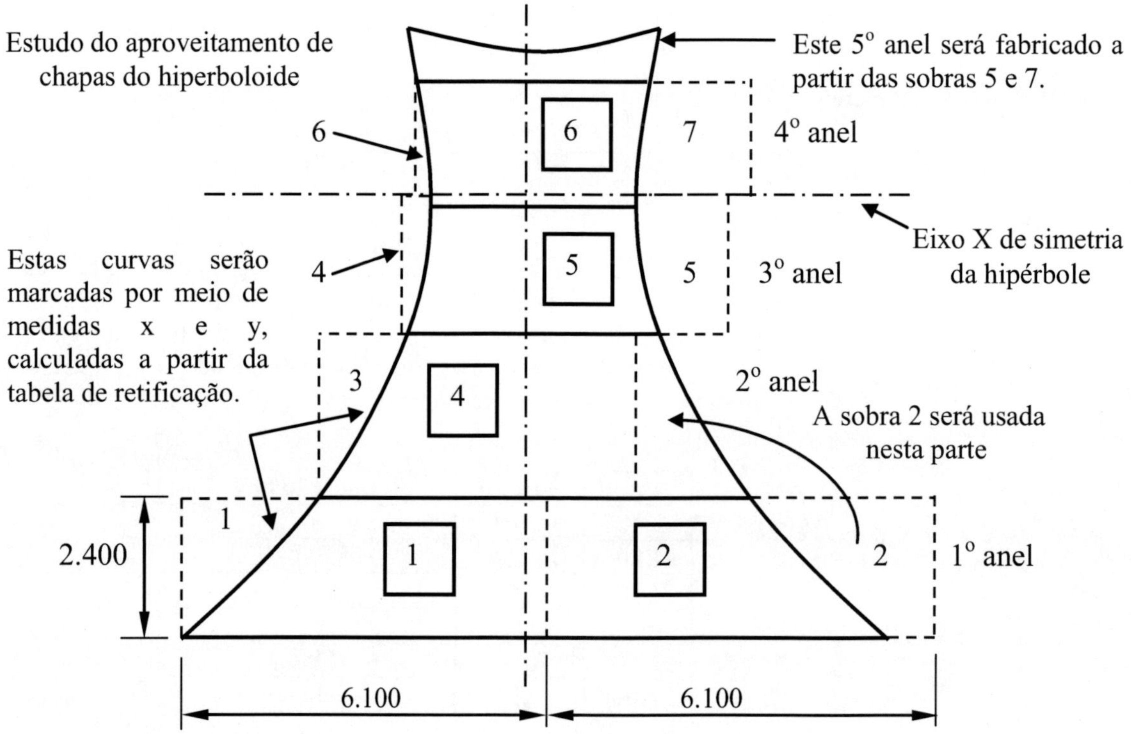

Conclui-se que serão necessárias seis chapas de 2.400 mm x 6.100 mm, ainda sobrando pedaços para outras utilizações.

5.6.3.2 Exemplos do uso prático de hiperboloides

Um pavilhão de exposições

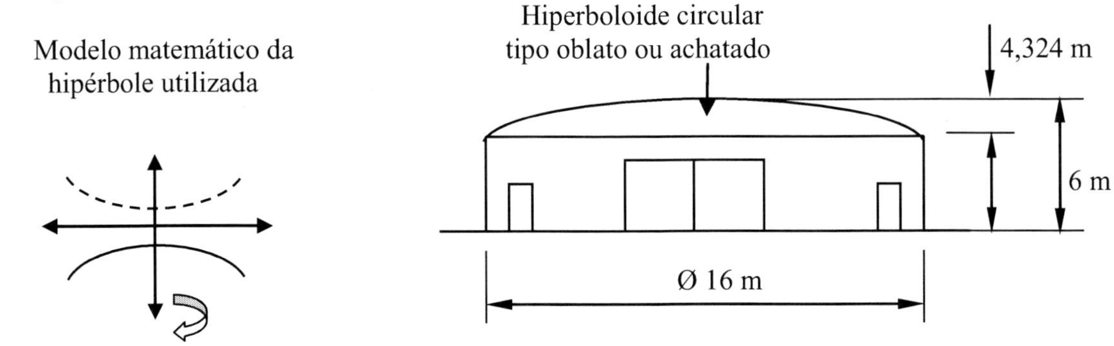

A chaminé de uma usina termoelétrica

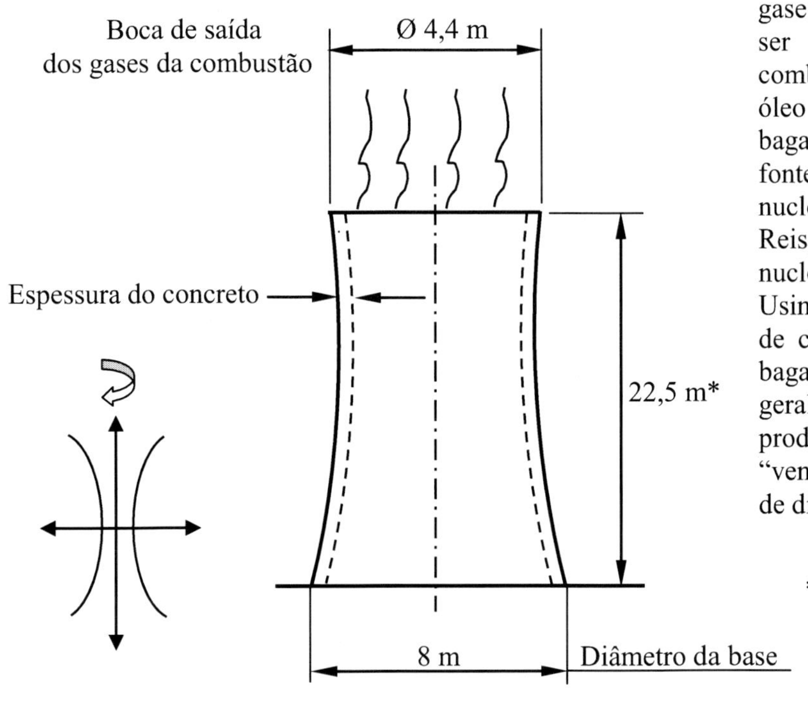

Usinas termoelétricas geram eletricidade a partir da passagem de vapor d'água ou gases quentes por uma turbina. Podem ser utilizados diversos tipos de combustíveis, tais como: gás natural, óleo combustível, carvão, óleos vegetais, bagaço de cana e madeiras. Quando a fonte de calor é proveniente de reação nuclear (como nas usinas de Angra dos Reis, no RJ), a usina chama-se nucleoelétrica.
Usinas de álcool e açúcar usam babago de cana como combustível, pois geram bagaço em grandes quantidades. Em geral essas usinas são auto suficientes na produção de energia elétrica, chegando a "vender" o excesso, para a empresa local de distribuição de energia elétrica.

*22,5 metros equivale a mais do que a altura de um prédio de sete andares.

5.6.3.3 Um hiperboloide circular, utilizado como medidor de pressão, segundo o princípio do "tubo de Venturi"

O efeito Venturi, também conhecido como "tubo de Venturi", ocorre, quando num sistema de escoamento em tubulações, o fluido em movimento dentro de um tubo comprime-se momentaneamente ao encontrar uma zona de estreitamento diminuindo sua pressão e consequentemente aumentando sua velocidade ao atravessar a zona estreitada onde ocorre também uma baixa pressão, e se nesse ponto se introduzir um medidor de pressão (manômetro), conseguem-se obter dados como pressão e vazão no local. Esse efeito foi demonstrado em 1797, pelo físico italiano Giovanni Battista Venturi (1746-1822).

O desenho a seguir mostra o modelo teórico de um tubo de Venturi, no formato de um hiperboloide circular, que é conectado a um sistema de tubulações (cilindros circulares), por meio de bocais flangeado.

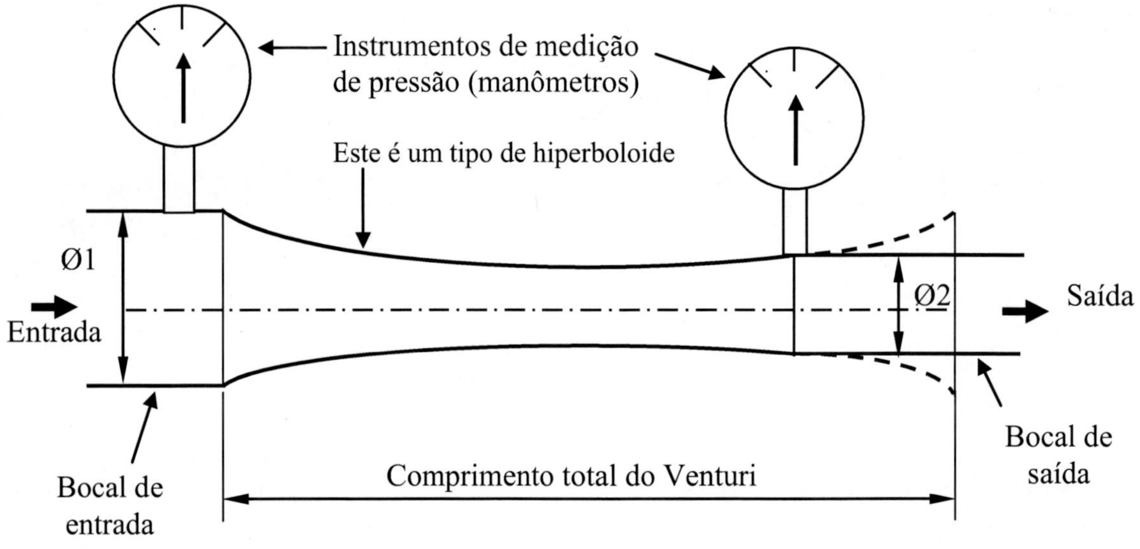

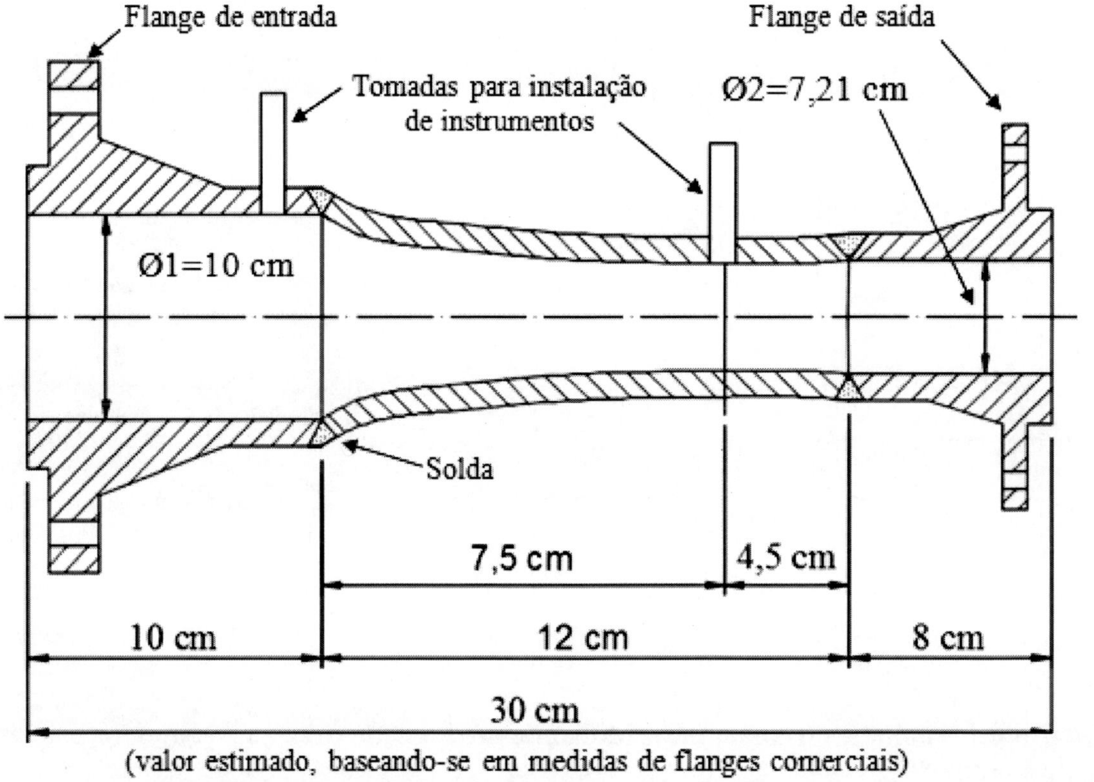

Dimensões gerais do tubo de Venturi, considerado como um equipamento

5.7 Interseções de superfícies

Do ponto de vista matemático, e da Geometria Descritiva, existem uma infinidade de opções, quanto às interseções entre superfícies. Para os objetivos deste livro serão mostrados dois exemplos: interseção entre superfícies esférica e cilíndrica e interseção entre um prisma reto de base quadrada e uma superfície cônica.

5.7.1 Interseção entre uma esfera e um cilindro circular reto

Essas duas superfícies, como a seguir descritas, podem ser utilizadas, por exemplo, como esculturas, dentro do conceito da Arte Geométrica tridimensional.

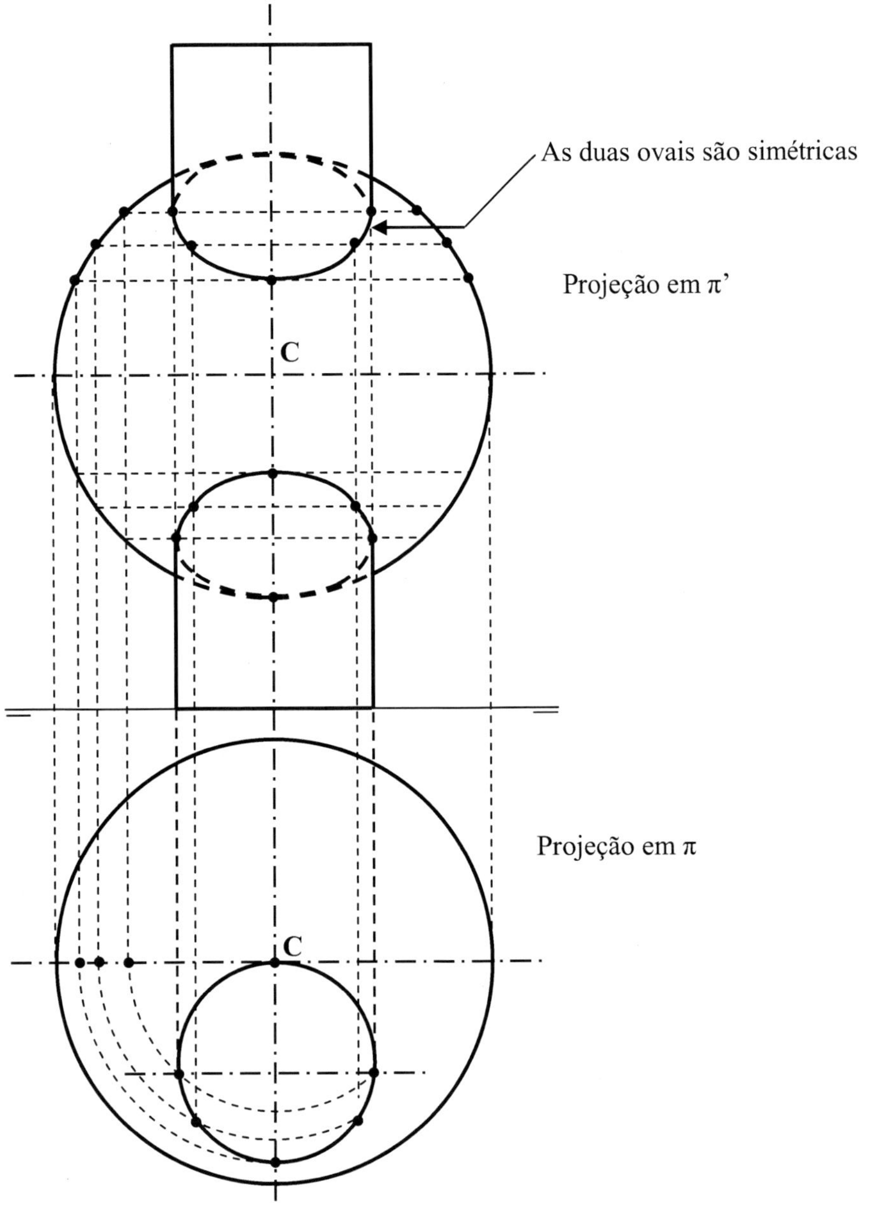

O professor Álvaro José Rodrigues (1960, p.185), cita que esta interseção é chamada de "a ciclo cilíndrica de Roberval", pois serviu de base para que o matemático francês Gilles Personnes (1602-1675), nascido no lugarejo francês chamado Roberval, resolvesse uma trabalhosa construção geométrica. Gilles Personnes foi contemporâneo de René Descartes (1596-1650) e ele também realizou estudos relacionados ao cálculo infinitesimal.

5.7.2 Interseção entre um cone circular reto e um prisma reto de base quadrada

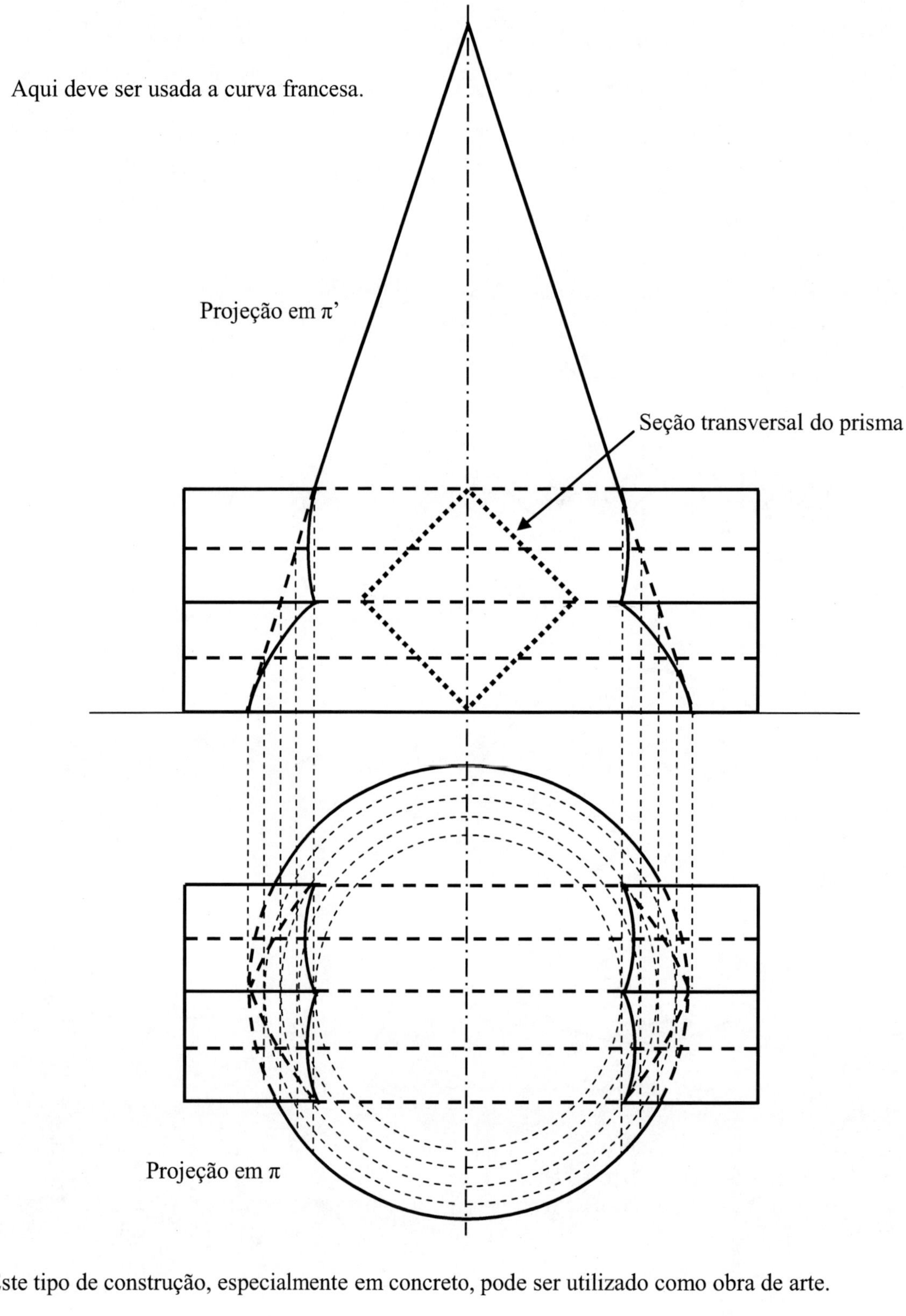

Este tipo de construção, especialmente em concreto, pode ser utilizado como obra de arte.

5.7.3 Interseção entre uma esfera e um cilindro circular reto, gerando uma parábola virtual de Grégoire de Saint-Vicent

Essas duas superfícies, como a seguir descritas, podem ser utilizadas, por exemplo, como esculturas, dentro do conceito da Arte Geométrica tridimensional.

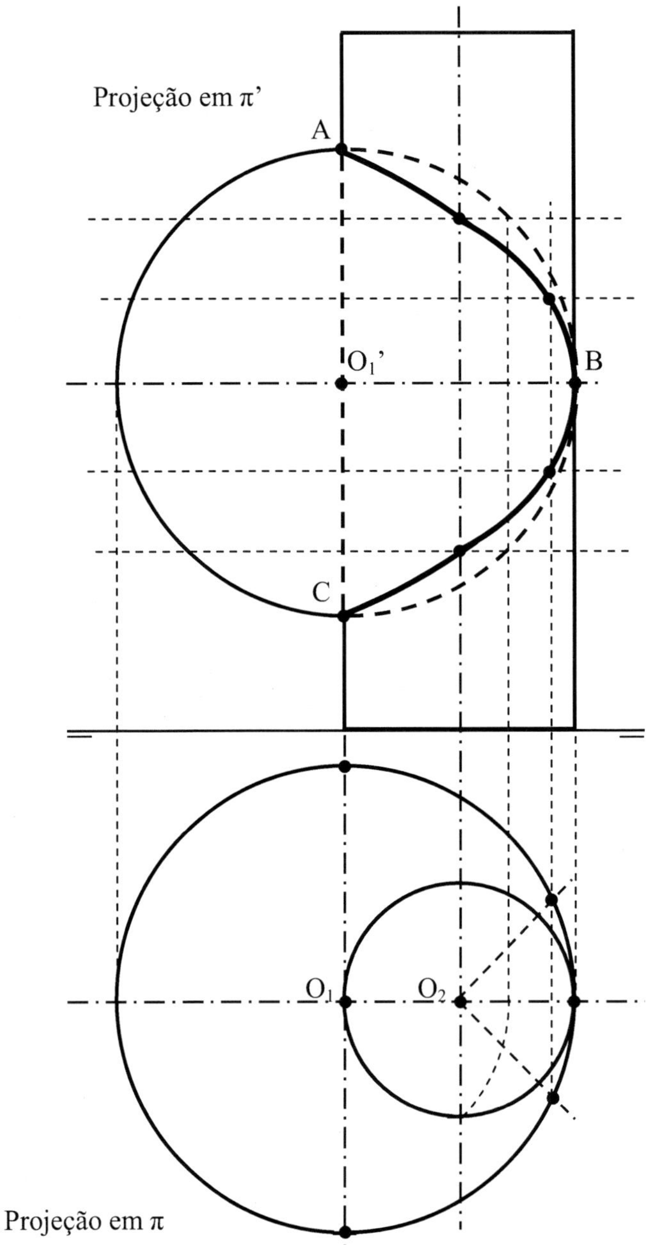

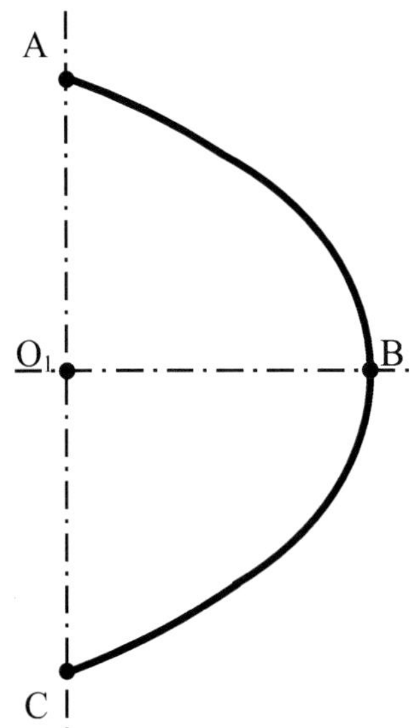

Esta é a "parábola virtual", que só aparece na projeção em π', uma vez que no espaço são quatro curvas reversas.

O diâmetro do cilindro é igual à metade do diâmetro da esfera.

Grégoire de Saint-Vincent (1584-1667) foi um religioso jesuíta e matemático belga. Matematicamente essa parábola vitual é uma curva plana quártica, ou seja, uma curva algébrica plana de quarto grau. Essas curvas são estudadas no campo da Geometria Algébrica.

5.7.4 A lemniscata hiperbólica de Booth

James Booth (1806-1878), padre irlandês, matemático e pedagogo. Dentre vários estudos, publicou em 1840 um tratado sobre curvas quárticas.

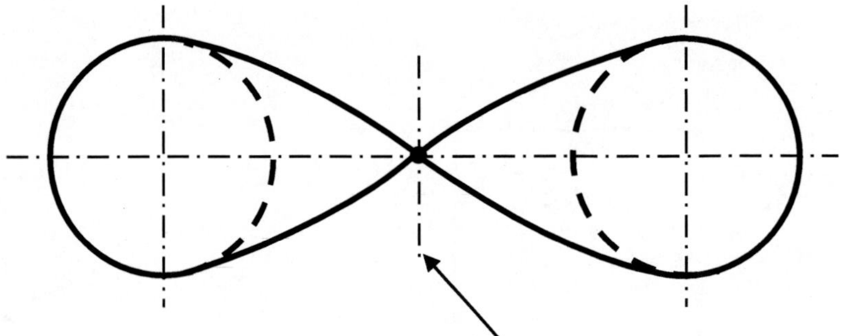

Esta é a lemniscata de Booth que, quando girada sobre este eixo de simetria vertical gera um sólido interessante, devendo ser desconsiderada a parte tracejada.

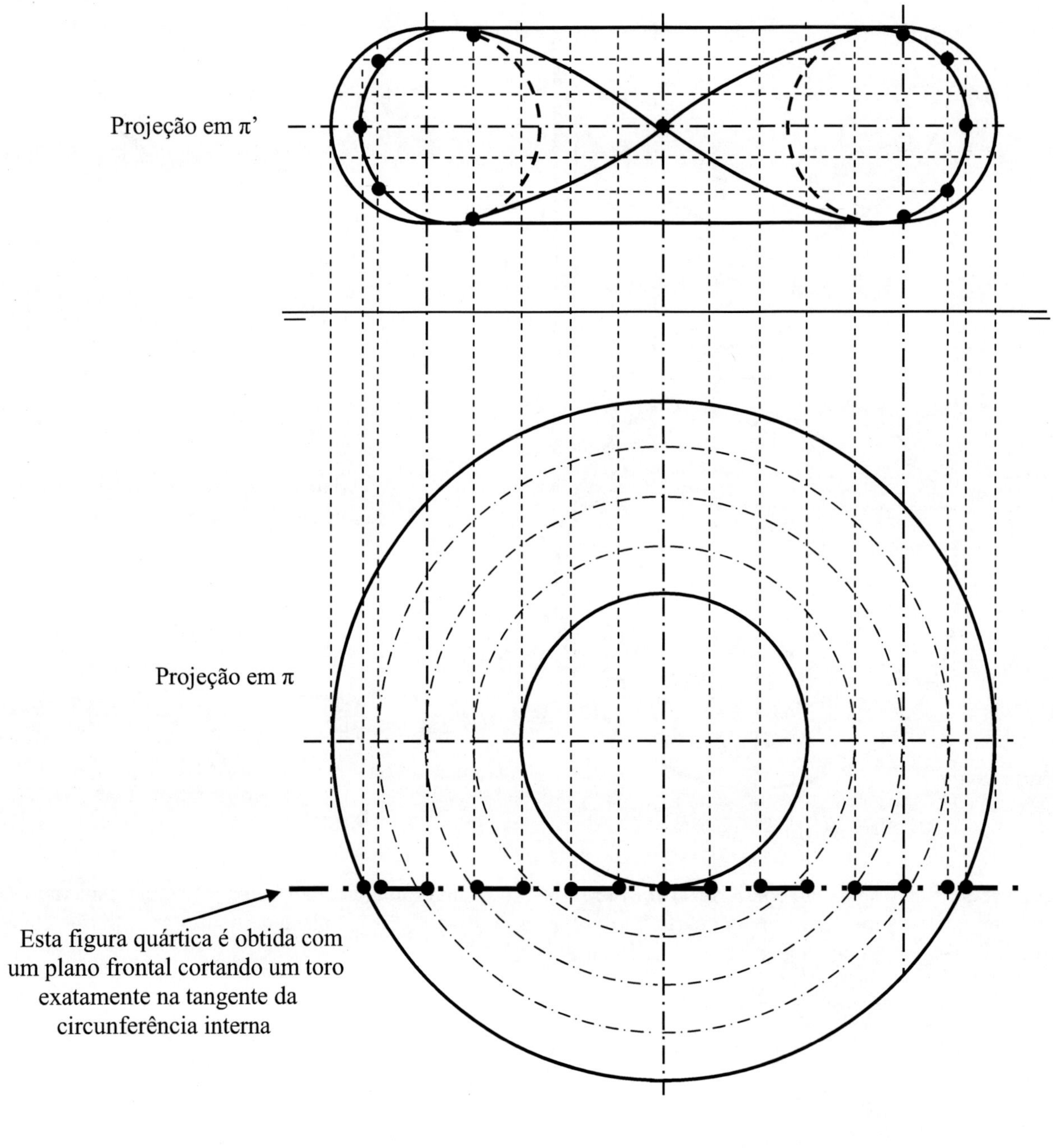

5.7.5 Interseção entre um hiperboloide circular e um cilindro circular reto

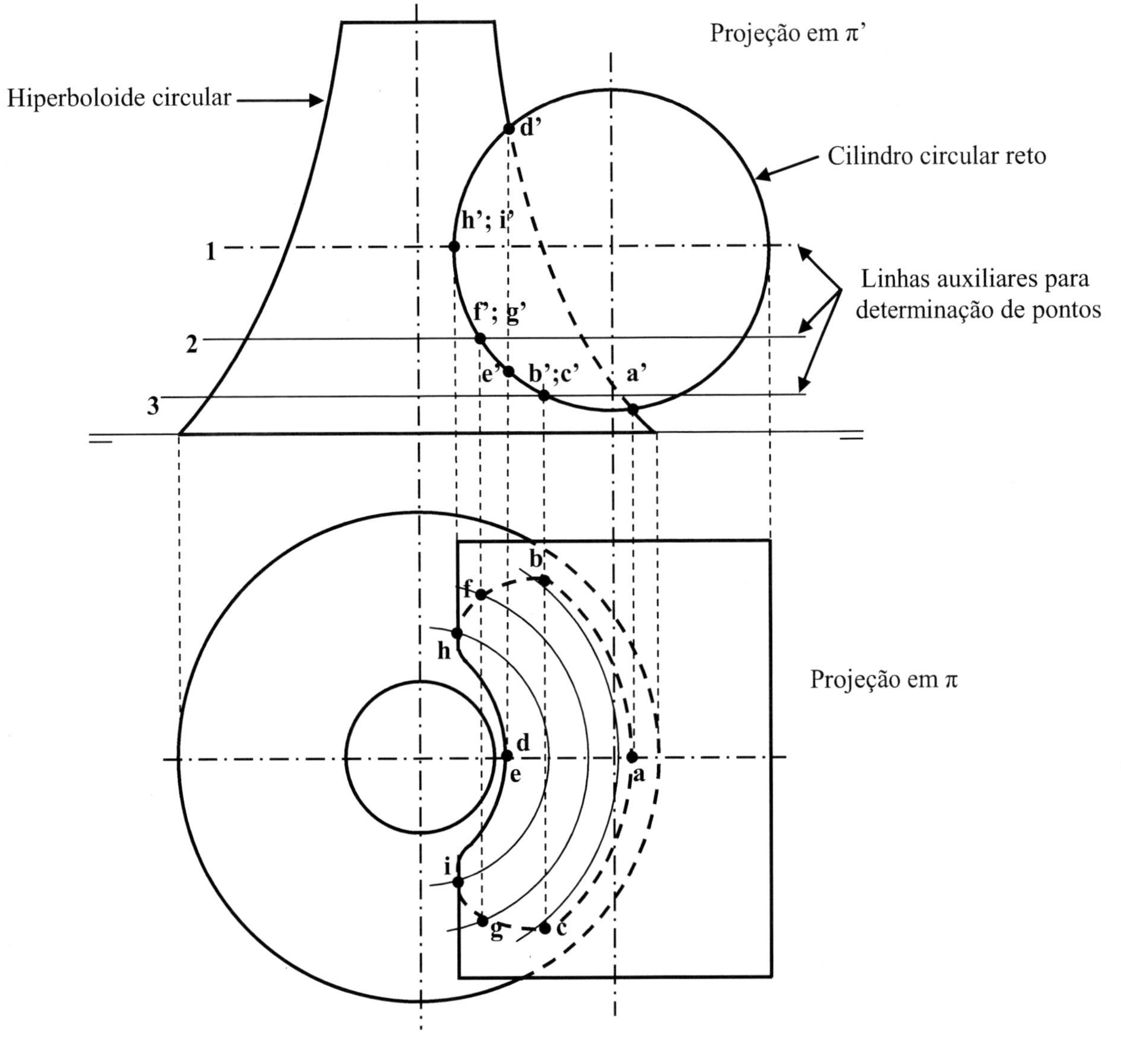

Esta interseção está baseada na figura 301, página 208, de Krylov, Lobandiyevsky e Men (1968).

Este tipo de construção, por exemplo, em concreto, pode ser interpretado como uma escultura, ou seja, uma obra de arte.

5.8 O toro ou toroide

Pode ser definido como o lugar geométrico tridimensional formado pela rotação de uma superfície plana, em torno de uma circunferência de raio R. Visualmente, ao se girar um círculo, um toro é a imagem de um pneumático, que era utilizado em veículos automotores.

Superfície tórica tridimensional
(parece uma câmara de pneu ou boia)

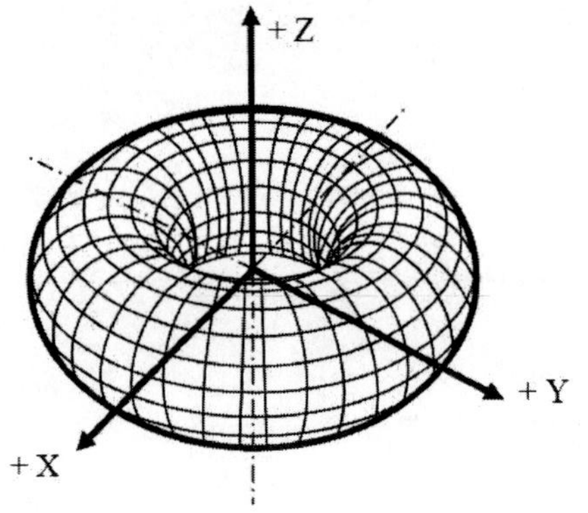

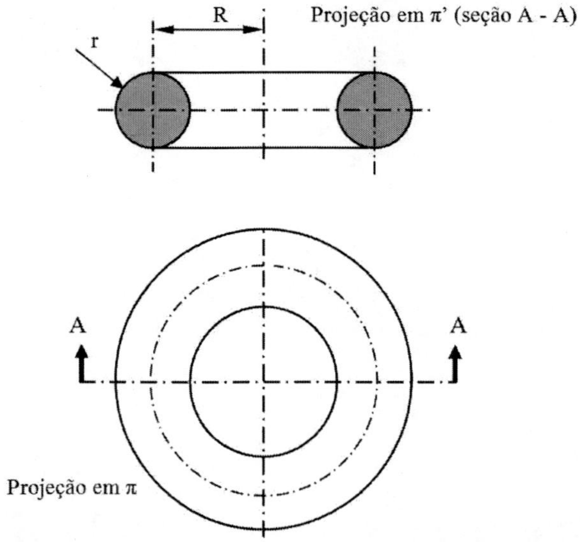

A literatura cita que, existem prédios, construídos em concreto e no formato de toro.

Os toroides, que lembram um pneumático de veículo ou até "rosquinhas" doces, são utilizados tanto pela Arquitetura, quanto pelo *Design*, bem como pela Engenharia Mecânica, na fabricação de tampos toroesféricos de vasos de pressão, ao invés de tampos elipsoidais. Observa-se que, algumas lentes oftalmológicas são produzidas a partir de uma superfície tórica.

Outra aplicação do conceito do toroide é na geração de campos magnéticos constantes, por exemplo, utilizados em motores elétricos. Nesses casos o toroide é formado a partir de um solenoide curvado em forma de círculo fechado. Um solenoide é um condutor, por exemplo, fio de cobre, enrolado em forma de espiral (um helicoide cilíndrico).

5.9 helicoides ou hélices: cilíndrica, cônica e esférica

A hélice ou hélix (plural: hélices) é uma "linha" tridimensional que pode ser encontrada, por exemplo, em molas e na chamada "rosca" de parafusos e porcas. Matematicamente, a hélice é descrita como uma curva no espaço tridimensional que combina um movimento de rotação (curvo) em torno de um ponto com um movimento de translação (linear) desse ponto. Quando esta "linha" ganha área ou superfície, então pode ser literalmente chamada de helicoide. Em resumo: hélice é a linha, helicoide é a superfície ou área.

5.9.1 As roscas e parafusos, como uso prático de superfícies helicoidais cilíndricas

As roscas formam um conjunto de filetes (ou sulcos) helicoidais em torno de uma superfície cilíndrica, podendo ser externa, rosca macho, como em uma barra ou interna, rosca fêmea, como em um furo. As roscas promovem a união (temporária) entre duas partes. As roscas também são usadas para a transmissão de movimentos e potência, como ocorre em máquinas operatrizes. Nesses casos, devido ao efeito helicoidal, a rosca transforma um movimento circular ou rotativo em movimento linear.

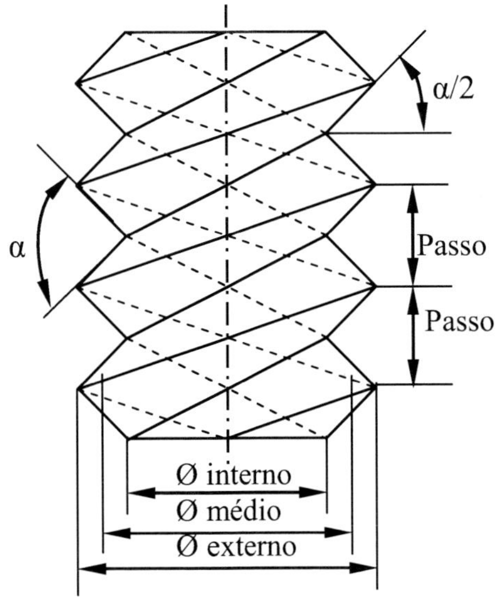

Helicoides são utilizados como: roscas (vários tipos), transportadores de massas e granulados (na indústria alimentícia), escadas em caracol (bom recurso arquitetônico, para pequenos espaços), bem como em hélices de embarcações, aviões e aparelhos eletrodomésticos.

Exemplo de um helicoide cilíndrico reto
(um fuso com rosca triangular)

5.9.2 Planificação (perímetro) de uma hélice cilíndrica

Analisando um trecho de uma rosca cilíndrica triangular, onde um ponto A da crista de um filete, gira 360°, chegando ao ponto C, confirma-se que, pelo triângulo retângulo escaleno ACD, o cateto AD é a retificação da circunferência de Diâmetro médio (Dm), que é igual a πDm. A hipotenusa AC é exatamente o perímetro da hélice da rosca, considerando a crista do filete. Exemplo de um trecho de uma rosca triangular, para efeito de cálculos.

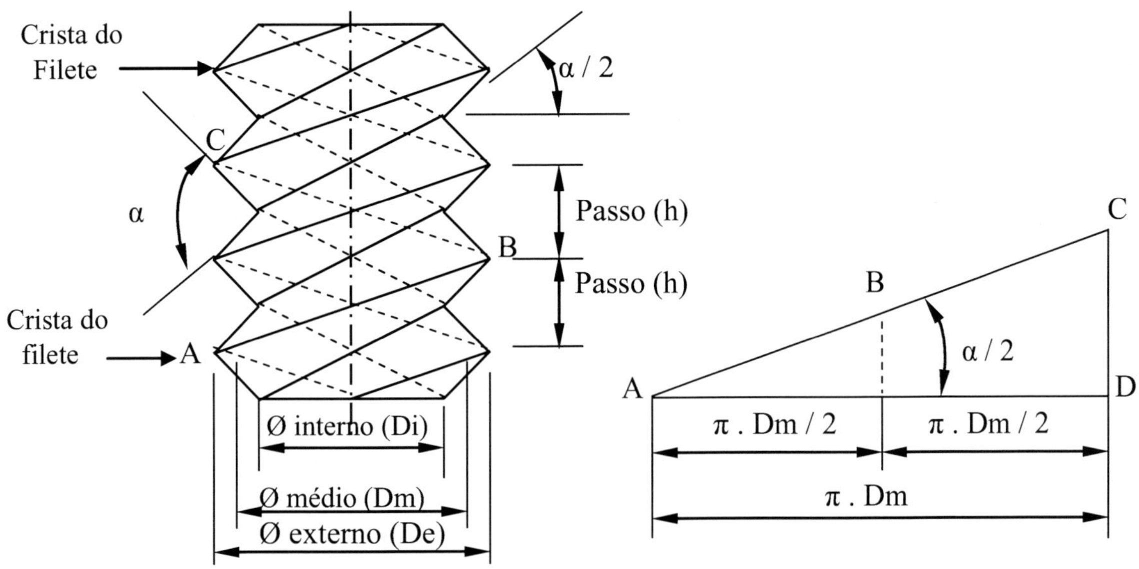

Trigonometricamente pode-se fazer a seguinte análise: $\cos(\alpha / 2) = \pi \cdot Dm / AC$; logo:

$AC = \pi \cdot Dm / \cos(\alpha / 2)$ ⟵ Este é o perímetro de uma volta completa da hélice.

5.9.3 Hélice cônica

É a que se desenvolve ao redor de uma superfície cônica reta. Existem vários tipos de hélices cônicas, sendo que a mais comum, por exemplo, a usada em molas metálicas helicoidais, em determinadas partes de veículos automotores, são aquelas que mantêm um ângulo (α) constante de subida ao longo da superfície cônica reta.

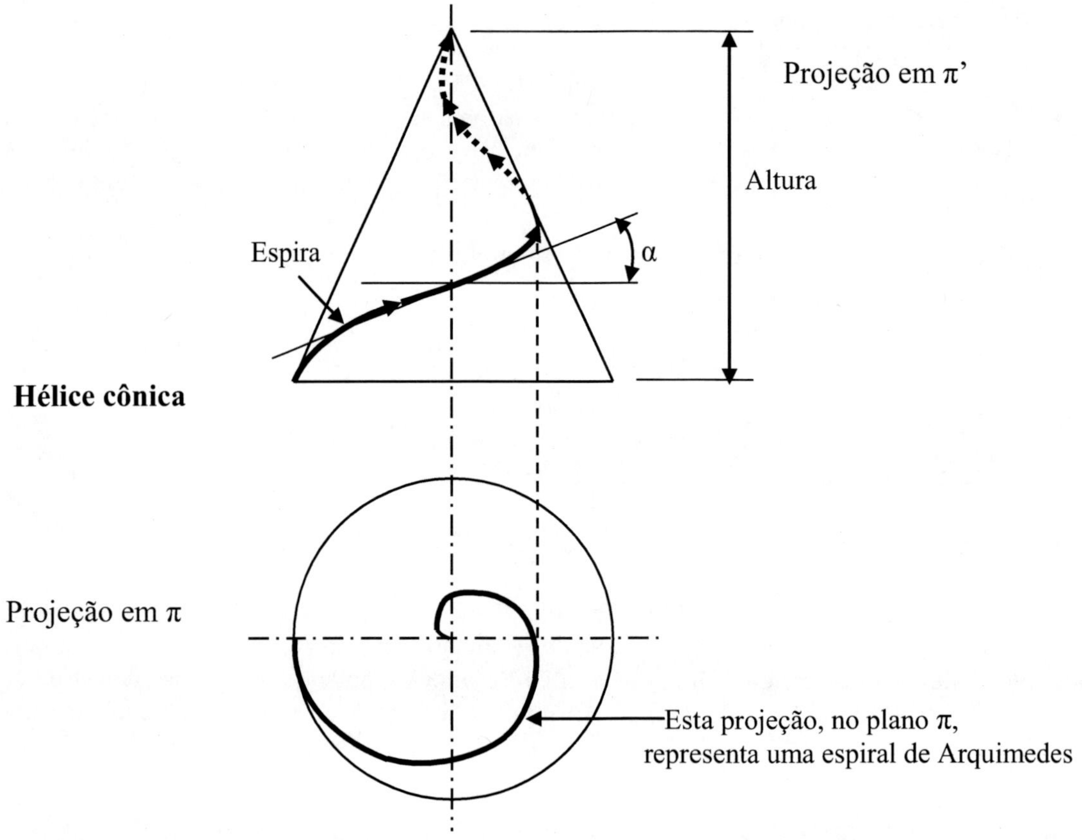

Uma espira significa o perímetro ou percurso de uma volta completa na superfície cônica. Nessa hélice cônica à esquerda só existe uma espira, pois só existe uma volta da hélice, ao longo de toda a altura do cone. A altura h, nesse caso, é o passo.

5.10 A hélice esférica

Essa hélice é aquela desenvolvida sobre uma superfície esférica. Assim como nas hélices cilíndricas e cônicas, a reta tangente à superfície esférica mantém um ângulo constante. Uma hélice esférica é uma curva que corta os meridianos de uma esfera, segundo um ângulo constante. A imagem a seguir mostra uma hélice esférica. É como se estivesse cortando a "casca de uma laranja".

Um exemplo prático do uso de "hélice" esférica é em equipamentos de armazenamento de gases, como o Gás Liquefeito de Petróleo – GLP. Em verdade, como cada degrau fica na horizontal, pois se for inclinado dificulta a subida/descida, não é exatamente uma hélice esférica, mas algo muito parecido, a exemplo da escada cilíndrica helicoidal, usada entre pisos de casas e edifícios.

Outro exemplo real de hélice esférica é a construção civil do *reischstag*, ou parlamento alemão, localizado na cidade de Berlim. A rampa de acesso aos andares é na realidade uma superfície desenvolvida sobre a cúpula semi-esférica da construção. De formato esférico, a cúpula de vidro foi o ponto de partida das obras internas e possibilitou abrir o edifício à luz natural e à paisagem. O recurso arquitetônico funciona como componente essencial nas estratégias de economia energética e iluminação natural, concebida como uma espécie de "lanterna". No núcleo do domo foi disposto um cone invertido de espelhos em ângulos, para refletir a luz do horizonte no interior do edifício. Atua também como importante componente do sistema de ventilação natural: o ar do interior do edifício sobe através dele pelo efeito chaminé. O cone extrai o ar quente nos níveis mais elevados e os ventiladores axiais e trocadores de calor reciclam a energia do ar liberado. A forma esférica do vidro é complementada por uma rampa em espiral (hélice esférica), no interior do domo, pela qual os visitantes podem subir e contemplar o horizonte de Berlim durante todo o trajeto. A cúpula também permite que a luz solar ilumine claramente o piso do parlamento, reforçando a conotação de transparência política que o projeto pretendia adotar.

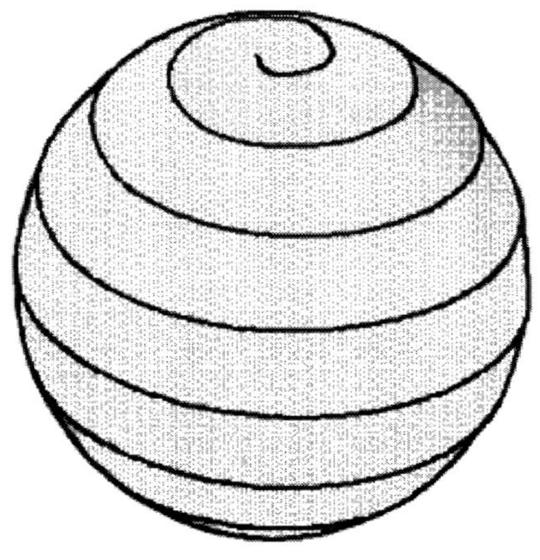

Imagem da hélice sobre uma esfera

A curva loxodrômica.

A curva loxodrômica é a trajetória seguida por um objeto que se move ao longo da superfície de uma esfera fazendo um ângulo constante (α) com o equador. Isso equivale ao percurso de uma hélice esférica. Foi o matemático e navegador português Pedro Nunes (1502-1579) quem publicou os primeiros estudos sobre essa curva. Na navegação do século XVI (1501 a 1600) os navios seguiam uma trajetória tal que o ângulo da direção do movimento com o meridiano se conservasse constante. A essa curva dava-se então o nome de linha do rumo, na atualidade conhecida com o nome de loxodromia. Naqueles tempos, os pilotos seguiam regras que diziam que as linhas de rumo coincidiam com os círculos máximos da esfera terrestre. Foi Pedro Nunes, navegador português, quem mostrou que as linhas de rumo são geralmente espirais esféricas que dão um número infinito de voltas ao redor dos Pólos da Terra, e que as únicas linhas de rumo circulares são os meridianos e os paralelos, que correspondem evidentemente aos ângulos de rumo de zero e de noventa graus. Tal e qual na hélice esférica, a distância mínima a percorrer por um barco entre dois pontos da Terra não é uma linha reta, mas um arco, a loxodrômica.

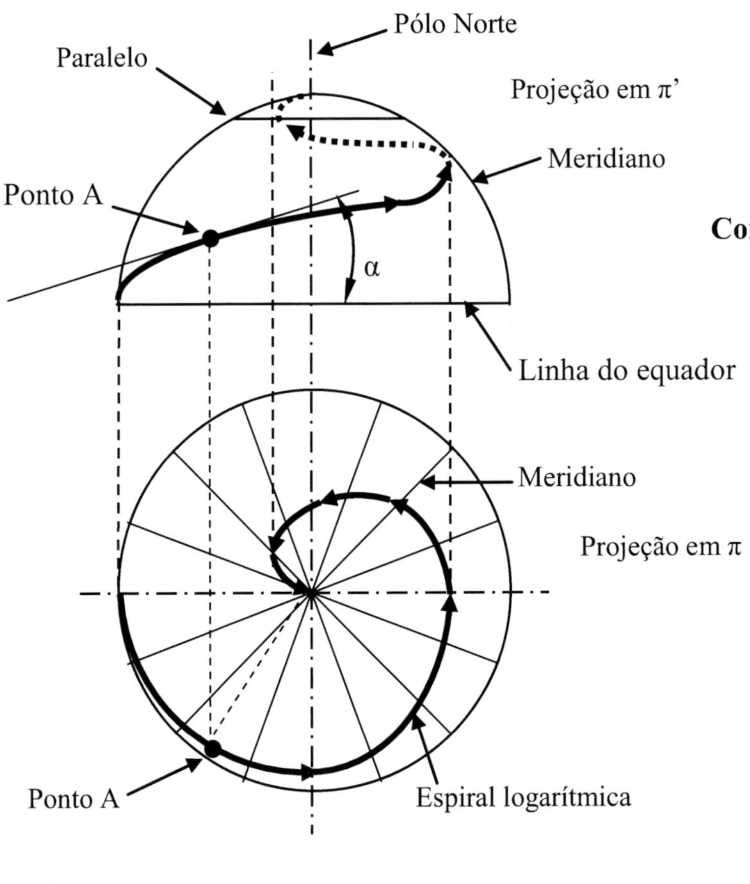

Conceito da hélice esférica

5.10.1 Projeções de uma hélice esférica

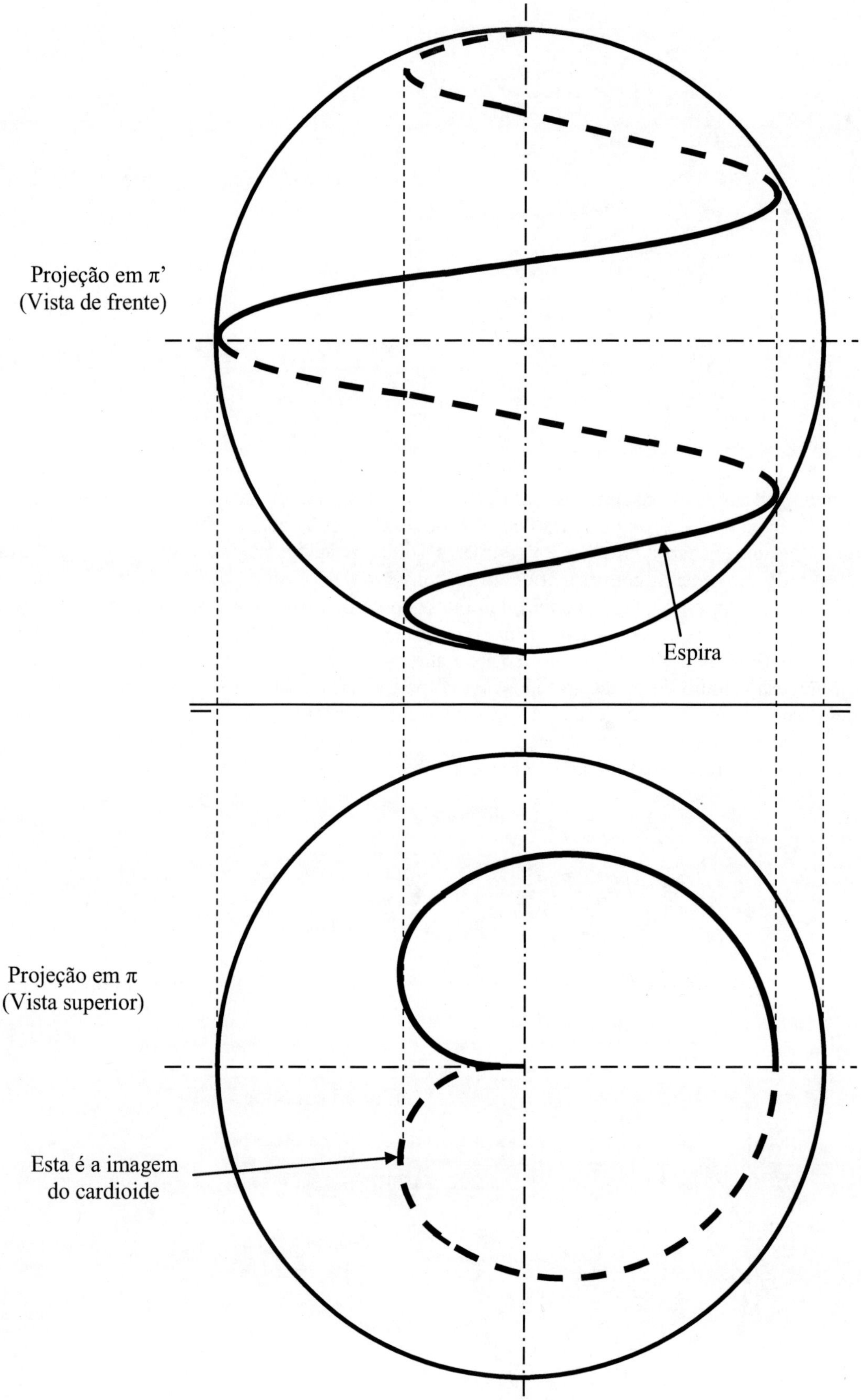

5.11 Composição/interseção de curvas quádricas, gerando um vaso de flores

Tanto em vidro, quanto em plástico, é comum vasos para flores, como o a seguir mostrado. No caso é uma composição/interseção de três superfícies quádricas: cilindro circular reto, esfera e hiperboloide de revolução. É interessante citar que este tipo de vaso em vidro, em 2024, ainda não era possível de ser fabricado pela impressão tridimensional (3D), portanto é necessário fazer formas metálicas com o molde, reproduzindo as dimensões e geometrias das três curvas. Vasos em plástico ou resina ou material cerâmico, já eram feitos pela impressão 3D.

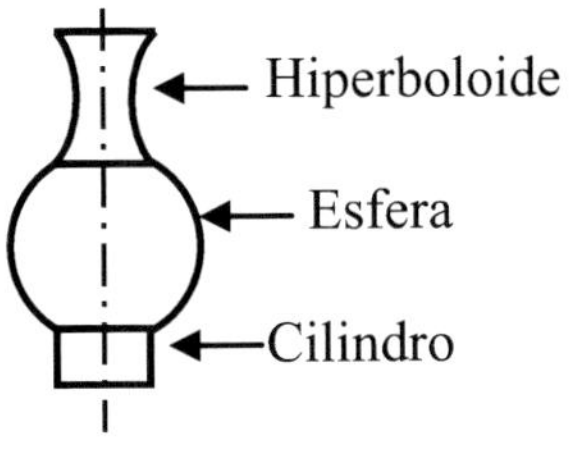

5.12 A impressão tridimensional (3D) de superfícies, a partir da rotação de curvas quádricas e funções

É possível e fácil a impressão 3D de superfícies, em geral, e em especial de quádricas, em plástico e resina, especialmente a partir de equações. A seguir são mostrados alguns exemplos.

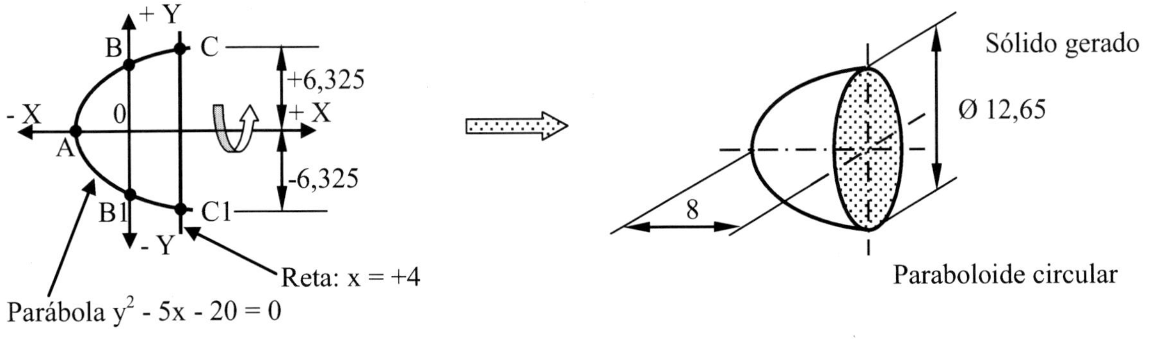

O Paraboloide acima e à direita é obtido a partir da interseção das funções: $y^2 - 5x - 20 = 0$ e $x = +4$, com giro ao redor do eixo cartesiano X.

Exemplo de sólido de revolução, gerado pela rotação em torno da reta $x = +3$, da interseção da reta $y = +x + 2$ e da parábola $y = +x^2$.

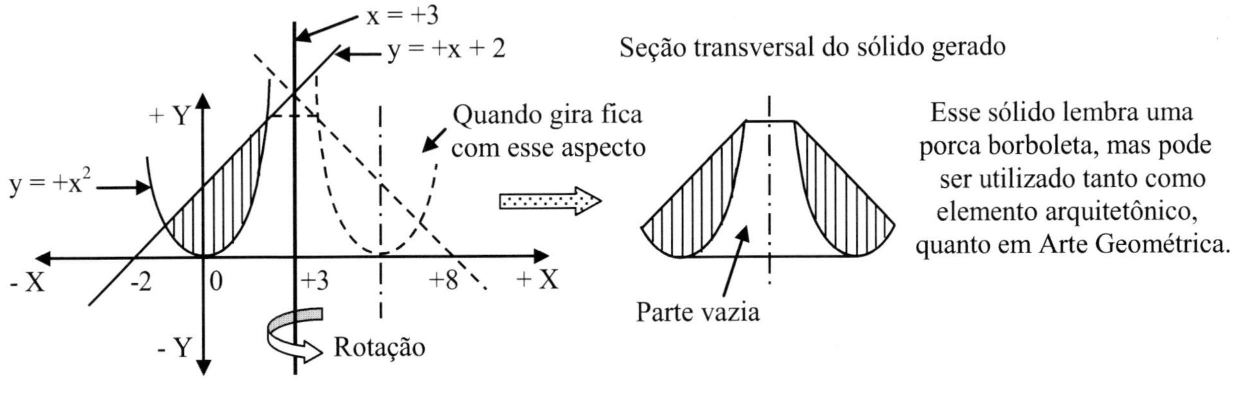

5.13 Exercícios propostos (veja respostas no Apêndice A)

5.13.1) Detalhar a interseção entre os cilindros a seguir:

Cilindros de diâmetros diferentes, com interseção centralizada, o que na engenharia de tubulações chama-se de "TÊ" de redução.

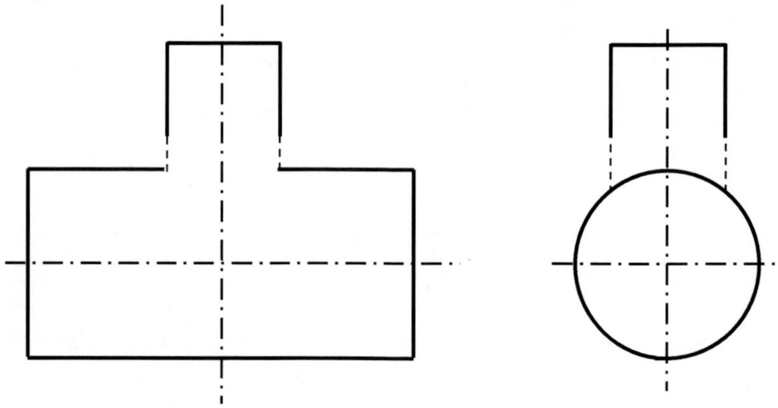

5.13.2) Detalhar a interseção entre os cilindros a seguir:

Cilindros de diâmetros diferentes, com interseção tangencial. Esta construção aparece, em geral, em tubulações ou equipamentos de indústrias químicas e petroquímicas.

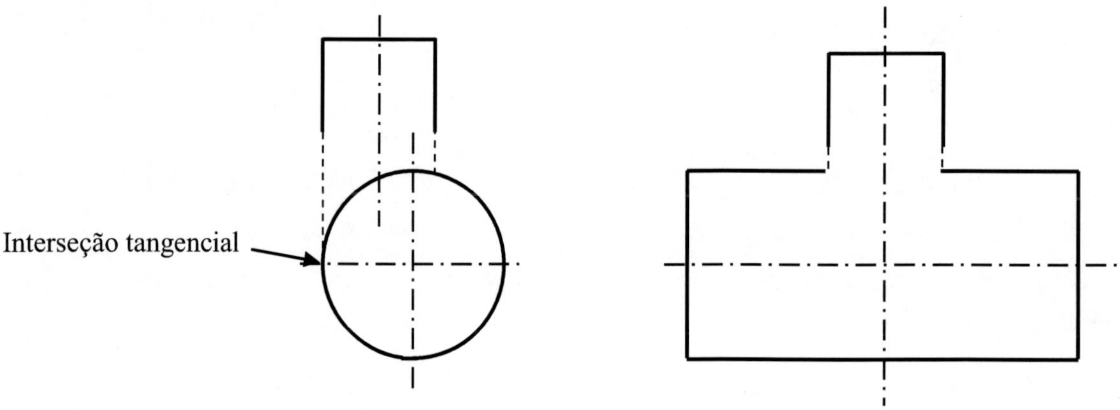

5.13.3) Dado o cilindro circular reto a seguir, determinar o tipo e as dimensões da figura gerada pelo corte de um plano inclinado a 45° em relação à base.

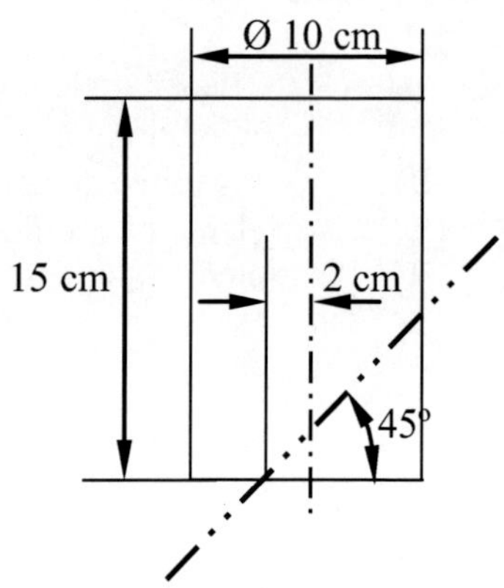

Apêndice A
Respostas dos exercícios propostos

Capítulo 1: Projeções de poliedros, prismas, cilindros, cones e esferas

1.7.1)

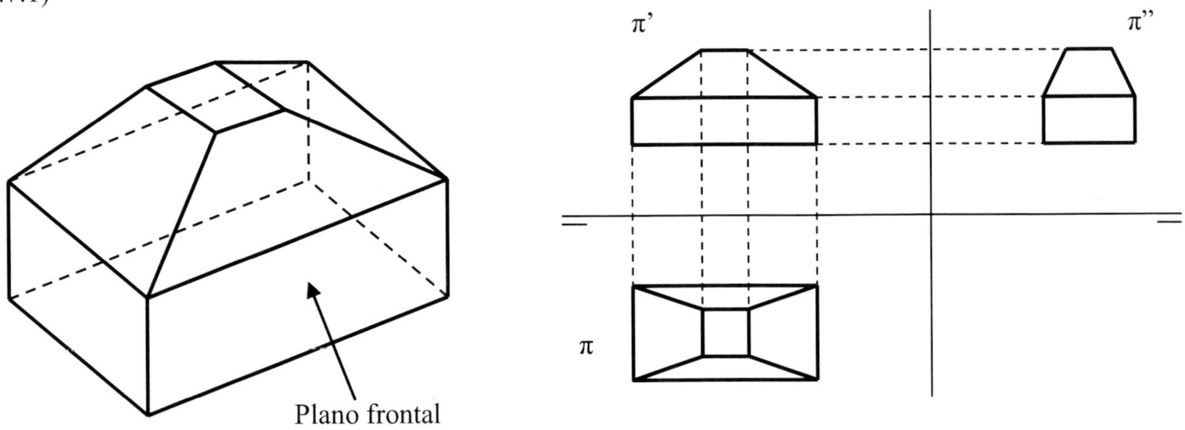

1.7.2)

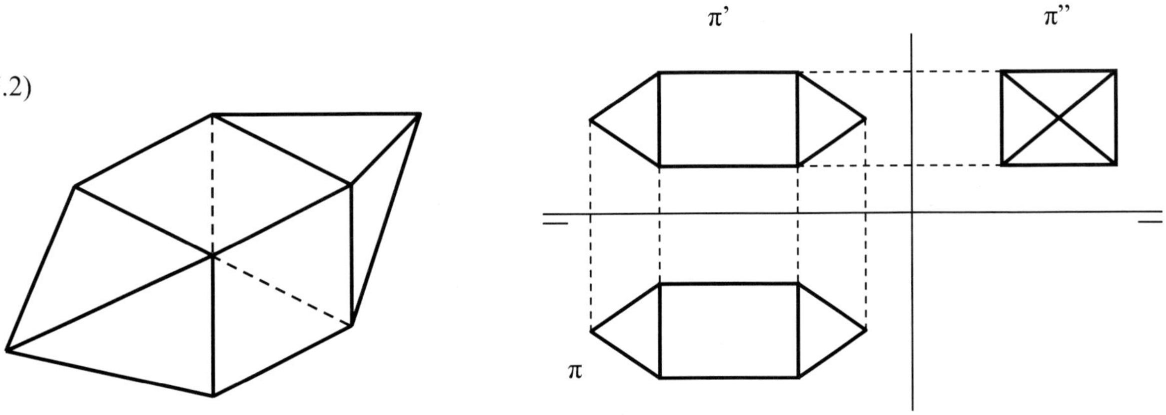

1.7.3)

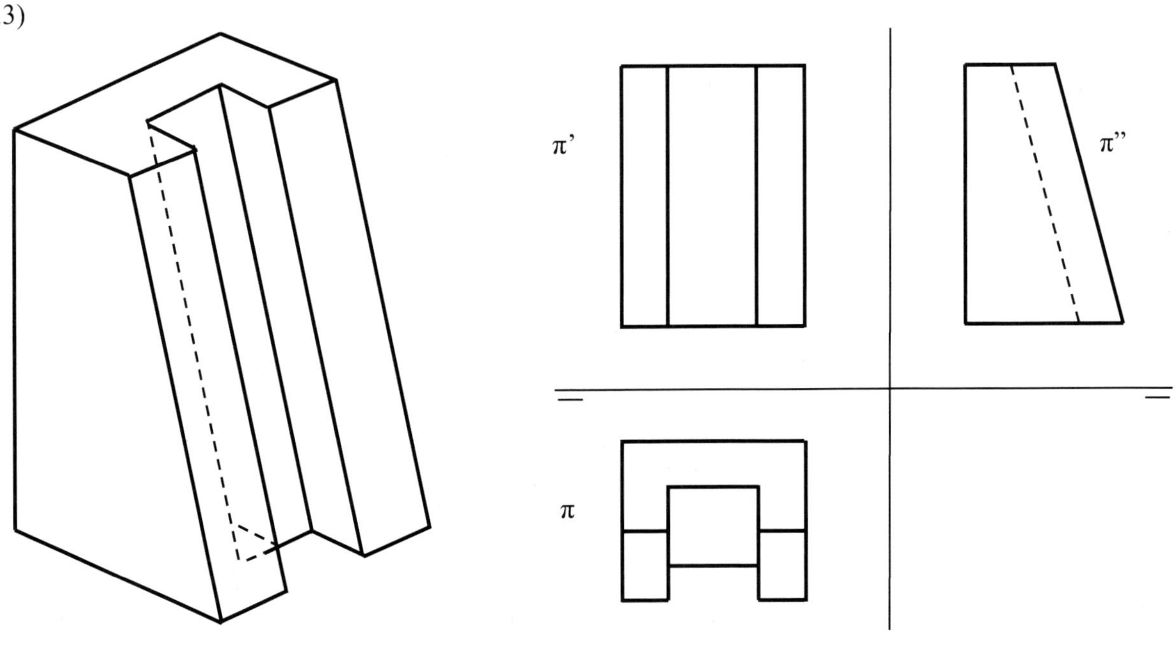

1.7.4)

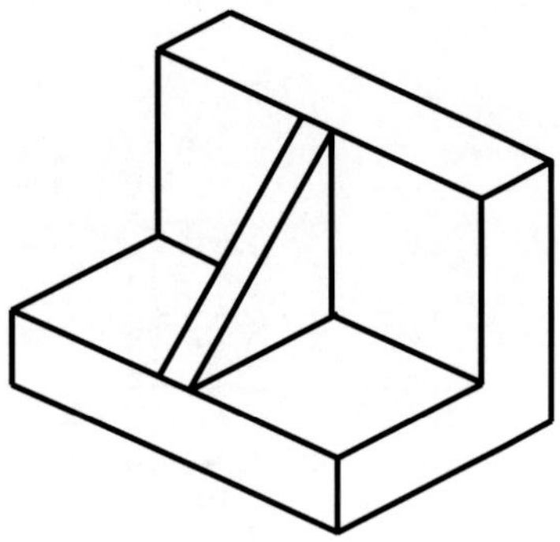

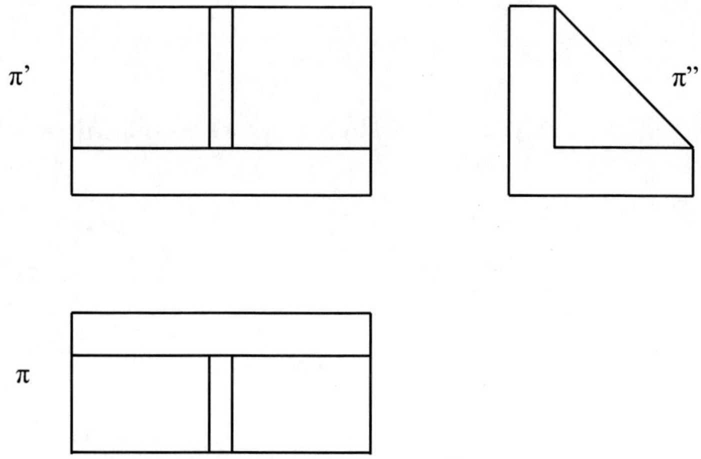

Capítulo 2: Planificação de superfícies

2.10.1)

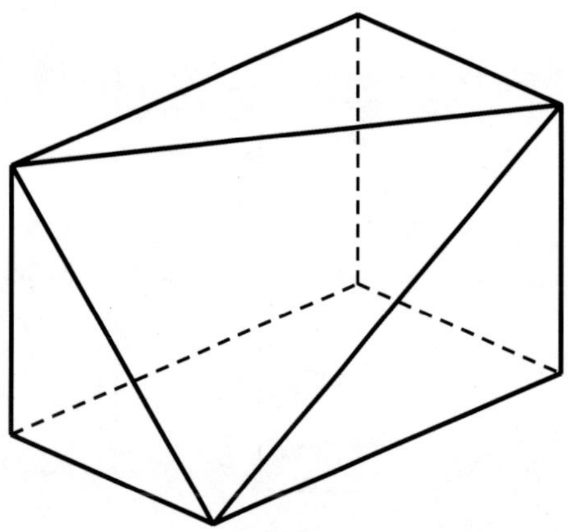

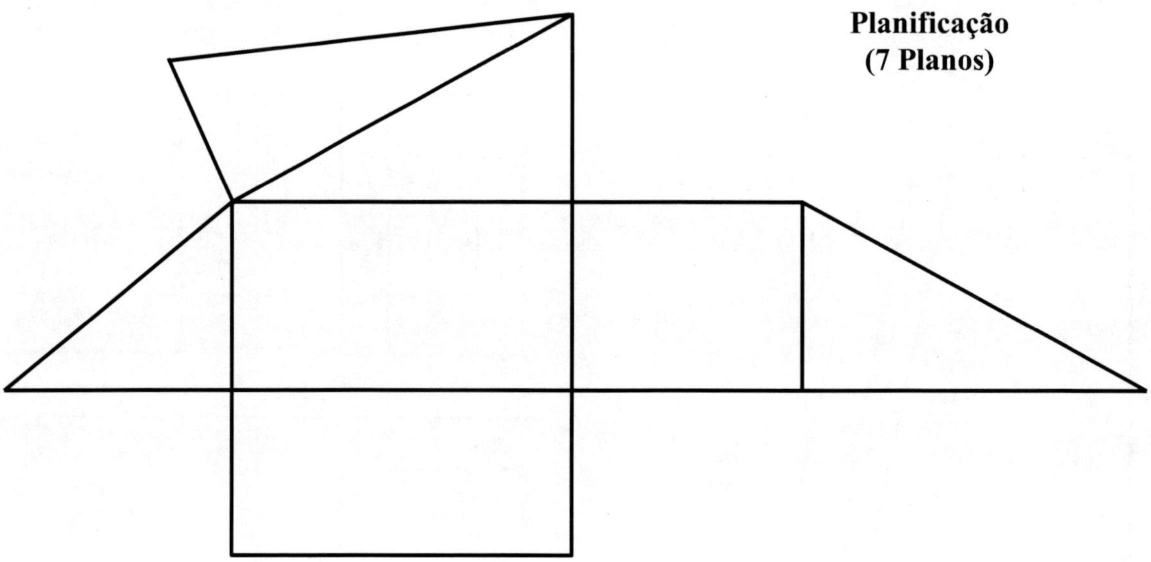

Planificação
(7 Planos)

2.10.2) A opção "c", a seguir, atende à empresa.

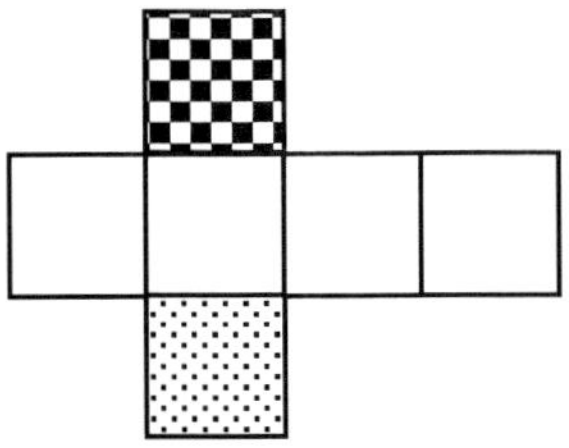

2.10.3) A área do triângulo abc é igual a 25 cm^2.

2.10.4) A opção correta é a "b", ou seja: ⟶ b) 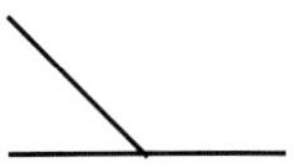

2.10.5) A área do triângulo BCD é igual a 2 cm^2.

2.10.6) Projeção no plano π, da pirâmide cortada (ou tronco de pirâmide).

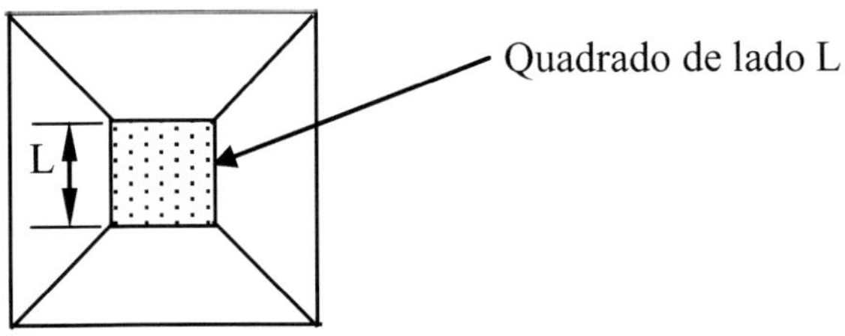

2.10.7) Projeção cilíndrica ortogonal no plano da base (plano π)

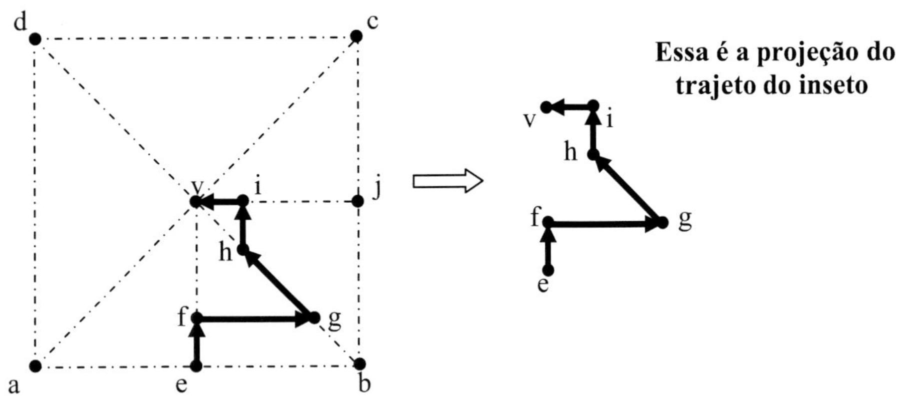

2.10.8) Projeções cilíndricas ortogonais, a partir das visões de A, B e C.

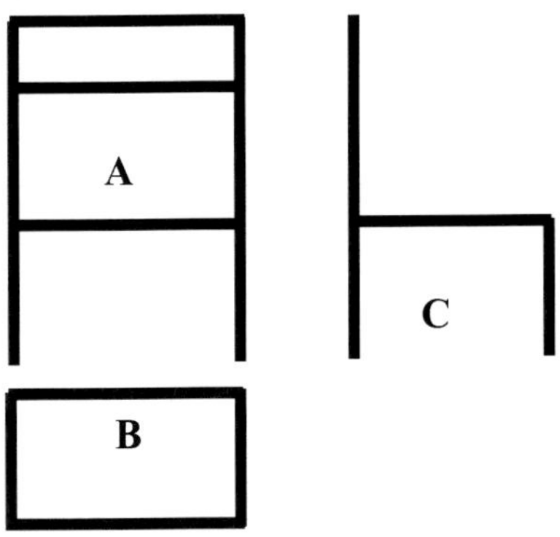

2.10.9) Projeções cilíndricas ortogonais nos planos: π, π' e π".

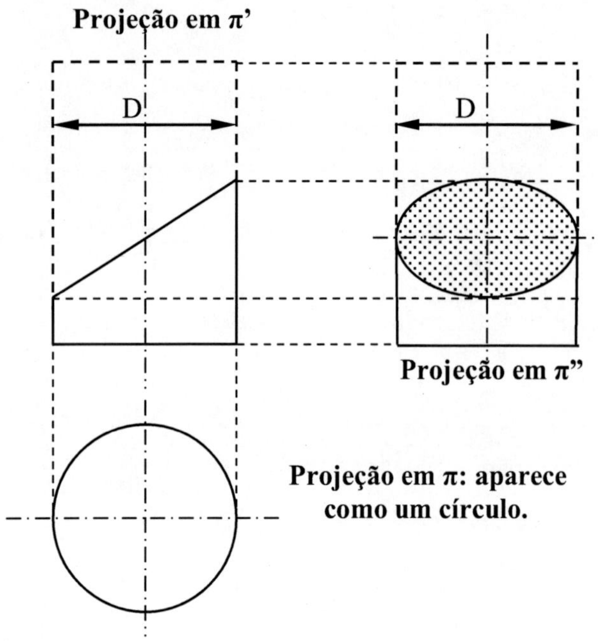

2.10.11) Imagem tridimensional da mola que, em verdade, é uma hélice circular ou helicoide.

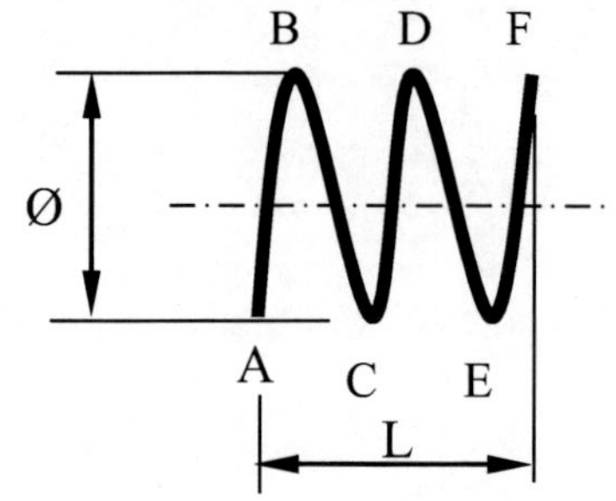

2.10.10) Projeções cilíndricas ortogonais do tronco de pirâmide reta:

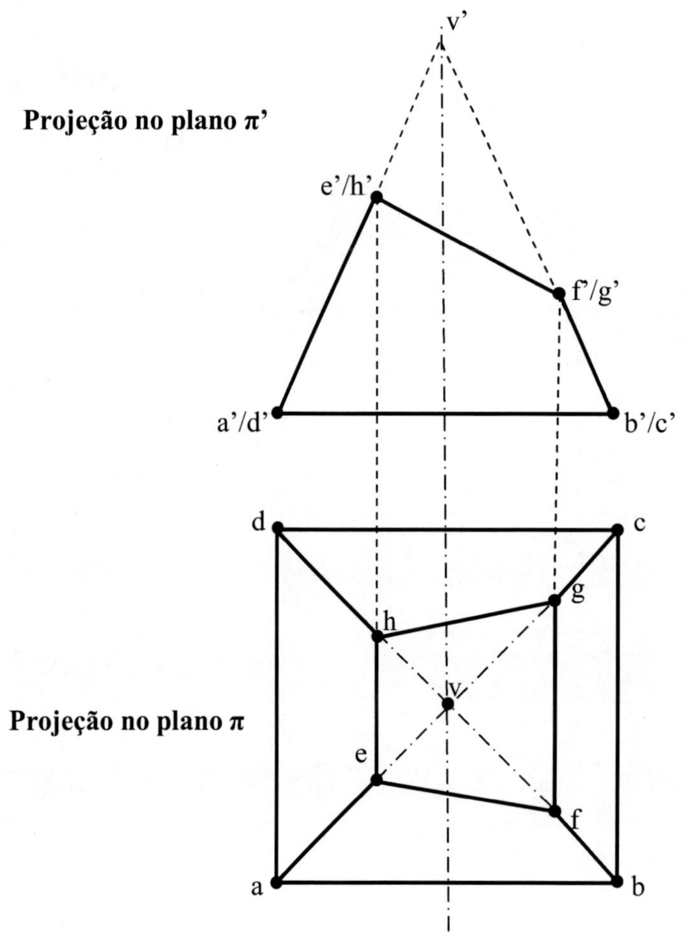

Capítulo 3: Projeções ortogonais de figuras planas no 1º diedro. Verdadeira grandeza. Rotação e rebatimento. Verdadeira grandeza de ângulos de retas com planos

3.12.1)

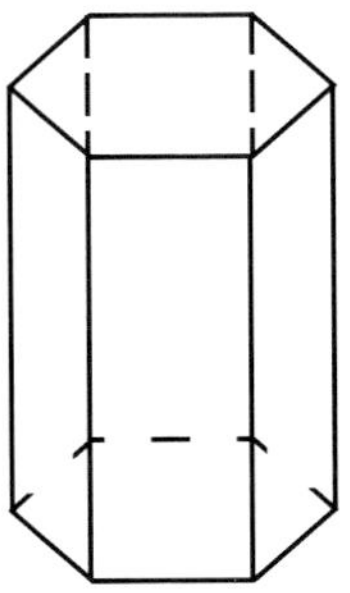

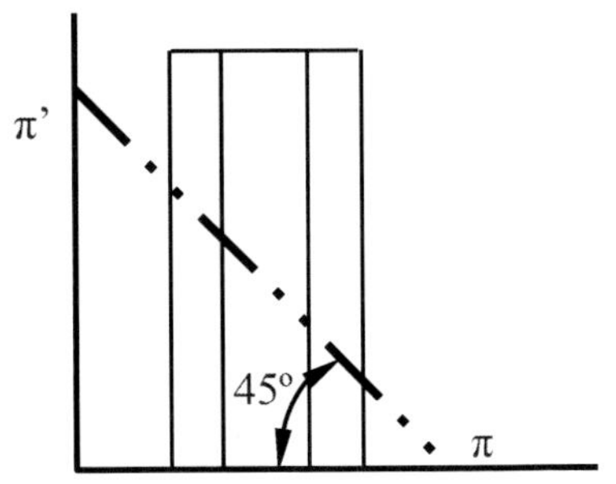

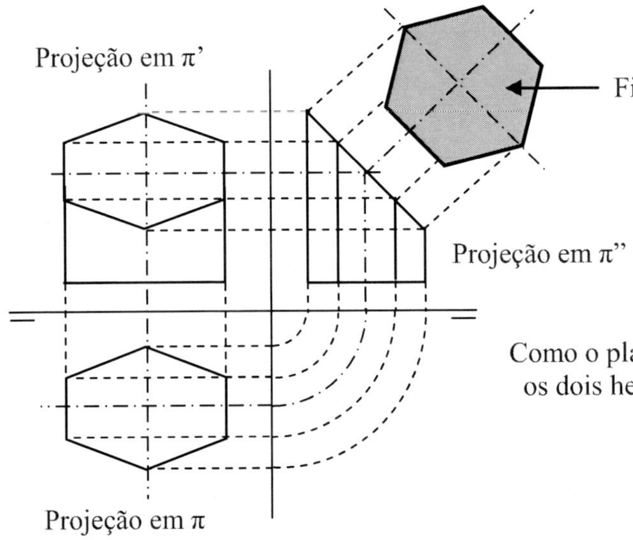

Como o plano de corte tem inclinação de 45º, os dois hexágonos deformados são iguais.

3.12.2) Determinar a verdadeira grandeza da reta AB, sabendo que: (A)(+2; +4; +3) e (B)(0; +4; -5). Determinar os ângulos que a reta forma com os três planos de projeções. Usar o centímetro como medida.

O ponto A está no 1º diedro e o B no 4º diedro. A reta AB é paralela ao plano π'.

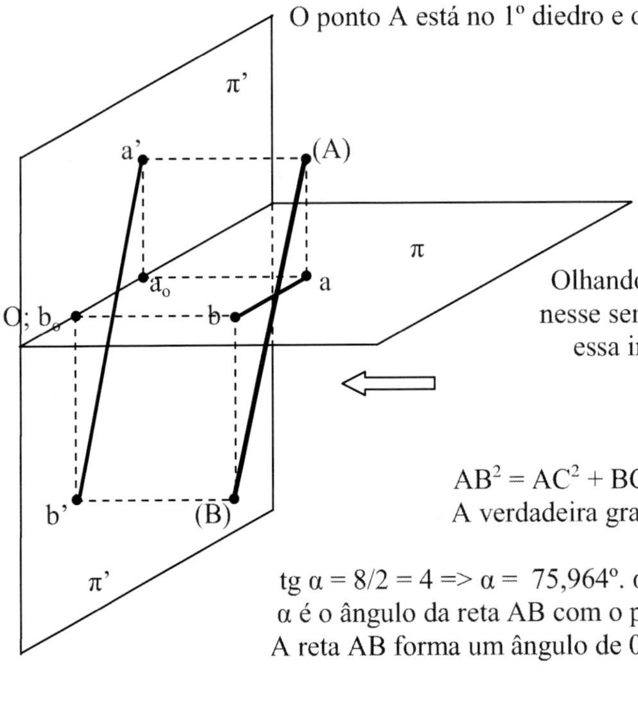

Olhando o plano π' nesse sentido, tem-se essa imagem:

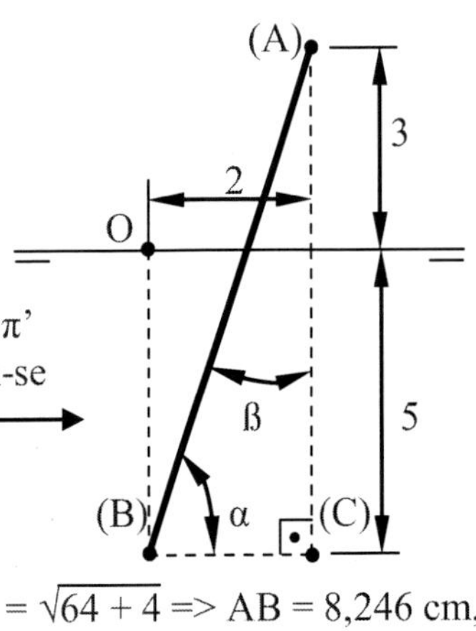

$AB^2 = AC^2 + BC^2 \Rightarrow AB = \sqrt{64 + 4} \Rightarrow AB = 8{,}246$ cm, ou seja: A verdadeira grandeza da reta AB é igual a 8,246 cm.

$tg\ \alpha = 8/2 = 4 \Rightarrow \alpha = 75{,}964^o$. $\alpha + ß = 90^o$, logo $ß = 14{,}036^o$.
α é o ângulo da reta AB com o plano π e ß com o plano π''.
A reta AB forma um ângulo de 0º com o plano π'.

3.12.3)

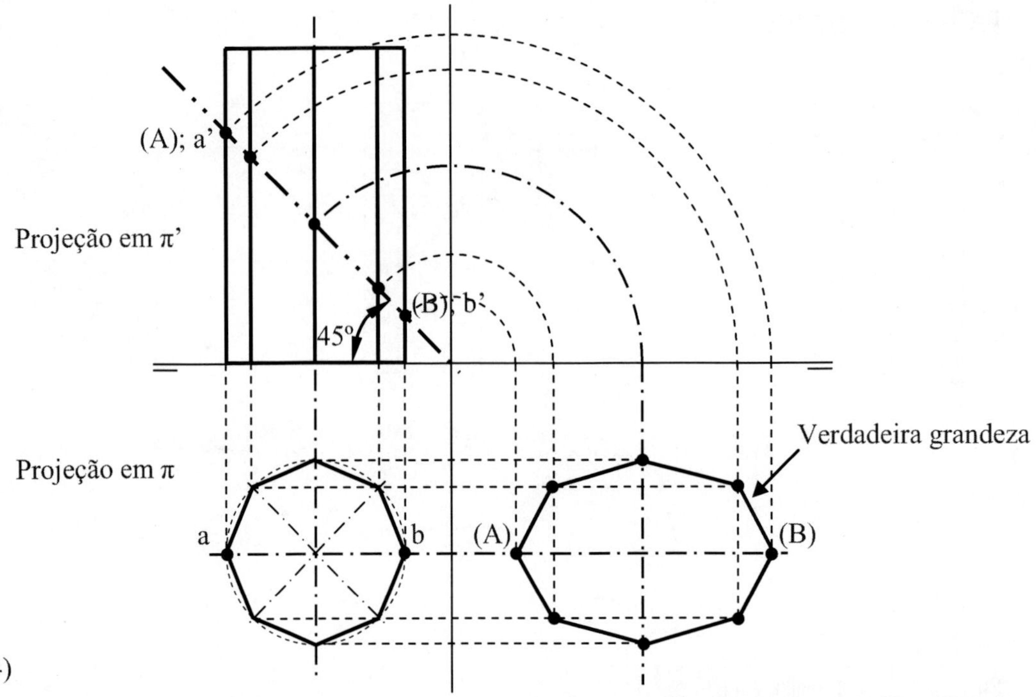

3.12.4)

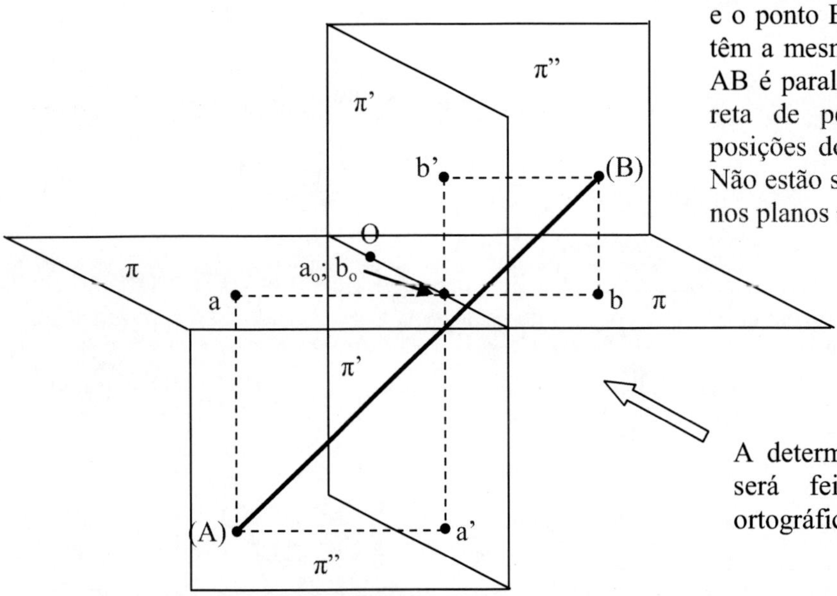

Observa-se que o ponto A está no 3º diedro e o ponto B no 1º diedro. Como os pontos têm a mesma abscissa, significa que a reta AB é paralela ao plano π'', ou seja, é uma reta de perfil. Deve ser observado as posições do plano π'' nos 1º e 3º diedros. Não estão sendo representadas as projeções nos planos π''.

A determinação da verdadeira grandeza será feita considerando uma vista ortográfica como mostra essa seta.

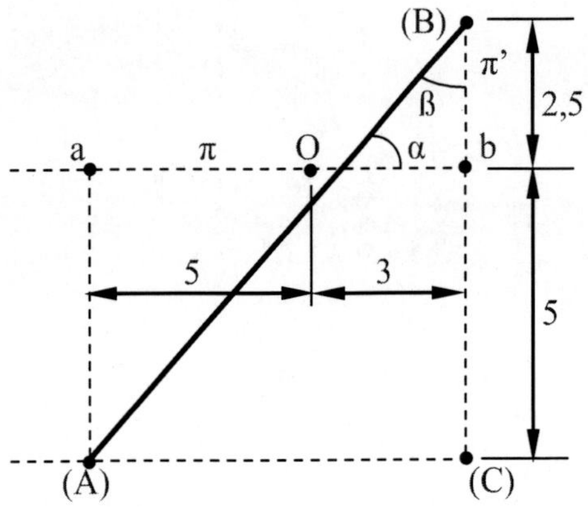

AC = 8 e BC = 7,5.

$AB^2 = AC^2 + BC^2 \Rightarrow AB = \sqrt{64 + 56{,}25} = 10{,}97$.

α é o ângulo que a reta forma com o plano π e ß é o ângulo com o plano π'. Esses planos somam 90º. Como a reta é paralela ao plano π'', forma ângulo de 0º.

tg α = 2,5/3 = 0,833 => α = 39,81º e ß = 50,19º.

Capítulo 4: As curvas cônicas: circunferência, elipse, parábola e hipérbole

sen 60º = cos 30º = +0,866; tg 30º = +0,577 e tg 60º = +1,732. O triângulo VGC é equilátero.

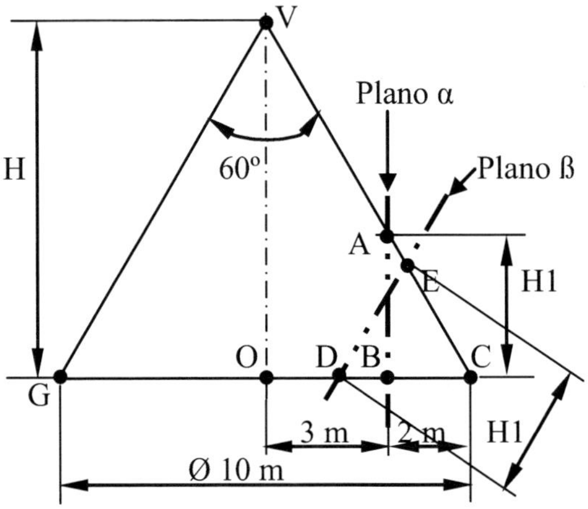

a)

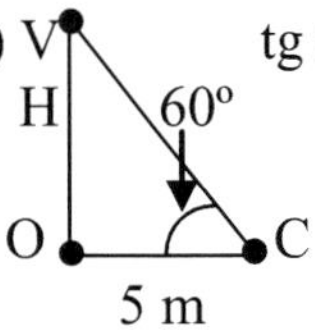

tg 60º = VO/OC => VO = OC x tg 60º.

VO = H = 5 x 1,732 = 8,66 m.

b) A curva gerada pelo plano α é uma hipérbole.

tg 60º = AB/BC => AB = BC x tg 60º.

c)

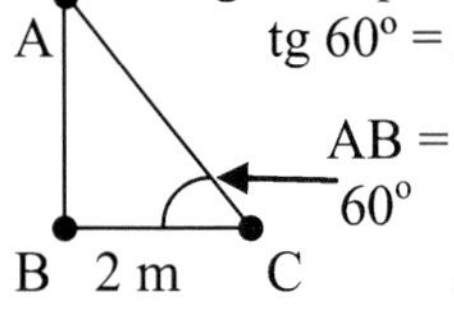

AB = 2 x 1,732 => AB = 3,464 m.

AB é a altura H1 = 3,464 m.

d) A curva gerada pelo plano ß é uma parábola.

e)

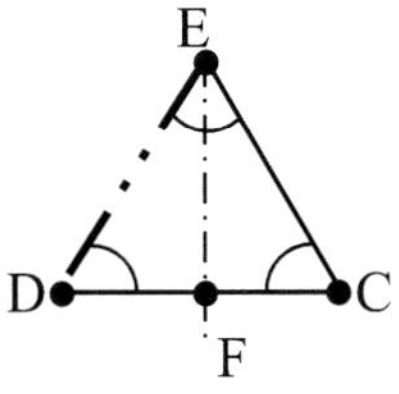

ED = DC = EC = H1 = 3,464 m, pois o triângulo EDC é equilátero.

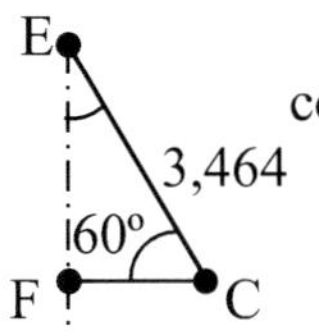

cos 60º = FC/EC => FC = EC x cos 60º = 3,464 x 0,5 = 1,732 m.

DC = 2FC = 3,464 m. OD = OC - DC = 5 - 3,464 = 1,536 m.

O ponto D está a 1,536 metros à esquerda do ponto O

f) Determinação das aberturas Y de cada uma das curvas:

$O1D1^2 = O1D3^2 + D1D3^2$ =>

$D1D3 = \sqrt{O1D1^2 - O1D3^2} = \sqrt{25 - 2{,}359}$ =>

D1D3 = 4, 758 m.

Abertura da parábola = 2D1D3 = 9,516 m.

Abertura da hipérbole

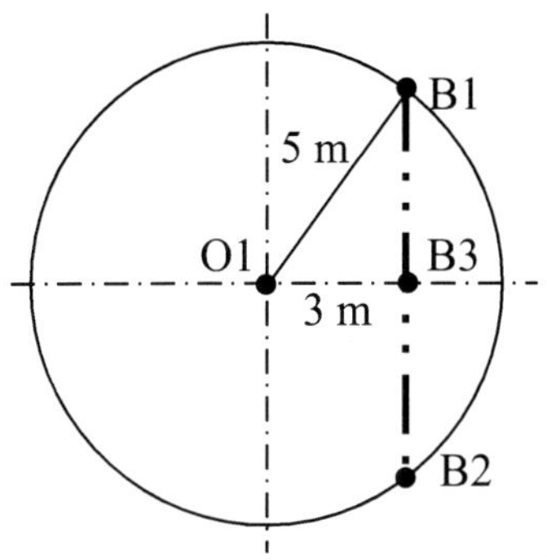

$O1B1^2 = O1B3^2 + B1B3^2$ =>

$B1B3 = \sqrt{O1B1^2 - O1B3^2} = \sqrt{25 - 9} = 4$ m.

Abertura da hipérbole = 2B1B3 = 8 m.

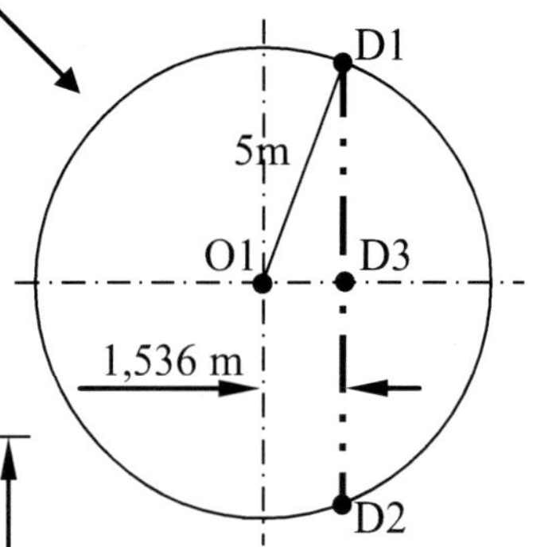

Comparação entre as duas geometrias

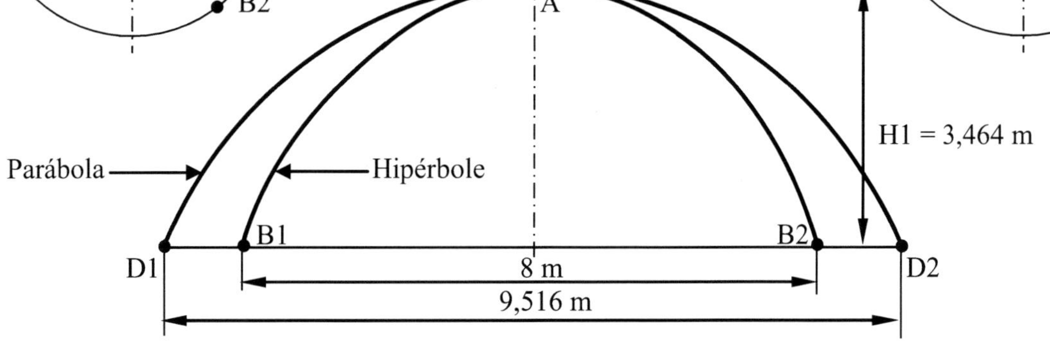

Capítulo 5: As superfícies quádricas e suas aplicações

5.13.1)

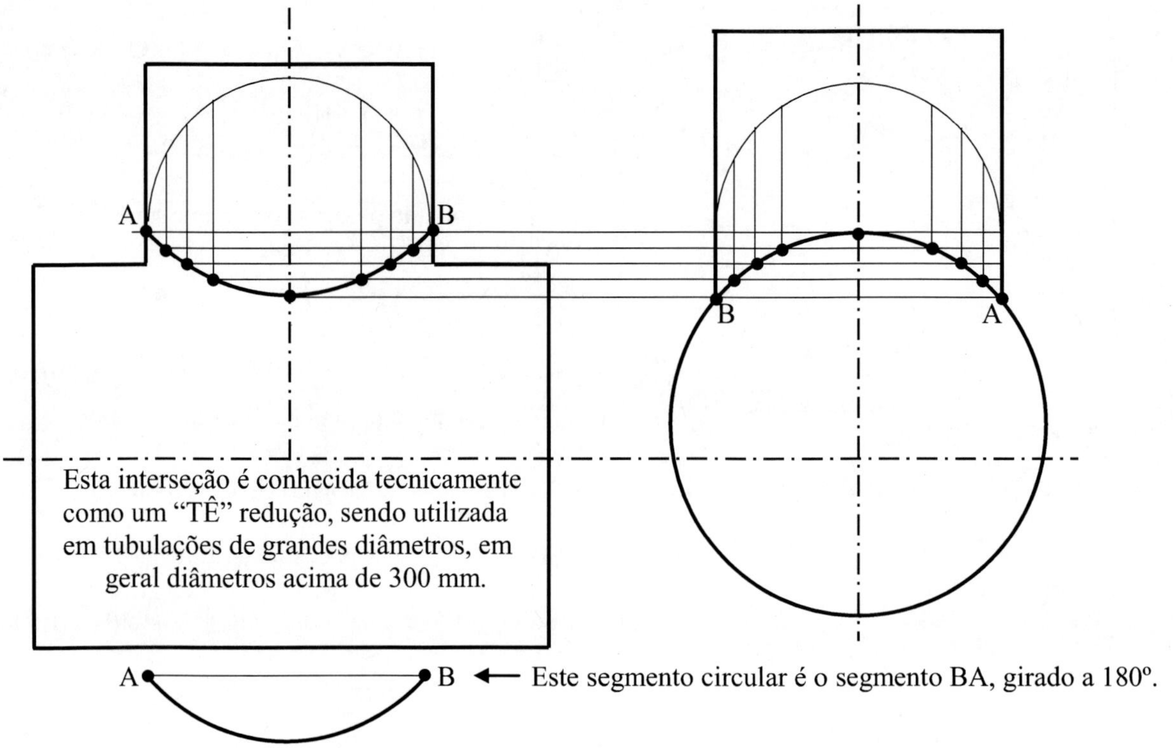

5.13.2) Detalhar a interseção entre os cilindros a seguir, com interseção tangencial e diâmetros diferentes.

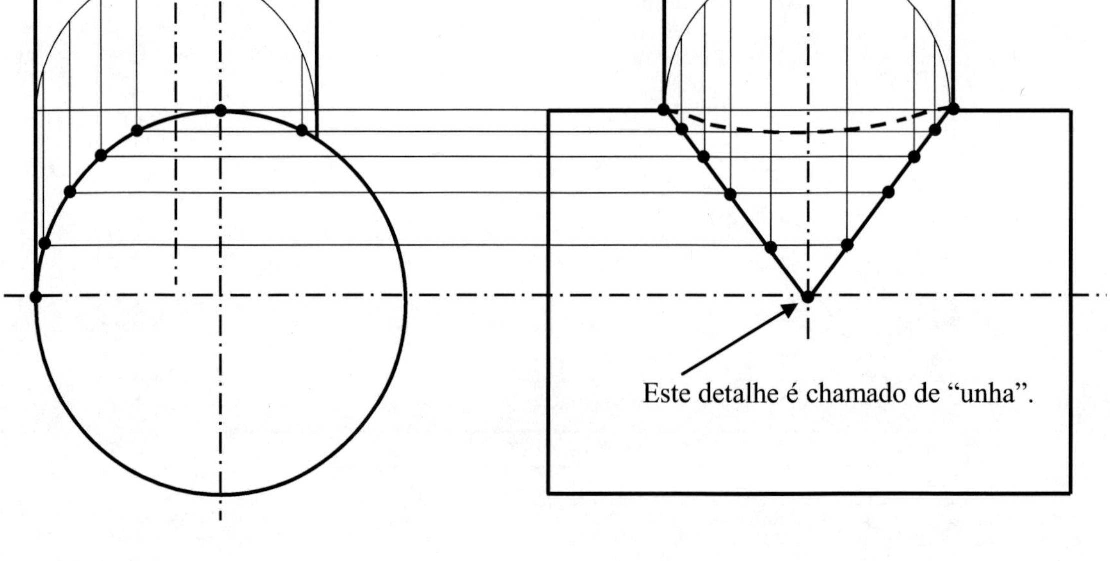

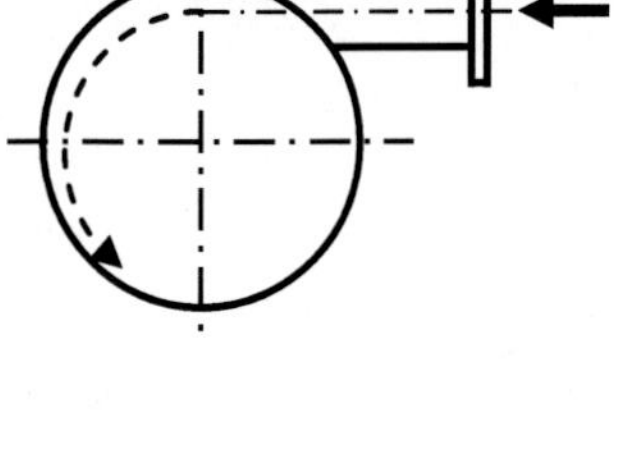

Na prática, este tipo de interseção é comum em indústrias químicas e petroquímicas, quando se necessita que o fluido que entra no tubo ou equipamento tenha um efeito vortex ou helicoidal. É comum em fluidos com pós ou grãos.

5.13.3)

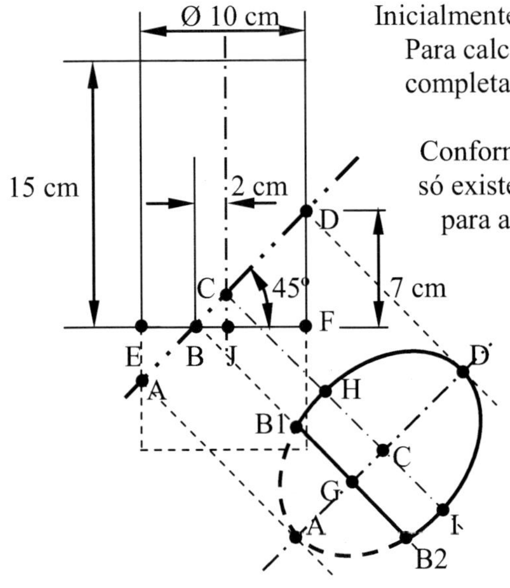

Inicialmente pode-se afirmar que a figura gerada é uma elipse não completa. Para calcular a verdadeira grandeza e dimensões da elipse, primeiro se completa o clindro, para depois analisar até onde vai a curva da elipse.

Conforme a projeção abaixo, da verdadeira grandeza da elipse, a mesma só existe entre os pontos B1DB2, enquanto o trecho B1AB2, é apenas para a representação gráfica e cálculos analíticos, feitos a partir dos três triângulos retângulos, como a seguir detalhados.

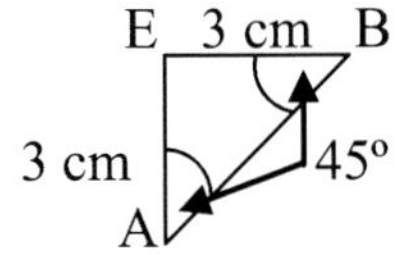

$AB^2 = AE^2 + B2^2 \Rightarrow AB = \sqrt{9 + 9} = 4{,}247.$

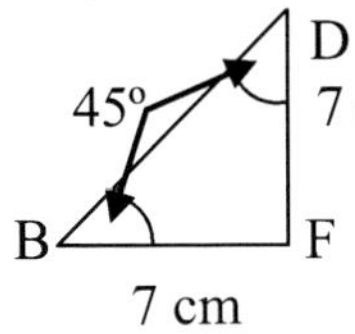

$BD^2 = BF^2 + DF^2 \Rightarrow BD = \sqrt{49 + 49} = 9{,}9.$

O eixo maior da elipse: $AD = AB + BD \Rightarrow$
$AD = 4{,}247 + 9{,}9 \Rightarrow AD = 14{,}147.$

O eixo menor da elipse é o segmento HI, que é igual ao diâmetro do cilindro = 10 cm.

$BJ = CJ = 2$ cm. $BC^2 = BJ^2 + CJ^2 \Rightarrow BC = \sqrt{4 + 4} = 2{,}828.$

BC é igual a GC. GD = BD = 9,9.

O trecho da elipse formada tem as dimensões à direita:

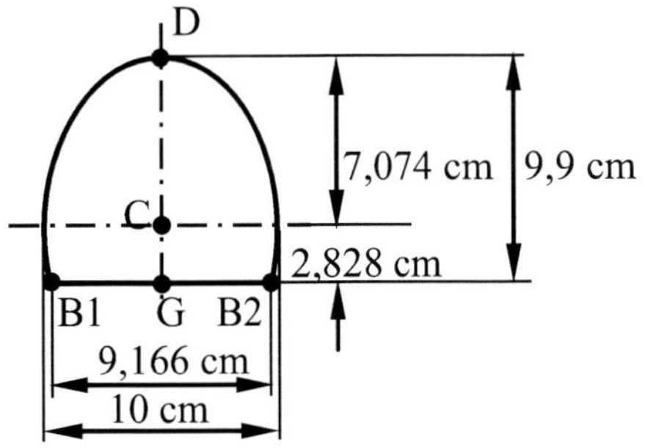

Cálculo da dimensão B1B2:

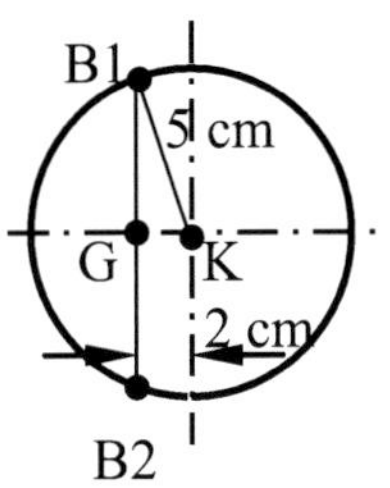

$B1K^2 = B1G^2 + GK^2 \Rightarrow B1G = \sqrt{B1K^2 - GK^2} \Rightarrow B1G = \sqrt{25 - 4} = 4{,}583.$

$B1B2 = 2B1G \Rightarrow B1B2 = 9{,}166$ cm.

Referências

ABRANTES, José. **Geometria Analítica Aplicada**. Rio de Janeiro: Ciência Moderna, 2019.

__________. **A Geometria Descritiva como base conceitual e introdutória ao Desenho Técnico Projetivo**. Rio de Janeiro: Ciência Moderna, 2022.

__________. **A Geometria Básica estudada nos Ensinos Fundamental e Médio**. Rio de Janeiro: Ciência Moderna, 2022.

__________. **As Pedagogias Digitais e o professor *data show***. Rio de Janeiro: Ciência Moderna, 2022.

ABRANTES, José e FILGUEIRAS FILHO, Carleones Amarante. **Desenho Técnico Básico**. Teoria e Prática. Rio de Janeiro: LTC, 2018.

ABRANTES, José; GRANADO, Renê Mendes. **Desenho Técnico Projetivo Básico**. Rio de Janeiro: Ciência Moderna, 2023.

ARUSTAMOV, Khristofor Artemyevich. **Problems in Descriptive Geometry**. Moscow: Mir Publishers, 1972.

CRUZ, Michele David da. **Projeções e Perspectivas para Desenhos Técnicos**. São Paulo: Érica, 2014.

JANUÁRIO, Antônio Jaime. **Desenho Geométrico**. 2.ed. Florianópolis: Editora da UFSC, 2006.

KRYLOV, Nikolai; LOBANDIEVSKY, Pavel; MEN, Solomon. **Descriptive Geometry**. Moscow: Mir Publishers, 1968.

MACHADO, Ardevan. **Geometria Descritiva**. 27.ed. São Paulo: Atual, 1993.

MICELI, Maria Teresa e FERREIRA, Patrícia. 3.ed. **Desenho Técnico Básico**. Rio de Janeiro: Imperial Novo Milênio, 2008.

__________. **A Perspectiva dos Profissionais**. Sombras, Insolação, Anonometria. 2.ed. 1. reimp. São Paulo: Blücher, 2011.

PEREIRA, Aldemar A. **Geometria Descritiva**. Rio de Janeiro: Quartet, 2001.

PINHEIRO, Virgílio Athayde. **Noções de Geometria Descritiva II**. Mudanças, Rotações, Rebatimentos e Problemas Métricos. 9. reimp. Rio de Janeiro: Livro Técnico, 1981.

PRÍNCIPE JUNIOR, Alfredo dos Reis. **Noções de Geometria Descritiva**. Vol. 2. 19.ed. São Paulo: Nobel, 1976.

__________. **Noções de Geometria Descritiva**. Vol. 1. reimp. São Paulo: Nobel, 2012.

RABELLO, Paulo Sérgio Brunner. **Geometria Descritiva**: fundamentos e operações básicas. Rio de Janeiro: Ciência Moderna, 2021.

RICCA, Guilherme Gonçalves. **Geometria Descritiva. Método de Monge**. 4.ed. Lisboa: Fundação Calouste Gulbenkian, 2009.

RODRIGUES, Álvaro José. **Geometria Descritiva. Projetividades, curvas e superfícies**. 3.ed. Rio de Janeiro: Ao Livro Técnico, 1960.

Impressão e acabamento
Gráfica da Editora Ciência Moderna Ltda.
Tel: (21) 2201-6662